# 珠江三角洲经济区资源环境承载力评价

黄长生　余绍文　黎清华　马传明　编著

中国地质大学出版社

图书在版编目(CIP)数据

珠江三角洲经济区资源环境承载力评价/黄长生,余绍文,黎清华,马传明编著.—武汉:中国地质大学出版社,2016.12
ISBN 978-7-5625-3424-2

Ⅰ.①珠⋯
Ⅱ.①黄⋯②余⋯③黎⋯④马⋯
Ⅲ.①珠江三角洲-地质环境-环境承载力-评价
Ⅳ.①X142

中国版本图书馆CIP数据核字(2016)第267714号

| | |
|---|---|
| 珠江三角洲经济区资源环境承载力评价 | 黄长生 余绍文 黎清华 马传明 编著 |
| 责任编辑:王凤林 王敏 | 责任校对:周旭 |
| 出版发行:中国地质大学出版社(武汉市洪山区鲁磨路388号) | 邮政编码:430074 |
| 电  话:(027)67883511    传  真:67883580 | E-mail:cbb@cug.edu.cn |
| 经  销:全国新华书店 | http://www.cugp.cug.edu.cn |
| 开本:880毫米×1230毫米 1/16 | 字数:560千字 印张:14.5 插页:16 |
| 版次:2016年12月第1版 | 印次:2016年12月第1次印刷 |
| 印刷:武汉市教文印刷厂 | 印数:1—1000册 |
| ISBN 978-7-5625-3424-2 | 定价:268.00元 |

如有印装质量问题请与印刷厂联系调换

# 目 录

## §1 前 言 …………………………………………………………………………………………… (1)
- 1.1 研究目的意义 …………………………………………………………………………… (1)
- 1.2 研究方案 ………………………………………………………………………………… (4)
- 1.3 编写分工 ………………………………………………………………………………… (8)

## §2 珠江三角洲经济区土地资源承载力评价 …………………………………………………… (9)
- 2.1 土地利用现状 …………………………………………………………………………… (9)
- 2.2 土地资源功能区划 ……………………………………………………………………… (12)
- 2.3 土地资源承载力评价 …………………………………………………………………… (15)
- 2.4 本章小结 ………………………………………………………………………………… (21)

## §3 珠江三角洲经济区水资源承载力评价 ……………………………………………………… (22)
- 3.1 水资源概况 ……………………………………………………………………………… (22)
- 3.2 水资源承载力评价理论研究 …………………………………………………………… (29)
- 3.3 水资源承载力评价 ……………………………………………………………………… (32)
- 3.4 应急状态下水资源承载力评价 ………………………………………………………… (41)
- 3.5 本章小节 ………………………………………………………………………………… (45)

## §4 珠江三角洲经济区矿产资源承载能力评价 ………………………………………………… (46)
- 4.1 矿产资源概况 …………………………………………………………………………… (46)
- 4.2 矿产承载能力评价方法 ………………………………………………………………… (57)
- 4.3 矿产资源承载状态评价 ………………………………………………………………… (61)
- 4.4 矿产资源开采引发的环境地质问题 …………………………………………………… (71)
- 4.5 矿产资源对本地社会经济发展保障程度分析 ………………………………………… (72)
- 4.6 本章小结 ………………………………………………………………………………… (74)

## §5 珠江三角洲经济区土壤环境承载力评价 …………………………………………………… (76)
- 5.1 研究区土壤环境概况 …………………………………………………………………… (76)
- 5.2 土壤环境容量测算与分析 ……………………………………………………………… (84)
- 5.3 土壤环境承载力评价 …………………………………………………………………… (89)
- 5.4 本章小结 ………………………………………………………………………………… (92)

## §6 珠江三角洲经济区水环境承载力评价 ……………………………………………………… (93)
- 6.1 水环境承载力的内涵 …………………………………………………………………… (93)
- 6.2 技术路线 ………………………………………………………………………………… (94)
- 6.3 水环境概况 ……………………………………………………………………………… (94)
- 6.4 地表水环境承载力评价 ………………………………………………………………… (95)
- 6.5 地下水环境承载力评价 ………………………………………………………………… (102)

  6.6 水环境承载力综合评价 ………………………………………………………………… (105)
  6.7 本章小结 ………………………………………………………………………………… (106)

§ 7 珠江三角洲经济区地质灾害风险性评价 ………………………………………………… (107)
  7.1 前言 ……………………………………………………………………………………… (107)
  7.2 评价思路及方法 ………………………………………………………………………… (108)
  7.3 地质灾害现状及分布 …………………………………………………………………… (110)
  7.4 地质灾害危险性评价 …………………………………………………………………… (117)
  7.5 社会经济易损性评价 …………………………………………………………………… (121)
  7.6 地质灾害风险性评价与区划 …………………………………………………………… (127)
  7.7 岩溶塌陷灾害风险评价 ………………………………………………………………… (129)
  7.8 地质灾害防治对策与建议 ……………………………………………………………… (151)
  7.9 本章小结 ………………………………………………………………………………… (154)

§ 8 珠江三角洲经济区重要地质遗迹资源环境承载力评价 ………………………………… (155)
  8.1 地质遗迹资源概况 ……………………………………………………………………… (155)
  8.2 地质遗迹承载力评价 …………………………………………………………………… (164)
  8.3 地质遗迹资源保护规划建议 …………………………………………………………… (172)
  8.4 本章小结 ………………………………………………………………………………… (176)

§ 9 珠江三角洲经济区资源环境承载力综合评价 …………………………………………… (177)
  9.1 资源环境综合承载力评价 ……………………………………………………………… (177)
  9.2 社会经济-资源环境协调度评价 ……………………………………………………… (189)

§ 10 珠江三角洲经济区资源环境优化配置对策研究 ………………………………………… (193)
  10.1 土地资源优化配置及承载力提升研究 ……………………………………………… (193)
  10.2 水资源优化配置对策研究 …………………………………………………………… (201)
  10.3 矿产资源优化配置对策研究 ………………………………………………………… (204)
  10.4 土壤环境保护对策研究 ……………………………………………………………… (205)
  10.5 水环境保护对策研究 ………………………………………………………………… (208)
  10.6 地质灾害防治对策研究 ……………………………………………………………… (210)
  10.7 资源环境优化配置建议总结 ………………………………………………………… (223)

主要参考文献 …………………………………………………………………………………………… (228)

# §1 前 言

## 1.1 研究目的意义

### 1.1.1 任务来源

依据"中国地质调查百项成果"要求,编制珠江三角洲经济区资源环境承载力评价报告。报告编制由中国地质调查局武汉地质调查中心承担,具体工作由"泛珠江三角洲地区地质环境综合调查"工程负责落实,由中国地质科学院岩溶地质研究所、中国地质大学(武汉)、广东省地质调查院、广东省地质局水文地质大队协作完成,中国地质调查局审核。

### 1.1.2 社会经济发展全球瞩目

珠江三角洲经济区,通常又称珠江三角洲地区、珠江三角洲经济圈,简称珠江三角洲经济区或珠江三角洲经济圈,包括广州、深圳、珠海、佛山、江门、东莞、中山、惠州和肇庆,总人口4230万,土地总面积41 698 $km^2$,其中建设用地(包括城市建设用地、建制镇建设用地和村庄建设用地)面积6640 $km^2$(图1-1-1)。

珠江三角洲经济区是我国改革开放的先行地区,是我国重要的经济中心区域,在全国经济社会发展和改革开放大局中具有突出的带动作用和举足轻重的战略地位,现成为全球最大城市片区之一。改革开放以来,在党中央、国务院的正确领导下,珠江三角洲地区锐意改革,率先开放,开拓进取,实现了经济社会发展的历史性跨越,为全国改革开放和社会主义现代化建设做出了重大贡献。

经过30多年的发展,珠江三角洲经济区社会经济发展取得了举世瞩目的成就。2011年,在占全国0.4%的国土面积上,珠江三角洲聚集了全国3%的人口,9个地级市的国内生产总值为43 720.86亿元人民币,约占中国内地经济总量的8.4%,是仅次于长三角都市经济圈、京津冀都市经济圈的中国内地第三大都市经济圈。

### 1.1.3 区域资源环境条件发生深刻变化

30年来,珠江三角洲经济区经济增长一直以粗放外延式增长为主,主要通过增加投资、增加资源的消耗和劳动力的投入来实现经济的高速增长。这种高投入、高消耗、低产出的增长方式必然导致经济效益低下,并对自然资源和生态环境产生破坏,引发了一系列的资源环境问题:资源约束凸显、环境污染问题突出。由于地域的不可分割特性,伴随各城市经济快速扩张产生的资源环境问题的相互影响和叠加,产生了珠江三角洲经济区共同面临的资源环境问题。

#### 1.1.3.1 资源短缺与经济发展的矛盾日益突出

珠江三角洲经济区人口密度居全国之首,随着经济的高速发展与外来人口的激增,对自然资源的消耗量不断增加;同时,由于人们在利用资源上的随意态度,资源浪费与破坏现象普遍存在,更加剧了资源

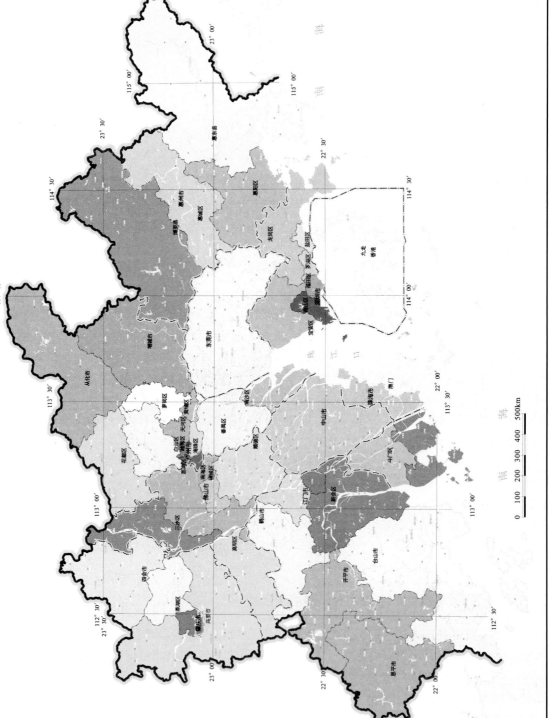

图 1-1-1 珠江三角洲经济区行政区划示意图

的供给与需求之间的矛盾,特别是作为基础支撑的土地资源和水资源供求矛盾更为尖锐。

**1. 土地资源浪费严重**

珠江三角洲经济区土地总面积 $4.17×10^4 km^2$,2012 年人口 5616 万,人均土地面积仅 $700 m^2$。1980—2012 年耕地从 $9680 km^2$ 减少至 $3110 km^2$,人均耕地面积下降至 $50 m^2$,不到全省人均耕地数量的 1/2 和全国人均耕地数量的 1/4。此外,珠江三角洲经济区城市化和工业化发展亦侵占了大量生态用地,原生林、自然次生林遭到破坏,一些关键性的生态过渡带、节点和廊道没有得到有效保护,区域自然生态体系破碎化明显。

造成农业用地、生态用地数量锐减的原因:一方面是工业、交通、住房建设等城镇建设用地数量急剧增加,占用了大量农业用地和生态用地;另一方面是由于土地管理工作跟不上,浪费和破坏现象严重。①如曾经普遍存在的"房地产热""开发区热""游乐场热""高尔夫热"等;②一些开发商片面追求经济效益,纷纷抢占高产农田,征而不用、早征晚用、好地劣用现象普遍,造成大量土地闲置、浪费;③一些地方政府在城镇建设上不顾实际条件,盲目攀比,贪大求全,浪费大量土地资源。

**2. 清洁淡水资源短缺**

珠江三角洲经济区降水充沛,河网密布,水资源十分丰富,为全国丰水区之一,人均淡水资源 $16\,042 m^2$ 时,为全国人均量的 6.9 倍和世界人均量的 1.5 倍。但由于降水、径流时空分布极不均匀以及用水量急剧增加,再加上水体污染日趋严重,水质恶化,越来越多的城镇已出现供水紧张局面,清洁淡水资源的不足已成为珠江三角洲亟待解决的问题之一。

**3. 矿产资源保障程度不足**

珠江三角洲经济区乃至广东省矿产资源总量不大,支柱性矿产不足,同时,又是矿产资源消耗大户,对外依存度高。2007 年全省消费煤炭 $12\,400×10^4 t$,石油 $4200×10^4 t$;加工消耗有色金属产品近 $300×10^4 t$,其中铝加工量占全国总量的 30%,铜加工量占全国总量的 15%,铅、锌消耗量占全国总量的 20%。随着工业化、城市化的快速发展,煤炭、石油、铁、铜、铅、锌、金、钼等支柱性矿产,以及水泥用灰岩、建筑用石材、饰面用大理岩和花岗岩、高岭土、石膏等非金属矿产资源需求量将大幅增长。由于矿产资源禀赋条件限制和矿产勘查工作滞后,全区和全省矿产资源保障程度不足的状况较为突出。预计未来 10 年内将进入矿产资源高消耗期,资源供需矛盾进一步加剧。

#### 1.1.3.2 环境恶化严重制约社会经济发展

在社会经济高速发展的同时,珠江三角洲经济区环境保护与生态建设取得了较大进展,但是整体环境形势依然严峻,环境恶化污染特征正在发生重要转变,区域性、复合型、压缩型环境问题日益凸显,主要表现在:

(1)单位土地面积农药使用量、化肥施用量高于全国平均水平,氮肥污染、农药残留与持久性有机污染有所加重;县、镇、村的生活垃圾普遍没有得到无害化处理,区域土壤重金属污染问题日益突出,农业生态环境日益退化。

(2)区域水资源丰沛优势,正向水质型缺水劣势转变:①虽然珠江三角洲主、干流水道水质基本上维持Ⅱ、Ⅲ类良好水平,但由于生活废水排放量大、工业排污集中、畜禽养殖污染严重,目前受污染的河流仍呈增长趋势,大部分城市江段、河涌水质污染严重,局部河段水体劣于Ⅴ类,沿岸居民生活、生产受到影响;②区域供水排水交错,部分城市饮用水水源地水质受到影响,给排水格局缺乏统筹,跨界水污染日益突出;③根据预测,2015 年、2020 年废水和水污染物产生量将分别比 2005 年增加 60%、100%,二氧化硫、氮氧化物、可吸入颗粒物(PM10)污染物排放量也将有较大幅度的增加,固体废物产生总量将分别增加 50%、80%。

(3)矿山生产设备落后、技术水平低、采矿方法不合理,造成的环境污染、水土流失、山体破坏和地面塌陷、泥石流、滑坡等地质灾害时有发生,矿山地质环境治理任务重。

这些环境问题都将对未来珠江三角洲的环境造成巨大压力,目前已经透支的环境容量和资源难以支撑粗放的经济发展模式,珠江三角洲经济区面临着许多新老环境问题的严峻挑战,已成为制约珠江三角洲经济一体化发展的重要因素。

### 1.1.4 资源环境承载力评价需求及意义

#### 1.1.4.1 资源环境承载力评价需求

珠江三角洲经济区是我国经济最发达的三大地区之一。国家发展和改革委员会(简称发改委)主任徐绍史指出:"京津冀、长三角、珠江三角洲三大城市群以 2.8% 的国土面积集聚了全国 18% 的人口,创造了 36% 的国内生产总值。" 2013 年,珠江三角洲经济区国内生产总值达 53 060.48 亿元,占广东省生产总值 62 163.97 亿元的 85.35%,占全国 GDP 63 000.93 亿元的 8.42%,这是珠江三角洲经济区改革开放 30 多年的发展成果。珠江三角洲经济区 30 多年的发展没有经验可借鉴,从国家战略出发,总在"摸着石头过河"。在发展初期,主要依靠廉价的人力资源、矿产资源、土地资源、水资源等,经济发展相对较粗放,造成目前珠江三角洲经济区资源透支、环境容量紧张。随着国家经济发展进入新的转型期,珠江三角洲的发展赋予了新的内涵,一系列的改革措施进一步加大,尤其是党的十八大后,从国家层面提出的"21 世纪海上丝绸之路"战略,给珠江三角洲经济发展带来了新的发展机遇。面对新一轮的发展良机,如何更好地优化资源配置,保护生态环境,合理利用现有资源和环境,实现生态环境与社会的和谐发展、区域经济的可持续发展,需要对区域资源环境承载力进行客观评估,为社会经济的发展提供科学依据。

#### 1.1.4.2 资源环境承载力评价意义

珠江三角洲经济区资源环境与社会经济发展之间的差异和不平衡性逐渐出现,资源与环境问题已经成为其可持续发展的"短板"。这些问题的存在影响珠江三角洲经济区作为一个整体在资源环境优化配置和财富创造上的效率,从而影响珠江三角洲经济区的区域影响力及其产业发展的国际竞争力,制约了珠江三角洲城市群总体竞争力的提升和区域的可持续发展。

习近平总书记多次强调,国土资源环境是生态文明建设的空间载体。"资源、环境"是一个地区经济社会发展的重要物质基础,是一种极其宝贵的资源。"资源、环境承载力"的大小是当地国土资源开发利用规划和经济社会生产力布局的重要依据,直接制约着该地区经济社会的发展。

正确认识和评价珠江三角洲经济区的资源环境承载力是生态文明建设的首要任务,是区域经济社会一体化的重要领域和关键环节,是破解区域环境难题、提高区域整体竞争力的有效途径,是改善区域环境质量、建设宜居城乡的根本出路,是应对气候变化、建设资源节约型和环境友好型社会的必然要求,对珠江三角洲经济区实践科学发展、改善民生、构建和谐社会具有十分重要的意义。要按照人口资源环境相均衡、经济社会生态效益相统一的原则,基于国土资源环境承载力评价成果,整体谋划珠江三角洲经济区国土空间开发,科学布局,优化生产空间、生活空间、生态空间,给自然留下更多修复空间,以保障珠江三角洲经济区的可持续发展。

## 1.2 研究方案

国土资源环境承载力分为资源承载力和环境承载力两个方面。其中,"资源"主要包括淡水、土地、矿产、海洋、地质等重要自然资源。"环境"主要是指自然生态环境。

资源承载力是指评价区域自身天然具有的资源科学可供利用规模,对本区域经济社会发展需求的最大保障程度。

本次研究主要涉及土地资源、水资源、矿产资源。

环境承载力是指评价区域内自然生态环境对本区域经济社会发展所产生的负生态效应所能容纳或者自然消解的最大限度。

本次研究主要涉及（化学的）地质环境、土壤环境、水环境；（物理的）地质环境、地质灾害、岩溶塌陷灾害。

## 1.2.1 研究目标

以珠江三角洲经济区作为研究区，在系统分析珠江三角洲经济区资源禀赋与环境本底的基础上，以9个所辖市发展现状为基础；以相关资源环境要素为主要限制因素，确定资源环境承载能力综合评价对象，建立综合评价指标体系和评价类型，开展单要素资源环境承载能力测算，并在此基础上进行资源环境承载能力综合评价；结合珠江三角洲经济区国土开发利用现状和经济社会发展目标，开展珠江三角洲经济区国土资源环境优化配置的对策研究，为编制珠江三角洲经济区国土规划提供科学依据，促进该地区资源环境的优化配置和合理利用，实现珠江三角洲经济区又好又快地发展。

## 1.2.2 研究内容

基于上述研究目标，开展如下9个方面的研究内容：

(1) 珠江三角洲经济区土地资源承载力评价。
(2) 珠江三角洲经济区水资源承载力评价。
(3) 珠江三角洲经济区矿产资源承载力评价。
(4) 珠江三角洲经济区土壤环境承载力评价。
(5) 珠江三角洲经济区水环境承载力评价。
(6) 珠江三角洲经济区地质灾害风险性评价（包括岩溶塌陷灾害）。
(7) 珠江三角洲经济区重要地质遗迹资源环境承载力评价。
(8) 珠江三角洲经济区资源环境承载力综合评价。
(9) 珠江三角洲经济区国土资源优化配置对策研究。

## 1.2.3 研究技术路线

为实现研究内容，在充分搜集以往相关背景资料、广泛参阅有关文献资料、深入学习相关资源环境承载力评价理论与方法的基础上，系统分析珠江三角洲经济区的地质资源和地质环境条件，然后开展具体研究工作。

具体研究技术路线见图1-2-1。

## 1.2.4 研究工作方法

本次研究工作紧密围绕珠江三角洲经济区国民经济建设的需求部署评价工作。工作方法以充分搜集、利用已有资料为主，在系统分析资料的基础上，运用现代新理论、新技术、新方法开展资源环境承载力综合评价与区划工作。

### 1.2.4.1 资源承载力评价方法

依据区域资源禀赋特征和可调入规模的稳定性，以及区域城镇化、产业发展、生态环境保护方面的总体战略，科学确定重点资源的最大可供规模，并与合理需求规模进行对比，测算出最大可供保障程度，提出相关资源优化配置和保护等工程部署。

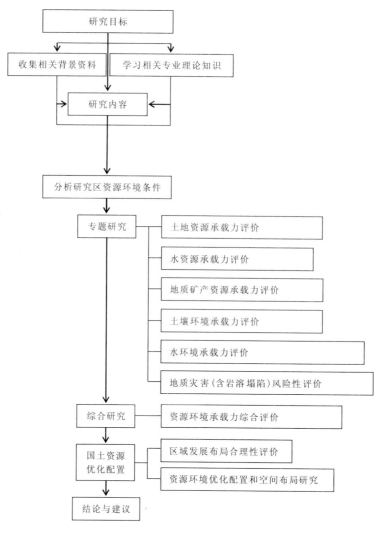

图 1-2-1 研究技术路线框图

## 1. 土地资源承载力评价

主要涉及农业、城镇化、生态建设3个方面。

第一步，农业用地地质环境适宜评价。基于珠江三角洲经济区地质环境条件，利用层次分析法-综合指数法开展地质环境的农业用地适宜性评价，划分适宜区、较适宜区、较不适宜区、不适宜区。

第二步，建设用地地质环境适宜评价。基于珠江三角洲经济区地质环境条件，利用层次分析法-模糊综合评判法开展地质环境的建设用地适宜性评价，划分适宜区、较适宜区、较不适宜区、不适宜区。

第三步，土地资源功能区划。基于农业用地地质环境适宜性评价、工业用地地质环境适宜性评价，本着农业优先、建设用地次之的原则，同时考虑用地现状，进行土地资源功能区划。

第四步，农业用地-耕地资源承载力评价（农村生活空间承载力本次未考虑）。

耕地资源承载力（人口）＝（区域耕地平均单产×合理的复种指数）/450kg

第五步，建设用地资源承载力评价。基于耕地资源承载力评价成果，考虑人均用地空间标准，评价城镇建设空间合理需求规模。

工业产业建设空间合理需求规模＝（单位产值建设用地需求标准×合理产值规模）/（1＋技术贡献率）

工业产业建设空间承载力＝工业产业建设空间实际规模/工业产业建设空间合理需求规模

**2. 矿产资源承载力评价**

技术思路:分为经济发展承载力和社会保障承载力两种模式进行评价。

经济发展模式为:能源经济需求规模=(单位生产总值耗能标准×生产总值总规模)×(1-单位生产总值节能率);能源经济承载力=能源可供给规模(剩余可采储量)/能源经济需求规模。

社会保障模式:能源社会需求规模=(人均耗能标准×人口总规模)×(1-社会节能率);能源社会承载力=能源可供给规模(剩余可采储量)/能源社会需求规模。

评价任务:确定未来能源对经济社会发展需求的保障程度,科学预测能源的对外依赖度。根据评价结果,为形成区域性能源战略接续区、建立资源储备体系提供基础支撑。

**3. 水资源承载力评价**

针对城市水资源承载能力的量化研究框架基本思路是:紧扣水资源承载能力概念,以"水资源系统、社会经济系统、生态系统相互制约(模拟)模型"为基础模型,以"维系生态系统良性循环"为控制约束,以"支撑最大社会经济规模"为优化目标,建立最优化模型。通过最优化模型求解(或控制目标反推)得到的"最大社会经济规模"就是水资源承载能力。

考虑非常条件下评价地下水的资源承载能力(应急能力)。

### 1.2.4.2 环境承载力评价工作方法

环境承载力又称环境承受力或环境忍耐力。它是指在某一时期、某种环境状态下,某一区域环境对人类社会、经济活动的支持能力的限度。人类赖以生存和发展的环境是一个大系统,它既为人类活动提供空间和载体,又为人类活动提供资源并容纳废弃物。对于人类活动来说,环境系统的价值体现在它能对人类社会生存发展活动的需要提供支持。由于环境系统的组成物质在数量上具有一定的比例关系,在空间上具有一定的分布规律,所以它对人类活动的支持能力有一定的限度。当今存在的种种环境问题,大多是人类活动与环境承载力之间出现冲突的表现,即人类社会经济活动对环境的影响超过了环境所能支持的极限。

**1. 水环境承载力评价**

地表水环境容量指设定河段满足一定水质量要求的、天然消纳某种污染物的能力。水环境容量包括稀释容量和自净容量。水环境容量是客观存在的。因此,它与现状排放无关,只与水量和自净能力有关,这样就使水环境容量的计算问题得到了简化。水环境容量是一种资源,它也和使用功能无关。使用功能是人为的设定,功能区的设定和水环境容量分配有关,与水环境容量计算无关。这样就可以使用统一的水质标准计算水环境容量,既方便比较,又坚持了公平和公正性,也避免了有水资源而无水环境容量(水质标准为Ⅰ类和Ⅱ类的水体)的矛盾现象。设定功能引起的水环境容量的改变是对资源的重新分配。低功能区的高环境容量所多利用的环境容量等于高功能区环境容量的减少。按照公正性原则,高功能区(低容量区)应当得到补偿。同时,开展地下水的防污性能评价。

**2. 土壤环境承载力评价**

土壤环境容量又称土壤负载容量,是一定土壤环境单元在一定时限内遵循的环境质量标准,既维持土壤生态系统的正常结构与功能,保证农产品的生物学产量与质量,又不使环境系统污染超过土壤环境所能容纳污染物的最大负荷量。不同土壤其环境容量是不同的,同一土壤对不同污染物(主要为重金属)的容量也是不同的,这涉及到土壤的净化能力。土壤环境容量最大允许极限值减去背景值(或本底值),得到的是土壤环境的静容量;考虑土壤环境的自净作用与缓冲性能(土壤污染物输入输出过程及累积作用等),即土壤环境的静容量加上这部分土壤的净化量,称为土壤的全部环境容量或土壤的动容量。

计算土壤环境容量的方法有多种,最简单的是重金属物质平衡模型:

$$Q_{总}=M \cdot S(R-B)$$

式中：$Q_总$ 为某污染区域土壤环境总容量；$R$ 为某污染物的土壤评价标准，即造成作物生育障碍或作物籽实残毒积累达到食品卫生标准时的某污染物浓度；$M$ 为耕层土壤质量；$S$ 为区域面积；$B$ 为某污染物土壤背景值。

**3. 地质环境承载力评价**

（1）地质灾害风险评价：在全区开展不同动力条件下区域地质灾害的易发性评价、危险性评价，结合社会经济易损性评价，开展风险性评价与区划，确定对人类活动的限制程度。

（2）岩溶塌陷灾害风险评价：在全区开展不同动力条件下区域岩溶塌陷的易发性评价、危险性评价、社会经济易损性评价，开展风险性评价与区划。

#### 1.2.4.3 资源环境承载力综合评价方法

资源环境综合承载力是区域上各种因素对承载能力的综合体现，因而必然表现为各单一方面的资源、环境承载力作用效果的叠加，其叠加反映了研究区域内各地区资源环境承载力总体状况，可以视为资源环境综合承载力评价的初步结果；同时，一些敏感因子，如地质灾害、自然保护区等，对区域承载能力及人类活动具有非常强烈的限制作用，而这些敏感因子在众多因素叠加时，其重要性容易被淹没，导致评价结果与客观实际不符。为了突出敏感因子的影响，在上述初步结果的基础上，将敏感因子的影响进一步叠加，从而得到资源环境承载力综合评价的最终结果。

协调度是度量系统内部要素之间在发展过程中彼此和谐一致的程度，体现了系统由无序走向有序的趋势，是协调状况好坏程度的定量指标。在分析经济社会发展与资源环境耦合关系的基础上，运用耦合协调度评价模型，对珠江三角洲经济区经济-社会-资源环境复合系统的耦合协调度进行评价。

#### 1.2.4.4 国土资源环境优化配置研究方法

依据珠江三角洲经济区各市自然生态状况、资源环境承载能力、区位特征、现有开发密度、经济结构特征、人口集聚状况、参与国内国际分工的程度等多种因素，从全区一盘棋的角度来优化配置国土空间开发的格局。

## 1.3 编写分工

本书由黄长生、余绍文、黎清华、马传明任主编，由黄长生提出总体思路并汇总成稿，具体章节分工为：第二章珠江三角洲经济区土地资源承载力评价由马传明、余绍文执笔；第三章水资源承载力评价由马传明、余绍文执笔；第四章矿产资源承载能力评价由曾敏执笔；第五章土壤环境承载力评价由马传明、余绍文执笔；第六章水环境承载力评价由马传明、余绍文执笔；第七章地质灾害风险性评价由谢先明执笔；第八章重要地质遗迹资源环境承载力评价由李宏卫执笔；第九章资源环境承载力综合评价由黎清华、马传明执笔；第十章资源环境优化配置对策研究由黎清华、马传明、黄长生执笔；其他基础及成果图件由刘凤梅、王芳婷编绘。本次资源环境承载力评价研究工作是由中国地质调查局武汉地质调查中心承担，中国地质科学院岩溶地质研究所、中国地质大学（武汉）、广东省地质调查院、广东省地质局水文地质大队共同参与协助完成。本书不仅得到了中国地质调查局水文地质环境地质部及相关部门的精心指导，而且是各单位全体成员辛勤劳动和集体智慧的结晶，在此出版之际，向所有关心、支持、帮助的人们致以崇高的敬意和感谢！因时间紧、任务重，书中存在的疏漏之处，敬请批评指正。

# §2 珠江三角洲经济区土地资源承载力评价

## 2.1 土地利用现状

### 2.1.1 土地资源总量分析

根据2014年珠江三角洲经济区44个县级土地更新调查数据库成果(广东省国土资源信息中心),利用采样点所属土地利用属性统计,珠江三角洲经济区农业用地面积为31 112km²,占调查区土地总面积的72.93%;建设用地面积为8892km²,占土地总面积的20.83%;未利用地面积为2664km²,占土地总面积的6.24%,与2008年相比,5年内珠江三角洲经济区耕地减少13.65%。按照《全国土地分类》(过渡期间适用),二级类各类分布情况见表2-1-1,各行政区的各种土地利用类型分布情况见表2-1-2。

表2-1-1 珠江三角洲经济区各用地类型分布情况

| 项目 | 耕地 | 园地 | 林地 | 草地 | 其他农业用地 | 居民点及独立工矿用地 | 交通运输用地 | 水利设施用地 | 其他土地 | 未利用土地 |
|---|---|---|---|---|---|---|---|---|---|---|
| 面积(km²) | 5440 | 3688 | 17 732 | 148 | 4104 | 7456 | 716 | 720 | 2156 | 508 |
| 百分比(%) | 12.76 | 8.64 | 41.55 | 0.35 | 9.63 | 17.47 | 1.67 | 1.69 | 5.05 | 1.18 |

引自《珠江三角洲全域规划》。

表2-1-2 珠江三角洲各行政区的各类土地类型分布情况　　　　单位:100km²

| 城市 | 土地总面积 | 不可用作建设用地 | | 禁止用作建设用地 | | 可用作建设用地 | | |
|---|---|---|---|---|---|---|---|---|
| | | 山地 | 水域、滩涂等 | 耕地保护区 | 生态敏感区 | 已用地 | 潜在部分 | |
| | | | | | | | 园地、牧草地 | 废弃荒地 |
| 广州 | 72.87 | 27.13 | 8.39 | 14.69 | 0.45 | 12.82 | 7.79 | 0.76 |
| 深圳 | 19.49 | 6.05 | 2.26 | 0.60 | 0.31 | 7.49 | 2.52 | 0.25 |
| 珠海 | 15.98 | 4.05 | 1.24 | 2.47 | 0.96 | 3.71 | 0.42 | 3.10 |
| 惠州 | 113.56 | 72.47 | 7.31 | 13.67 | 0.46 | 11.22 | 5.06 | 1.85 |
| 东莞 | 24.72 | 3.72 | 4.57 | 4.00 | 0.61 | 9.21 | 4.88 | 0.17 |
| 中山 | 18.00 | 3.53 | 5.23 | 4.89 | 0 | 3.42 | 0.44 | 0.20 |
| 江门 | 95.41 | 44.80 | 13.70 | 18.72 | 0.84 | 9.45 | 2.89 | 2.98 |
| 佛山 | 38.48 | 7.18 | 12.20 | 7.31 | 1.16 | 10.67 | 1.49 | 0.08 |
| 肇庆 | 148.22 | 108.90 | 8.82 | 16.56 | 1.58 | 6.85 | 2.20 | 1.71 |
| 合计 | 546.73 | 277.83 | 63.72 | 82.91 | 6.37 | 74.84 | 27.69 | 11.10 |

引自《珠江三角洲地区土地资源承载力研究》。

其中,耕地保护面积是指国土资源部要求的最小保护面积,生态敏感区主要包括国家自然保护区、国家生态公园保护区以及其他生态核心区等。

由表2-1-3可见,珠江三角洲地区除了目前不可用作和禁止用作建设的土地外,可以用来发展城镇建设的土地总面积为11 361km²,其中,7484km²已经被利用了。

表2-1-3 珠江三角洲各行政区可用作建设用地面积统计　　　单位:100km²

| 城市 | 可用作建设用地标准<br>(占总面积百分比) | 已用作建设用地面积<br>(占总面积百分比) | 未用作建设用地面积<br>(占总面积百分比) |
| --- | --- | --- | --- |
| 广州 | 21.37(29.33%) | 12.82(17.59%) | 8.55(11.73%) |
| 深圳 | 10.27(52.69%) | 7.49(38.43%) | 2.78(14.26%) |
| 珠海 | 7.23(45.24%) | 3.71(23.22%) | 3.52(22.03%) |
| 惠州 | 18.13(15.97%) | 11.22(9.88%) | 6.91(6.08%) |
| 东莞 | 14.26(57.69%) | 9.21(37.26%) | 5.05(20.43%) |
| 中山 | 4.06(22.56%) | 3.42(19.00%) | 0.64(3.56%) |
| 江门 | 15.32(16.06%) | 9.45(9.90%) | 5.87(6.15%) |
| 佛山 | 12.22(31.76%) | 10.67(27.73%) | 1.55(4.03%) |
| 肇庆 | 10.76(7.26%) | 6.85(4.62%) | 3.91(2.64%) |
| 合计 | 113.61(20.78%) | 74.84(13.69%) | 38.78(7.09%) |

引自《珠江三角洲地区土地资源承载力研究》。

## 2.1.2 土地利用特点

珠江三角洲除位于腹地的珠江三角洲平原外,其余为地势较低矮的丘陵或台地,大多可以开垦成适合种植各种作物、果树、经济林木的旱作地。通过对2005年、2010年和2015年三期土地利用覆被数据进行统计分析,珠江三角洲经济区耕地、林地、草地、水域、居民及建设用地和未利用地6种土地利用类型中面积最大的是林地,其次为水域。珠江三角洲在这15年间,土地利用结构发生了较显著的变化(图2-1-1,附图1)。

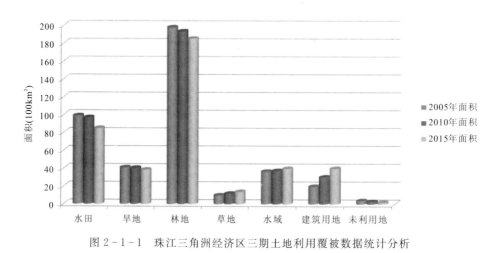

图2-1-1 珠江三角洲经济区三期土地利用覆被数据统计分析

2005—2015年间,珠江三角洲土地利用类型中只有水域和居民及建设用地面积是增加的,其他4种土地利用类型面积都不同程度地减少了(表2-1-4)。其中变化幅度最大的是居民及建设用地,10年间增加了1912.7019km²,平均每年增加127.5135km²,由2005年所占比重5.33%增加到2010年的9.99%,变化了4.66%;水域面积增加了455.0278km²,所占比重增加了1.11%。减少的4种土地利用类型按减少面积大小依次为水田、旱地、林地、草地和未利用地,水田面积减少了1452.3815km²,比重减少了3.54%,旱地面积减少了456.8728km²,比重减少了1.11%,所以耕地面积共减少了1909.2543km²;林地所占比重10年间都是最大的,2005年林地比重为48.07%,2010年比重为47.06%,比重减少了1.01%,面积一共减少了413.2216km²;草地面积减少了46.622km²,比重减少了0.12%;6种土地利用类型中未利用的面积变化最小,10年间只减少了163 500m²,平均每年减少10 900m²。

表2-1-4 珠江三角洲经济区2005—2015年各种土地利用类型变化

| 用地类型 | 2005年比重(%) | 2015年比重(%) | 比重变化(%) | 变化面积($10^4 m^2$) | 年变化面积($10^4 m^2$) |
| --- | --- | --- | --- | --- | --- |
| 水田 | 24.79 | 21.25 | −3.54 | −145 238.15 | −9682.54 |
| 旱地 | 10.62 | 9.51 | −1.11 | −45 687.28 | −3045.82 |
| 林地 | 48.07 | 47.06 | −1.01 | −41 322.16 | −2754.81 |
| 草地 | 2.16 | 2.04 | −0.12 | −4662.2 | −310.81 |
| 水域 | 8.98 | 10.09 | 1.11 | −45 502.78 | 3033.52 |
| 居民及建设用地 | 5.33 | 9.99 | 4.66 | −1 912 770.19 | 12 751.35 |
| 未利用地 | 0.06 | 0.06 | 0 | −16.35 | −1.09 |

引自《珠江三角洲地区土地资源承载力研究》(周纯)。

## 2.1.3 土地利用主要问题

由于近30年来经济水平的发展、城镇化的快速推进,导致珠江三角洲经济区土地类型构成发生巨大变化,由此也引发很多土地利用方面的问题。

(1)建设用地大规模扩张,占用大量农业用地,耕地面积锐减,人地矛盾日益突出,对土地安全构成了严重威胁。随着建设占用等耕地面积大幅度减少,珠江三角洲地区的现有实际耕地面积已经难以达到规划所确定的耕地保有量和基本农田面积指标,虽然通过可调整土地类型如可调整园地、可调整其他农业用地等处理办法,基本可以达到规划指标的要求,但耕地保护目标与耕地实有面积之间的矛盾仍十分突出并日益尖锐,已不容忽视。

(2)土地深度开发利用不够,存在土地粗放利用、闲置和浪费问题,土地节约、集约利用的水平不高。目前珠江三角洲地区建设用地的单位土地面积的生产总产值大约为2亿元/km²,与发达国家工业用地的产出率相比还有很大的差距,如现人均建设用地总规模与人均城乡用地规模等远超出合理标准。虽然土地资源集约利用水平有较大的提升空间,然而传统粗放型土地利用方式的延续惯性力量仍十分强劲,而且要在现有利用效益的基础上更进一步提高土地利用水平也将十分困难。

(3)土地利用结构与布局存在不尽合理,尤其是建设用地利用中的问题最为突出,如工业用地的布局混乱、功能区划分不明显,城镇建设用地的比例失调,城镇建设用地中往往道路广场用地、绿地和市政公用设施用地不足,存在有工业用地偏大、交通拥挤、公园绿地面积偏少、城市生活设施不足等问题。

(4)未利用地面积较少,后备土地资源十分有限,且难以开发,土地资源供需矛盾十分尖锐且日趋激化,土地资源持续利用的后劲严重不足。

(5)土地生态问题日益突出,城市和城镇建设用地大幅度增加,生态用地进一步减少,环境污染日益严重,造成土地资源逐步退化。

## 2.2 土地资源功能区划

### 2.2.1 城市功能区划基本理论

#### 2.2.1.1 城市功能区划概念辨析

城市功能区划的概念并不十分明确,用词也多样化,其大致包括城市从中观到宏观尺度的城市功能布局和微观尺度的用地区划两个层次。城市功能布局通常称"城市功能布局",也有称"城市功能分区""城市功能区划"等;用地区划则通常称"用地规划""城市用地布局""城市用地功能组织""用地区划"等。总结起来,城市功能区划通常包括两方面内容:一是区划,将城市某区域划分为若干个分区;二是确定各分区的"功能",即确定"功能类型"或者"用地类型",而"功能类型""用地类型"等实质上确定的都是人类活动的类型。所以从本质上来说,城市功能区划就是将城市一定区域划分为若干个分区,并确定各分区人类活动类型的过程。其中城市功能布局确定的是较大范围区域的人类主导经济社会活动类型,区域内还包含其他附属活动类型,而用地区划则确定的是某地块具体的人类某种活动类型。将城市功能区划回归到划分人类活动类型的本质,能使城市功能区划研究较好地与现代生态学理论对接,具有积极的意义。本研究主要针对城市从中观到宏观尺度的城市功能布局进行探讨,文中采用"城市功能区划"一词进行表述,这主要考虑到相对"城市功能布局"而言,该词更为强调城市功能分区的科学性与客观性。

#### 2.2.1.2 城市功能区划的特征

城市功能区划具有以下几个特征,一是具有社会属性的区划,与自然属性的区划如自然区划等有本质的不同。二是一项重要的、基础性的及长期性的城市发展战略层面的区划,城市功能区划是城市发展战略的重要内容,确定的主导功能是经济社会发展的基本方向,是对城市功能进行长期的、结构性的控制与引导。三是一项具有法律效力的公共决策,目前国内外都已明确其法律地位。四是在城市不同发展时期具有不同特点:①在发展初期,城市以农业为主导,农业与居住冲突不大,城市功能可适当混合;②在发展中期,城市以工业为主导,工业与居住冲突通常较大,而且各类工业之间及与其他功能之间也可能存在影响,功能区划应较为严格;③在成熟期,城市以第三产业为主导,第三产业与居住冲突通常不大,而且各类第三产业之间及与其他功能之间的影响通常较小,城市功能可适当混合。

城市功能区划成为城市安排各项建设用地的重要依据,以及其他城市空间类专项规划制订的重要依据。这些规划所确定的各项经济社会活动均按照城市功能区划来布局,可以保证各规划的经济社会活动布局统一,不相互冲突,保证这些规划方案得以有效实施,因此城市功能区划是城市规划一项最重要的基础工作。

### 2.2.2 基于可持续发展理念的城市功能区划基本思路

#### 2.2.2.1 城市与生态相关理论

**1. 城市复合生态系统理论**

不同学科对城市有不同角度的理解,马世骏等(1984)从现代生态学角度提出,城市是一个社会-经济-自然复合生态系统,其中自然及物理组分是人类赖以生存的基础,各种经济活动和代谢过程是城市生存和发展的活力和命脉,而人的社会行为及文化观念则是城市演替与进化的动力泵,社会、经济和自然3个子系统的存在和发展受其他系统结构、功能的制约。

因此,城市问题不能只单一地看成是社会问题、经济问题或自然生态学问题,而应看成是若干系统相结合的复杂问题。

**2. 可持续发展理念**

可持续发展理念是1987年世界环境与发展委员会在《我们共同的未来》中提出的,其含义是既满足当代人的需求,又不危及后代人满足其需求能力的发展,它的特点为:①强调持续性,要求人类的经济和社会发展必须控制在资源和环境的承载力范围内;②体现公平性,一是代际之间的公平,二是代内之间的公平;③追求社会、经济和环境的协同发展;④推崇人与自然和谐、发展与环境相协调的价值观。

**3. 基于生态系统管理理念**

该理念自20世纪80年代起被广泛研究与应用,目前尚未形成统一的或被一致公认的定义和理论框架。一些学者认为,基于生态系统管理是指在对生态系统组成、结构和功能过程充分理解的基础上,恢复或维持生态系统整体性和可持续性,其中保持生态系统的整体性是强调的重点。因此,不同专业的学者们均认为要打破传统的由行政边界分割形成的管理范围,改变为根据生态系统分布的空间范围划定管理范围,保证每个管理单元都是相对完整的生态系统。

**4. 生态系统健康理论**

该理论也是20世纪80年代兴起的一个研究领域。一般认为,健康的生态系统是稳定持续、在长时间内能够维持自身组织结构和自主性、对外界胁迫具有恢复能力的生态系统,且认为可以从活力、组织结构和恢复力三方面来评价生态系统是否健康。健康的生态系统意味着生态系统能正常发挥功能,能实现生态系统的最佳服务。

#### 2.2.2.2 城市功能区划的原则

**1. 可持续发展原则**

城市功能区划是确定城市各分区经济社会活动类型的问题,不同的经济社会活动类型对自然生态系统的影响以及对资源的利用是不同的,对经济社会发展的作用也不同。要使城市得以持续发展,就必须以可持续发展理念为指导来进行城市功能区划,考虑如何在不破坏生态系统健康、资源承载力的前提下,确定符合经济社会发展需要、保证代内与代际公平发展的城市功能定位。因此,可持续发展原则应该成为城市功能区划的核心原则。

**2. 自然生态维护优先原则**

前已提及,城市是一个复合生态系统,任何的城市问题都不是单一系统的问题,城市功能区划应把握复合系统的整体性。但在追求整体性的前提下,城市功能区划应优先考虑自然生态系统的维护问题,因为自然生态系统是人类"赖以生存的基础",是生命的支撑系统,且相比经济社会系统,自然生态系统受到破坏后恢复的难度最大、时间最长。因此,在城市功能区划的过程中,应以保护自然生态系统的完整性和健康为前提,来确定各区域的功能类型。

**3. 资源定位原则**

任何经济社会活动都需要利用资源,资源是一个区域发展的基础和前提。资源定位原则指的是区域的发展定位与规模应依据自然环境、资源特征和资源承载力来确定。在城市功能区划过程中运用资源定位原则有两方面的意义:①因地制宜,通过分析自然环境、资源的适宜性来确定区域适合的功能类型,所确定的功能类型由于符合区域环境、资源的特征,通常能使区域资源得以持续利用,不会破坏其承载力;②在确定经济发展定位时,通过分析区域的优势资源所在,选取可获得较大效益的某优势资源利用方式所对应的产业作为区域的经济发展方向,可以使区域经济朝着持续(因为有优势资源作为"后盾")、快速(因为可获得较大效益)的方向发展,符合区域经济长远发展的需要,从这个角度来说,资源定位是确定经济发展定位的重要原则。因此,资源定位原则是城市功能区划的重要指导原则和手段,它使以可持续发展为目标的城市功能区划得以实现。

#### 2.2.2.3 基于可持续发展理念的功能区划基本思路

**1. 基本思路**

如前所述,城市功能区划是将城市划分为若干个分区,并确定各分区主导经济社会活动类型的过程,这是城市功能区划的基本内容。在对城市进行分区的过程中,依据基于生态系统管理的理念,应考虑保持分区自然生态系统的完整性,因此必须根据所区划城市自然生态系统的空间分布特征来进行分区;而在确定各分区主导经济社会活动类型的过程中,以可持续发展原则为指导,就必须考虑如何在不破坏生态系统健康及资源承载力的前提下,确定符合经济社会发展需要、保障代内与代际公平发展的经济社会活动类型。鉴于此,本研究提出了"基于持续发展理念的城市功能区划"这个概念。以上就是基于持续发展理念的城市功能区划的主要内容,基于主要内容以及所拟定的城市功能区划原则,该功能区划基本思路如下。

在城市功能区划的第一环节——区划方面,可进行生态区划工作,即根据城市自然生态系统的相似性和差异性将城市划分为若干个生态单元,作为功能分区的基本单元。这是首要步骤。

在城市功能区划的第二环节——确定各分区主导经济社会活动类型方面,考虑城市发展战略、城市所需的功能类型之后,为了选择不破坏生态系统健康与资源承载力,符合经济社会发展需要且保障区内与区际公平发展的功能类型。这个环节可分"三步走"。首先,基于自然生态维护优先原则,以生态系统健康等理论作为指导,进行只考虑能够维护自然生态系统健康的功能类型范围的功能区划,即进行"基于自然生态维护优先的功能区划"。其次,在生态优先功能区划确定的功能类型范围内,考虑不破坏资源承载力且符合经济社会发展需要的功能类型。前已提及,以资源定位原则为指导,分析资源的适宜性来确定功能类型,通常能使资源得以持续利用,不破坏资源承载力,且通过分析区域优势资源所在,选取可获得较大效益的某优势资源利用方式所对应的产业作为经济发展方向,可以使经济朝着持续快速的方向发展,符合经济社会发展的需要,因此可在"基于自然生态维护优先的功能区划"的基础上进行"基于资源定位的功能区划"。在综合以上两项功能区划结果之后,考虑功能区划的限定因素,以及各单元功能之间的组合关系等,可形成功能区划的初步方案。最后,根据该功能区划结果进行总结分析,得出基于可持续发展理念的城市功能区划的最终结果。

**2. 思路特点**

该思路改变了传统城市功能区划忽视将考虑城市生态系统与资源所支持的或所能承受的功能类型作为功能区划的主要工作,以达到经济社会目标为主要目的来进行功能区划的状态。首先考虑生态、资源的特征与环境保护的需要,后考虑经济社会持续发展的需要,跳出了传统功能区划优先考虑经济社会发展,后考虑哪些生态与资源需要保护,依此再制订环境、生态等方面专项规划的思维模式。

该功能区划较好地把握了城市复合生态系统的特点,在优先考虑维护自然生态系统健康的前提下,从考虑资源特征发挥资源优势,达到最大效益的角度定位经济社会活动的类型以满足经济社会持续发展的需要,另外通过公众参与功能区划来保障社会各阶层的长久利益,最终达到自然、社会、经济子系统协调发展的要求。

本功能区划首先整体地从维护自然生态系统健康的角度筛选要考虑的功能类型,再从资源的持续与最佳利用的角度选择功能类型,从根本上保证了区域自然生态系统的健康发展。

### 2.2.3 功能区划过程

参照珠江三角洲城市总体发展规划纲要,并充分考虑生态环境保护的要求和已有土地利用现状以及上面提到的功能区划思路、原则,进行珠江三角洲地区土地功能区划,将珠江三角洲研究区范围划分为建设用地功能区、农业生产用地功能区、生态环境保护用地功能区,以便更好地协调引导珠江三角洲地区经济社会的发展。利用 GIS 技术,经过对收集到的相关规划资料进行提取和叠加分析,按照附图 1 所示的土地利用类型分类得出珠江三角洲经济区土地利用类型图。

### 2.2.4 功能区划结果分析

利用 MapGIS 的属性库编辑功能分别算出农业用地、建设用地、生态用地的土地面积和所占比例。

**1. 农业用地**

根据珠江三角洲功能区划结果,农业用地(包括水田、旱地、园地)面积为 15 610 km$^2$,占研究区土地总面积的 38.4%。主要分布在珠江三角洲的大部分地区:佛山、中山、肇庆、江门等市的大部分地区。

**2. 建设用地**

珠江三角洲建设用地(包括居民点及工矿用地)面积为 3991 km$^2$,占整个研究区土地总面积的 9.8%。主要分布在珠江三角洲的核心地带。

**3. 生态用地**

珠江三角洲生态建设用地(包括河流、水库、滩涂等)面积为 21 035 km$^2$,占整个研究区土地总面积的 51.77%。主要分布在江门、肇庆、惠州等市的边缘地带。

## 2.3 土地资源承载力评价

### 2.3.1 评价理论

本研究对土地资源承载力定义为:在当前发展阶段下,以可预见的技术、经济和社会发展水平为依据,以可持续发展为原则,以维护人类生态环境(安全)良性发展为前提,一个区域土地资源可承受的最大人口和城镇发展规模。其优点是考虑到区域的开放性和土地对其社会经济发展的可支撑程度。对于珠江三角洲这样一个特殊区域,由于其经济和城市化进程的高速发展,土地资源的主要功能已经发生了很大变化,由以前的粮食供给转变为工业和城市建设用地供给,土地的生产方式和价值已经发生了改变。因而,我们从城市群生态良性循环、各类用地合理配置,尤其是生态用地的保证方面来研究珠江三角洲中城市群的土地资源对人口的承载能力可能更有现实意义。任何一个城市或城市带(群),人口规模过大和人口密度过高,必然带来许多城市生态问题。一个适宜人类居住和工作的城市生态环境,必定存在人口容量的极限问题。城市化进程的加快将加剧有限土地资源的利用矛盾,而土地资源的自身特点和利用(消耗)方式决定着土地资源承载力的高低,我们就选择从这个角度来分析珠江三角洲地区的土地资源承载力。从适合城市发展建设的视角来看,我们可以将该地区土地划分为三大类:第一类是建设用地,主要包括城镇、农村居民用地,特殊用地,机场等;第二类是农业用地,主要包括水田、旱地、园地;第三类是生态用地,主要包括河流、湖泊水库、滩涂等(图 2-3-1)。

我们的计算思路是:在整个珠江三角洲范围内,从城市发展建设角度来看,所有的土地面积除了目前不可和禁止做建设用地部分外,在保证城市化生产、生活和建设过程中人民生态安全的前提下,以可持续发展预测为指导,计算该区域现状可能承载的人口数量。

近年来随着学者们把模糊数学、多元统计等方法和遥感、地理信息系统(GIS)等手段引入到土地资源评价中,通过大量信息的处理,得出反映土地资源承载力的综合指标,比较有效地避免了评价者的主观影响。地理信息系统作为一种计算机化的地理信息的数字分析处理系统,可以使土地评价的空间信

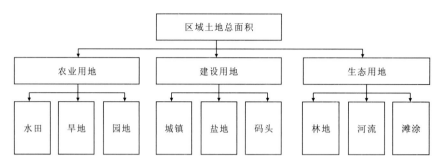

图 2-3-1 珠江三角洲经济区城镇建设发展土地分类

息与属性信息很好地结合在一起,使土地资源承载力评价更加定量化、规范化、综合化。

技术路线如下所示:

(1)利用 GIS 技术,经过对收集到的相关规划资料进行提取和叠加分析,得出珠江三角洲土地利用类型图。

(2)选定参评因子,确定评价指标。

(3)确定土地资源评价因子,选取评价指标是土地资源评价的核心。土地资源承载力评价中主要针对土地的不同用途,正确选择不同的参评因子是科学地揭示土地资源承载力差异的前提。

(4)珠江三角洲地区土地资源承载力评价是在 MapGIS 地理信息系统软件支持下进行的,通过对各参评因子图进行数字化并采集其属性信息,建立起包括空间及属性信息的评价数据库,应用 MapGIS 属性库编辑功能,进行土地资源承载力评价。

(5)在城市功能区划思想的指导下,结合珠江三角洲地区的实际情况,经过综合分析后,针对不同的土地利用类型,分别选取耕地资源人口承载力、生态人口承载力、区域城市建设空间人口承载力作为参评因子。

(6)分别通过对珠江三角洲各种功能用地进行相应的承载力计算,得到各个承载结果,并利用 MapGIS 属性功能最后进行组合,得出研究区各用地类型的评价结果图。

(7)通过对珠江三角洲的承载结果分析,提出土地资源承载力的对策及建议。

技术思路图如图 2-3-2 所示。

## 2.3.2 计算过程

根据珠江三角洲经济区土地利用区划结果,依次计算农业用地、建设用地、生态用地的承载人口。

### 2.3.2.1 农业用地的承载力计算

对于农业用地,本研究采用土地生产现实承载力来体现,土地生产现实承载力(LCC)主要反映了区域土地、粮食与人口的关系,可以用一定粮食消费水平下,区域土地生产力所能持续供养的人口规模(万人)或承载密度(人/$km^2$)来度量。以公式(2-1)表示为:

$$LCC=G/Gpc \qquad (2-1)$$

式中:LCC 为土地生产现实承载力;G 为土地生产量(kg),其中土地生产量(G)=耕地面积×(区域耕地平均单产×合理的复种指数);Gpc 为人均粮食消费标准,现实承载力以 450kg/人计。

在本次计算过程中,区域耕地平均单产取研究区多年平均单产,为 0.6kg/$m^2$,根据当地农作物实际种植情况,取复种指数为 2.20。

计算可得农业用地各区的承载力计算结果,然后根据所得结果建立属性数据库,结果如表 2-3-1 所示。

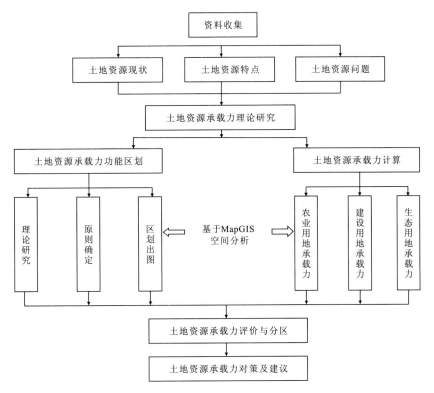

图 2-3-2 土地资源承载力评价思路图

**表 2-3-1 珠江三角洲经济区农业用地承载力结果**

| 区编号 | 面积(km²) | 单产(kg) | 复种指数 | 承载力(人) |
|---|---|---|---|---|
| 1 | 3.675 40 | 6000 | 2.20 | 10 781 |
| 2 | 0.763 37 | 6000 | 2.20 | 2239 |
| 3 | 2.895 77 | 6000 | 2.20 | 8494 |
| 4 | 17.135 16 | 6000 | 2.20 | 50 263 |
| 5 | 3.160 60 | 6000 | 2.20 | 9271 |
| 6 | 4.489 65 | 6000 | 2.20 | 13 170 |
| 7 | 3.343 51 | 6000 | 2.20 | 9808 |
| 8 | 3.186 59 | 6000 | 2.20 | 9347 |
| 9 | 5.539 58 | 6000 | 2.20 | 16 249 |
| 10 | 0.470 18 | 6000 | 2.20 | 1379 |
| ⋮ | ⋮ | ⋮ | ⋮ | ⋮ |
| 1458 | 0.460 94 | 6000 | 2.20 | 1352 |
| 1459 | 14.623 28 | 6000 | 2.20 | 42 895 |
| 1460 | 1.369 13 | 6000 | 2.20 | 4016 |
| 1461 | 3.693 29 | 6000 | 2.20 | 10 834 |
| 1462 | 1.265 85 | 6000 | 2.20 | 3713 |
| 1463 | 1.552 70 | 6000 | 2.20 | 4555 |
| 1464 | 1.019 76 | 6000 | 2.20 | 2991 |
| 1465 | 1.220 91 | 6000 | 2.20 | 3581 |
| 1466 | 2.132 40 | 6000 | 2.20 | 6255 |
| 1467 | 1.454 03 | 6000 | 2.20 | 4265 |

### 2.3.2.2 建设用地的承载力计算

建设区承载人口（CI）即是通过评价区建设用地空间与人均用地空间标准比值得到，人均用地空间标准通过参照《城市用地分类与规划建设用地标准》（GB 50137—2011）得到，取珠江三角洲地区人均有地空间标准为 $95m^2/人$。计算方法为：

$$CI = M_c / M_k \qquad (2-2)$$

式中：$CI$ 为建设空间承载人口数；$M_c$ 为建设用地空间面积；$M_k$ 为人均用地空间标准。

通过计算得到研究区建设用地承载人口结果，并将计算结果录入到属性数据库中，结果如表 2-3-2 所示。

表 2-3-2 珠江三角洲经济区建设用地承载力结果

| 序号 | 面积（km²） | 土地类型 | 人均空间标准（m²） | 承载力（人） |
| --- | --- | --- | --- | --- |
| 1 | 4.411 89 | 城镇 | 95 | 46 441 |
| 2 | 1.892 43 | 城镇 | 95 | 19 920 |
| 3 | 0.696 78 | 城镇 | 95 | 7335 |
| 4 | 1.890 80 | 城镇 | 95 | 19 903 |
| 5 | 0.428 79 | 农村居民地 | 95 | 4514 |
| 6 | 1.018 50 | 城镇 | 95 | 10 721 |
| 7 | 4.977 50 | 农村居民地 | 95 | 52 395 |
| 8 | 2.074 81 | 城镇 | 95 | 21 840 |
| 9 | 1.058 54 | 城镇 | 95 | 11 143 |
| 10 | 2.629 73 | 城镇 | 95 | 27 681 |
| ⋮ | ⋮ | ⋮ | ⋮ | ⋮ |
| 720 | 2.709 00 | 特殊用地 | 95 | 28 516 |
| 721 | 1.329 06 | 城镇 | 95 | 13 990 |
| 722 | 1.043 37 | 城镇 | 95 | 10 983 |
| 723 | 0.894 34 | 农村居民地 | 95 | 9414 |
| 724 | 1.570 88 | 城镇 | 95 | 16 536 |
| 725 | 0.496 21 | 农村居民地 | 95 | 5223 |
| 726 | 0.957 51 | 农村居民地 | 95 | 10 079 |
| 727 | 0.862 13 | 农村居民地 | 95 | 9075 |
| 728 | 0.275 54 | 农村居民地 | 95 | 2900 |
| 729 | 1.220 41 | 农村居民地 | 95 | 12 846 |

### 2.3.2.3 生态用地的承载力计算

土地资源的生态承载力集中体现了经济社会发展是地区建设与生态平衡之间的协调和矛盾关系。评价过程中选取生态用地面积和人均绿地面积两个指标来进行评价。其中人均绿地面积参照《城市用地分类与规划建设用地标准》（GB 50137—2011）所规定的不低于 $10m^2/人$ 进行评价。具体计算方法如下：

$$I_{st}=E_a/P_a \tag{2-3}$$

式中：$I_{st}$为建设空间承载人口数；$E_a$为建设用地空间面积；$P_a$为人均用地空间标准。

通过计算得到研究区生态用地承载人口结果，并将计算结果录入到属性数据库中，结果如表 2-3-3 所示。

表 2-3-3 珠江三角洲经济区生态用地承载力结果

| 序号 | 面积（km²） | 土地利用类型 | 人均绿地面积（m²） | 承载力（人） |
| --- | --- | --- | --- | --- |
| 1 | 923.139 | 林地 | 100 | 9 231 397 |
| 2 | 0.427 53 | 林地 | 100 | 4275 |
| 3 | 0.064 91 | 林地 | 100 | 649 |
| 4 | 0.066 40 | 林地 | 100 | 664 |
| 5 | 0.136 63 | 林地 | 100 | 1366 |
| 6 | 3.306 34 | 林地 | 100 | 33 063 |
| 7 | 0.546 15 | 林地 | 100 | 5462 |
| 8 | 0.286 09 | 林地 | 100 | 2861 |
| 9 | 1.294 64 | 林地 | 100 | 12 946 |
| 10 | 0.220 34 | 林地 | 100 | 2203 |
| ⋮ | ⋮ | ⋮ | ⋮ | ⋮ |
| 1438 | 0.038 08 | 林地 | 100 | 380 |
| 1439 | 0.030 83 | 林地 | 100 | 308 |
| 1440 | 65.659 75 | 林地 | 100 | 656 598 |
| 1441 | 0.017 24 | 林地 | 100 | 172 |
| 1442 | 6.001 98 | 林地 | 100 | 60 020 |
| 1443 | 0.131 73 | 滩涂 | 100 | 1317 |
| 1444 | 0.297 51 | 滩涂 | 100 | 2975 |
| 1445 | 4.836 38 | 林地 | 100 | 48 364 |
| 1446 | 0.104 51 | 林地 | 100 | 1045 |
| 1447 | 0.008 85 | 林地 | 100 | 89 |

## 2.3.3 综合评价

### 2.3.3.1 土地资源承载力评价结果

通过综合农业用地、建设用地、生态用地承载力情况，利用 MapGIS 平台，组合生成整个研究区的土地资源人口承载力分布图，评价结果如附图 2 所示。

珠江三角洲经济区土地资源承载力分级标准是按照自然断点分级法来分级的（表 2-3-4）。自然断点分级法(Natural Breaks)是 GIS 中用统计公式将要素属性数值按颜色或图例来分级表示的一种方法,是 GIS 对属性数值进行处理的一种基本方法。Natural Breaks(Jenks)自然断点分类,一般来说,分类的原则就是差不多的放在一起,分成若干类。统计上可以用方差来衡量,通过计算每类的方差,再计算这些方差之和,用方差和的大小来比较分类的好坏。因而需要计算各种分类的方差和,其值最小的就是最优的分类结果。在缺省情况下,分级符号法和分级设色法都属于自然断点法的类型。所选取的统计公式尽可能减少同一级中的差异,增加级间的差异。这种方法一般适用于非均匀分布的属性值分级,属性值不同的自然分组都能够区分开来并高亮度显示。

表 2-3-4 珠江三角洲经济区土地资源承载力分级标准

| 分级 | Ⅰ | Ⅱ | Ⅲ | Ⅳ | Ⅴ |
| --- | --- | --- | --- | --- | --- |
| 人口(万人) | 0～505 | 506～1927 | 1928～4223 | 4224～9248 | 9249～23 542 |

#### 2.3.3.2 土地资源承载力结果分析

由附图 2 可知,生态环境保护区所能承载的人口最多,其次分别是农业生产功能区和建设用地功能区。承载人口的数量呈现由东、西向中间递减的趋势。

按照行政区划来区分,东莞市、惠州市所能承载的人口多,承载能力高。肇庆市、广州市、江门市所能承载的人口规模一般,承载力中等。珠海市、深圳市、佛山市的承载人口少,承载能力低。

按功能区划来区分,各功能区划的承载情况如表 2-3-5 所示。

表 2-3-5 珠江三角洲经济区各功能区划适宜人口

| 功能区划 | 面积(km²) | 人口(人) |
| --- | --- | --- |
| 生态用地 | 21 035.83 | 214 411 834 |
| 农业用地 | 15 610.00 | 45 789 331 |
| 建设用地 | 3990.87 | 33 740 846 |

由上表可知:珠江三角洲的生态用地的适宜人口＞农业用地的适宜人口＞建设用地的适宜人口。根据短板理论,我们取最少的适宜人口作为整个珠江三角洲的土地资源适宜人口,即为建设用地所能适宜的人口。由统计年鉴可查,珠江三角洲 2014 年常住人口为 6481 万人,比所能适宜的人口 3374 万人要多出将近一倍,超出了所能承载的能力。

可以进一步按照功能区划计算出珠江三角洲经济区各行政区的承载人口,取最少的承载人口为该行政区所能承载的最大人口。而单位面积承载人口是该地区所能承载的最大人口除以该地区的土地总面积,即该行政区的承载能力(表 2-3-6、表 2-3-7)。

由表可知:广州、深圳、珠海、东莞、中山、佛山这 6 个城市处于超载状态。其中深圳、广州、东莞、佛山作为珠江三角洲的经济中心城市,农业发展受限,超载情况最为严重。其次珠海、中山这两个城市轻微超载。而惠州、江门和肇庆这 3 个城市的人口处于盈余的状态,城市的农业经济比较发达,土地利用强度高。各地区发展不尽相同,但是总体上处于超载状态。

表 2-3-6 珠江三角洲各行政区人口承载力

| 城市 | 生态用地 (100km²) | 农业用地 (100km²) | 建设用地 (100km²) | 生态用地承载人口 (人) | 农业用地承载人口 (人) | 建设用地承载人口 (人) | 适宜人口 (人) | 单位面积适宜人口 (人/km²) |
|---|---|---|---|---|---|---|---|---|
| 广州 | 36.73 | 22.48 | 12.82 | 367 300 000 | 6 594 133 | 13 494 737 | 6 594 133 | 905 |
| 深圳 | 8.87 | 3.12 | 7.49 | 88 700 000 | 915 200 | 7 884 211 | 915 200 | 470 |
| 珠海 | 9.35 | 2.89 | 3.71 | 93 500 000 | 847 733 | 3 905 263 | 847 733 | 530 |
| 惠州 | 82.09 | 18.73 | 11.22 | 820 900 000 | 5 494 133 | 11 810 526 | 5 494 133 | 484 |
| 东莞 | 9.07 | 8.88 | 9.21 | 90 700 000 | 2 604 800 | 9 694 737 | 2 604 800 | 1054 |
| 中山 | 8.96 | 5.33 | 3.42 | 89 600 000 | 1 563 467 | 3 600 000 | 1 563 467 | 869 |
| 江门 | 62.32 | 21.61 | 9.45 | 623 200 000 | 6 338 933 | 9 947 368 | 6 338 933 | 664 |
| 佛山 | 20.62 | 8.8 | 10.67 | 206 200 000 | 2 581 333 | 11 231 579 | 2 581 333 | 671 |
| 肇庆 | 121.01 | 18.76 | 6.85 | 1 210 100 000 | 5 502 933 | 7 210 526 | 5 502 933 | 371 |
| 合计 | 359.02 | 110.6 | 74.84 | 3 590 200 000 | 32 442 667 | 78 778 947 | 32 442 667 | 593 |

表 2-3-7 珠江三角洲经济区各行政区人口承载能力　　　　　　　单位:万人

| 城 市 | 现有人口 | 适宜人口 | 盈余人口 |
|---|---|---|---|
| 广州 | 1271 | 659 | -612 |
| 深圳 | 1037 | 92 | -945 |
| 珠海 | 156 | 85 | -71 |
| 惠州 | 460 | 549 | 89 |
| 东莞 | 822 | 260 | -562 |
| 中山 | 312 | 156 | -156 |
| 江门 | 445 | 634 | 189 |
| 佛山 | 720 | 258 | -462 |
| 肇庆 | 392 | 550 | 158 |
| 合计 | 5615 | 3244 | -2371 |

## 2.4 本章小结

综上所述，将珠江三角洲经济区土地资源分为农业用地、生态用地和建设用地 3 个方面，分别按照其理论模型计算各自的承载力，最后按照自然断点分级法来进行分级，利用 MapGIS 平台对其进行处理分析，得到最终的土地资源承载力评价结果，结果显示：

（1）珠江三角洲地区各行政区土地资源人口承载力超载严重，惠州、江门、肇庆三市土地资源所能承载人口规模、经济总量大于实际数量，土地资源还有较大的承载空间；其余各行政区土地资源所能承载的经济总量、人口数量均存在不同程度的超载。

（2）对比农业用地、生态用地和建设用地人口承载力数据，可以看出，生态用地具有较高的人口承载力，但结合土地利用类型图和人口密度图来看，生态用地地区往往是人口密度较低地区，随着生产生活空间建设用地规模加大，农业生产空间以及生态空间缩小，土地资源利用不合理，最终造成珠江三角洲经济区土地资源承载力不可逆转的超载状态，故应合理规划土地资源利用情况，同时建议围海造地，提高土地资源承载力。

# §3 珠江三角洲经济区水资源承载力评价

## 3.1 水资源概况

珠江三角洲经济区区域多经历强降水过程,年降水量大,降水丰沛,区域水资源量丰富。

### 3.1.1 水资源量分析

珠江三角洲地区水资源量按补径排的时空转换关系依次从大气降水、地表水和地下水3个方面进行资源量分析。

#### 3.1.1.1 降水量

2013年广东省呈现年降水量丰富,降水呈场次多、范围广、强度大、概率小和分布不均匀的特点,全年经历了29场强降水,12个热带气旋登陆或影响,遭遇了1951年以来最大范围的暴雨洪涝灾害,其中珠江三角洲区域年降水总量约为$1134.84\times10^8 m^3$,年均降水量约为2176.7mm,2013年平均降水量相比上年和常年有所升高,且降水年内年际分布不均匀,降水主要集中于4~9月份,约占全年降水量的80%以上。10~3月份为枯水期,降水量低于1200mm,每年7、8、9月份遭受台风、暴潮侵袭。从珠江三角洲各县(市、区)年降水量情况来看,地区降水分布不均匀(表3-1-1)。

由表3-1-1和图3-1-1可以看出肇庆市年降水总量最多为$298.77\times10^8 m^3$,惠州市次之为$236.00\times10^8 m^3$,深圳市年降水总量最低为$25.91\times10^8 m^3$,深圳市南山区年降水总量最少为$1.44\times10^8 m^3$。深圳市各市区年降水总量普遍较低,其余各市区年降水总量相对较高。年降水量在区域上呈现季度不均匀的现象。

#### 3.1.1.2 地表水资源量

广东省河川径流全部由降水补给,径流与降水分布基本一致,易呈空间分布不均匀,2013年广东省地表水资源量为$2253.8\times10^8 m^3$,与上年和常年相比偏多。其中珠江三角洲区域以地表水供水为主,地下水供水仅占总用水量的5%。区域年地表水资源量为$628.63\times10^8 m^3$。该区域地表水具有分布不均匀的特点,以江门市$150.42\times10^8 m^3$为最大,深圳市$15.82\times10^8 m^3$为最小,前者总量约相当于后者的10倍。2013年珠江三角洲区域地表水资源量较上年和常年均有所增加。同时区域大中型水库蓄水总变量为$2.43\times10^8 m^3$,相比年初蓄水变量有所增加(表3-1-1,图3-1-2)。

从图3-1-2可以看出,江门市、惠州市和肇庆市地表水资源总量均大于$120\times10^8 m^3$,而深圳市、中山市和珠海市地表水资源总量相对最低,均小于$20\times10^8 m^3$。珠江三角洲地区整体呈现出地表水资源量分布不均匀的特点。

表3-1-1 珠江三角洲经济区各地区水资源量

| 行政分区 | | 计算面积 (km²) | 年降雨量 (10⁴m³) | 地表资源 (10⁴m³) | 地下资源 (10⁴m³) | 不重复计算量 (10⁴m³) | 水资源总量 (10⁴m³) | 产水系数 | 产水模数 (10⁴m³/km²) |
|---|---|---|---|---|---|---|---|---|---|
| 市 | 区 | | | | | | | | |
| 广州市 | 中心区 | 1081 | 199 261 | 108 935 | 21 255 | 1978 | 110 913 | 0.56 | 102.60 |
| | 番禺区 | 527 | 96 873 | 42 706 | 8333 | 1758 | 44 464 | 0.46 | 84.37 |
| | 花都区 | 969 | 180 544 | 106 049 | 20 626 | 1135 | 107 184 | 0.59 | 110.61 |
| | 南沙区 | 656 | 111 897 | 48 116 | 9388 | 1980 | 50 096 | 0.45 | 76.37 |
| | 萝岗区 | 389 | 75 117 | 42 551 | 8202 | 542 | 43 094 | 0.57 | 110.78 |
| | 增城市 | 1617 | 341 624 | 205 614 | 38 834 | 801 | 206 415 | 0.6 | 127.65 |
| | 从化市 | 1983 | 415 104 | 253 318 | 49 223 | 0 | 253 318 | 0.61 | 127.74 |
| 佛山市 | 禅城区 | 153.69 | 29 400 | 13 800 | 2400 | 400 | 14 200 | 0.48 | 91.61 |
| | 南海区 | 1073.82 | 203 200 | 95 500 | 16 600 | 3100 | 98 600 | 0.49 | 91.89 |
| | 顺德区 | 806.15 | 159 300 | 73 900 | 12 800 | 3100 | 77 000 | 0.48 | 95.53 |
| | 高明区 | 960 | 174 800 | 82 200 | 23 100 | 2700 | 84 900 | 0.49 | 90.32 |
| | 三水区 | 874 | 157 200 | 75 700 | 18 700 | 1600 | 77 300 | 0.49 | 92.13 |
| 惠州市 | 惠城区 | 1501 | 230 000 | 131 100 | 32 900 | 500 | 131 600 | 0.57 | 87.67 |
| | 惠阳区 | 920.2 | 200 000 | 145 700 | 36 500 | 0 | 145 700 | 0.73 | 158.34 |
| | 惠东县 | 3535 | 750 000 | 443 600 | 111 300 | 0 | 443 600 | 0.59 | 125.49 |
| | 博罗县 | 2858 | 610 000 | 353 600 | 88 700 | 900 | 354 500 | 0.58 | 124.04 |
| | 龙门县 | 2295 | 570 000 | 339 300 | 85 100 | 0 | 339 300 | 0.60 | 147.84 |
| 珠海市 | 香洲区 | 536 | 88 300 | 56 200 | 5800 | 1200 | 55 800 | 0.63 | 175.47 |
| | 斗门区 | 625 | 147 500 | 93 800 | 10 700 | 2200 | 96 000 | 0.65 | 164.62 |
| | 金湾区 | 535 | 121 400 | 77 200 | 8500 | 1700 | 78 900 | 0.65 | 170.05 |

续表 3-1-1

| 行政分区 | | 计算面积 (km²) | 年降雨量 (10⁴ m³) | 地表资源 (10⁴ m³) | 地下资源 (10⁴ m³) | 不重复计算量 (10⁴ m³) | 水资源总量 (10⁴ m³) | 产水系数 | 产水模数 (10⁴ m³/km²) |
|---|---|---|---|---|---|---|---|---|---|
| 市 | 区 | | | | | | | | |
| 中山市 | 中山市 | 1800.14 | 385 200 | 219 600 | 30 700 | 6200 | 225 800 | 0.59 | 134.40 |
| 深圳市 | 福田区 | 78.66 | 16 700 | 10 074 | 1902 | 14 | 10 088 | 0.60 | 137.03 |
| | 罗湖区 | 78.76 | 17 100 | 10 345 | 1953 | 14 | 10 359 | 0.61 | 140.54 |
| | 盐田区 | 74.64 | 50 400 | 30 481 | 5756 | 41 | 30 522 | 0.61 | 176.18 |
| | 南山区 | 185.49 | 14 400 | 8707 | 1644 | 12 | 8719 | 0.61 | 124.81 |
| | 宝安区 | 398.38 | 69 100 | 41 793 | 7892 | 55 | 41 848 | 0.61 | 113.60 |
| | 龙岗区 | 387.82 | 91 400 | 56 797 | 11 333 | 5 | 56 802 | 0.62 | 156.15 |
| 江门市 | 蓬江区 | 320.53 | 69 200 | 41 900 | 7100 | 200 | 42 100 | 0.61 | 131.34 |
| | 江海区 | 110.53 | 22 300 | 13 300 | 2400 | 0 | 13 300 | 0.60 | 120.33 |
| | 新会区 | 1387.02 | 329 900 | 208 000 | 29 800 | 600 | 208 600 | 0.63 | 150.39 |
| | 开平市 | 1658.59 | 403 600 | 253 400 | 58 300 | 700 | 254 100 | 0.63 | 153.20 |
| | 鹤山市 | 1081.3 | 198 000 | 114 100 | 36 500 | 500 | 114 600 | 0.58 | 105.98 |
| | 台山市 | 3285.91 | 855 400 | 554 400 | 82 100 | 400 | 554 800 | 0.65 | 168.84 |
| | 恩平市 | 1696.73 | 484 300 | 319 100 | 58 700 | 600 | 319 700 | 0.66 | 188.42 |
| 肇庆市 | 肇庆市 | 15 056 | 2 987 562 | 1 362 000 | 491 000 | 339 348 | 1 701 348 | 0.57 | 113.00 |
| 东莞市 | 东莞市 | 2465 | 492 300 | 253 400 | 41 700 | 2700 | 292 400 | 0.59 | 118.62 |

表中数据来源于 2013 年各市水资源公报。

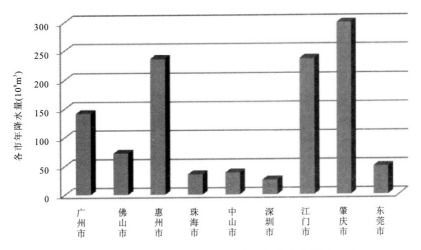

图 3-1-1 珠江三角洲经济区各市区年降水总量示意图

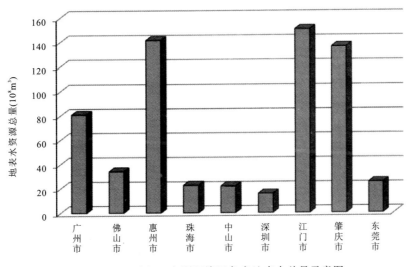

图 3-1-2 珠江三角洲经济区各市地表水总量示意图

### 3.1.1.3 地下水资源量

珠江三角洲经济区的供水亦以蓄水工程、引水工程和提水工程为主,地下水的开采及废污水回用量只占很少部分。珠江三角洲地区年地下水资源总量为 $147.77 \times 10^8 m^3$。大部分地区地下水埋深浅,矿化度高。沿海地区地下水多为微咸水、咸水和苦咸水,甚至为地下卤水资源,难以利用。城镇和居民点集中生活、生产用水均以引用江河水为主,近些年来由于经济发展,人口不断增加,地表水污染日趋加重,造成水质性缺水,人们逐渐以民井或机井的形式分散开采松散层孔隙水。部分山区、农村及自来水供水工程不足的地区以地下水作为供水水源,开采方式多以机井或民井分散开采。地下水开采大多数仅作为分散性生活供水,部分为工业用水,少数为农业供水。

该区地下淡水资源主要分布于肇庆市和惠州市,分别最大为 $49.10 \times 10^8 m^3$ 和 $35.45 \times 10^8 m^3$,其中惠东县最大,约为 $11.13 \times 10^8 m^3$,博罗县、龙门县和江门市的台山市等地区地下水资源量也相对较高,依次为 $8.87 \times 10^8 m^3$、$8.51 \times 10^8 m^3$ 和 $8.21 \times 10^8 m^3$(表 3-1-1,图 3-1-3),深圳市南山区地下水资源量最少,为 $0.16 \times 10^8 m^3$,区域地下水资源开采程度较低,地下水资源量相对较高。地下水资源总量在区域上相差较大。

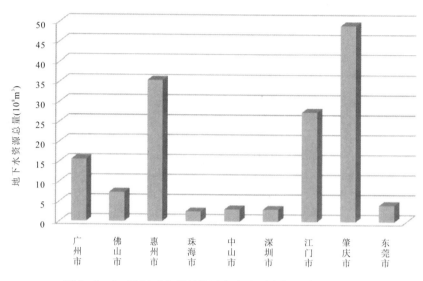

图 3-1-3　珠江三角洲经济区各市地下水资源总量示意图

### 3.1.1.4　水资源总量

水资源总量指的是当地降水形成的地表、地下产水量。水资源总量是由地表水资源和地下水资源相加扣除两者重复计算而得出的结果。

珠江三角洲的供水量占全省的50%,其中工业用水量占全省工业用水量的70%。珠江三角洲区域年地表水资源总量为 $628.63×10^8 m^3$,地下水资源量为 $147.77×10^8 m^3$,扣除地表水、地下水重复计算量 $37.70×10^8 m^3$,年水资源总量为 $669.80×10^8 m^3$,珠江三角洲区域人均年用水量 $418m^3$。低于国际公认的年人均水资源 $1000m^3$ 的紧缺标准,属资源性缺水区域,如图 3-1-4 所示。

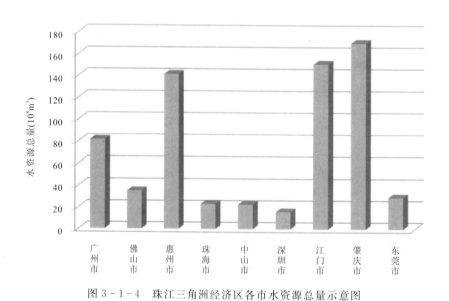

图 3-1-4　珠江三角洲经济区各市水资源总量示意图

从图 3-1-4 可以看出肇庆市、江门市和惠州市水资源总量从大到小依次为 $170.13×10^8 m^3$、$150.72×10^8 m^3$、$141.47×10^8 m^3$,深圳市、中山市和珠海市水资源总量仍保持在相对较低水平,低于 $20×10^8 m^3$。水资源总量在区域上也存在较大差异。

### 3.1.1.5 用水指标

2013年广东省人均综合用水量418m³,万元生产总值用水量71m³,万元工业增加值用水量44m³,农田灌溉亩均用户量737m³,城镇居民生活用水量193L/d,农村居民生活用水量135L/d。

表3-1-2中数据表明,人均生产总值比较高的省市,人均年用水量、万元生产总值用水量都比较低,说明人均年用水量与经济发展水平、人均占有水资源、水资源开发程度、节水水平密切相关。生活人均日用水量越高的市区,水资源需求量越大;万元工业产值用水量越低,说明该市区工业生产水平较高,生产效率较高;农田灌溉亩均用水量越高,说明该区经济作物多为非耐旱作物,同时也说明在经济作物需水量相差不大的情况下,该市区农业生产水平低,节水灌溉技术发展落后。

**表 3-1-2 珠江三角洲经济区用水指标**

| 行政分区 | | 人均用水量(m³) | 万元生产总值用水量(m³) | 生活人均日用水量(L/d) | | 万元工业增加值用水量(m³) | 农田灌溉亩均用水量(m³) |
| --- | --- | --- | --- | --- | --- | --- | --- |
| 市 | 区 | | | 城镇居民 | 农村居民 | | |
| 广州市 | 全市 | 529.5 | 44.4 | 213.2 | 164 | 34.2 | 751.2 |
| 佛山市 | 禅城区 | 255 | 21 | 233 | | 10 | 667 |
| | 南海区 | 436 | 53 | 239 | | 49 | 742 |
| | 顺德区 | 402 | 42 | 241 | | 39 | 900 |
| | 高明区 | 864 | 66 | 135 | | 24 | 990 |
| | 三水区 | 650 | 49 | 168 | | 17 | 698 |
| 惠州市 | 惠城区 | 362 | 56.8 | 170 | 123 | 58 | 851 |
| | 惠阳区 | 359 | 38 | 170 | 123 | 22.2 | 797 |
| | 惠东县 | 480 | 118 | 170 | 123 | 53.9 | 854 |
| | 博罗县 | 607 | 147 | 170 | 123 | 46.9 | 879 |
| 珠海市 | 香洲区 | 224 | 19 | 243 | 163 | 10 | 568 |
| | 斗门区 | 353 | 62 | 243 | 163 | 31 | 568 |
| | 金湾区 | 484 | 33 | 243 | 163 | 33 | 568 |
| 中山市 | 全市 | 583 | 70 | 153 | 137 | 63 | 760 |
| 深圳市 | 全市 | 491.46 | 13.15 | 182.7 | | 9.33 | 476.96 |
| 江门市 | 蓬江区 | 337 | 52 | 201 | 156 | 34 | 827 |
| | 江海区 | 381 | 72 | 201 | 122 | 42 | 643 |
| | 新会区 | 790 | 164 | 194 | 146 | 95 | 857 |
| | 开平市 | 735 | 188 | 237 | 133 | 46 | 888 |
| | 鹤山市 | 623 | 135 | 193 | 117 | 52 | 776 |
| | 台山市 | 754 | 218 | 189 | 108 | 36 | 759 |
| | 恩平市 | 700 | 242 | 196 | 109 | 40 | 629 |
| 肇庆市 | 全市 | 486 | 117 | 187 | 125 | 45 | 565 |
| 东莞市 | 全市 | 583 | 34 | 221 | 220 | 33 | 370 |

表中数据来源于2013年各市水资源公报。

## 3.1.2 水资源质量状况

水质污染是当前环保工作中一个比较突出的问题,不仅影响人体健康,而且由于水质污染不能饮用,使原已供不应求的水资源更趋紧张。众所周知,"三废"是造成水质污染的主要原因,特别是工业废水不仅直接使河流湖泊等地表水体遭到严重污染,而且极易通过各种不同途径,如排污沟、污水库、污灌等渗入地下,导致地下水污染。矿压层矿、工业废渣以及城市垃圾等固体废物,也是主要污染源。农业大量使用农药、化肥,同样对水质造成不利影响。

### 3.1.2.1 地表水水质

2013年全省总评价河流长度为8836km,Ⅰ类—Ⅲ类水质河长占79.5%。主要大江大河干流和干流水道水质总体良好,部分支流和城市江段受到重度污染。珠江三角洲内河段特别是径流小的河涌、小溪流,大部分由于水体有机污染物超过了水体的自净能力而出现黑臭现象。近岸海域水质以良好为主,大部分功能区水质达标;2005年全省57.6%的江河监测断面水质优良,52.2%达到功能区水质标准。111个省控断面中,35.1%的断面水质优,为Ⅰ类—Ⅱ类水质;22.5%水质良好,为Ⅲ类水质;16.2%受轻度污染,为Ⅳ类水质;6.3%受中度污染,为Ⅴ类水质;19.8%劣于Ⅴ类,受重度污染。随着珠江三角洲经济的迅速发展,工业污水和生活污水排放量日益增加,水质污染有加重趋势。从河流水系分析,珠江三角洲区域评价河长为2406.9km;其中Ⅰ类—Ⅲ类河长为1427.4km,占评价河长的59.3%;Ⅳ类—劣Ⅴ类河长979.5km,占评价河长的40.7%,水质较差的区域主要集中在水系下游,主要污染项目为氨氮、高锰酸盐指数、总磷和五日生化需氧量。根据《广东省环境状况公报》(1995—2007),全省地表水属Ⅴ类—劣Ⅴ类水质的城市江段主要集中在珠江三角洲地区。珠江三角洲地区流经城市的中、小河流以有机污染为主,主要污染物有氨氮、石油类以及其他耗氧有机物等。近年来,粪大肠菌群和氮磷营养性物质成为新的主要污染物。

区域水库、湖泊水质总体达到Ⅲ类水质比例较高,局部发生过藻类水华,但所占比例不大,主要污染项目为总磷、高锰酸盐指数和氨氮。

### 3.1.2.2 地下水水质

在全省55个地下水水质监测井中,水质达到或优于Ⅲ类的水井有6个,占10.9%;水质劣于Ⅲ类的49个,占89.1%;未达到Ⅲ类水质标准的主要项目为总大肠杆菌、氨氮、铁和锰等。

珠江三角洲区域地下水类型主要为松散岩类孔隙水、碳酸盐岩类裂隙溶洞水、基岩裂隙水三大类。松散岩类孔隙水主要分布于西江、北江、潭江、流溪河等河流冲积平原,西北部丘陵山区水质一般较好,沿海及近珠江口一带(咸水或受"三废"污染)水质较差;裸露型碳酸盐岩分布零散,主要分布于肇庆、从化等地,岩性以灰岩、白云岩、大理岩、泥灰岩为主,水量一般贫乏—中等,但水的硬度较高。覆盖型岩溶水(碳酸盐岩类裂隙溶洞水)主要分布于广花盆地、高明盆地及肇庆的蚬岗、广利镇等地,岩性以灰岩、大理岩、泥晶灰岩为主,岩溶裂隙普遍发育,富水性中等—丰富,水质一般较好;基岩裂隙水主要分布于肇庆市南部和北部,含水层以细砂岩、粉砂岩、凝灰质砂岩、石英砂岩等为主,富水性贫乏—中等,开平—恩平一带,含水层以粉砂岩、砂砾岩、泥质粉砂岩等为主,水量贫乏。

## 3.1.3 水资源问题分析

珠江三角洲经济区虽然降水充沛,河网密布,水资源十分丰富,为全国丰水区之一,人均淡水资源为全国人均量的6.9倍和世界人均量的1.5倍,但是降水、径流时空分布极不均匀。随着城市社会经济规模的扩增,用水量急剧增加,再加上水体污染日趋严重,水质恶化,越来越多的城镇已出现供水紧张局面,清洁淡水资源的不足已成为珠江三角洲亟待解决的问题之一。珠江三角洲地区水资源问题十分突

出,主要有以下几点:

(1) 珠江三角洲区域降水分布不均匀,地域降水量差异明显。肇庆市、江门市和惠州市年降水量异常之高;相比之下,深圳市、珠海市和中山市年降水量偏低,特别是深圳市年降水量最低,约为肇庆市年降水量的 1/10。区域性降水量差异的主要原因可能是不同区域的地形地貌特征造成的。

(2) 区域地表水资源量受降水量严重影响,年降水量大的市区地表水量与之基本成正相关。肇庆市、江门市和惠州市地表水资源量相比于其他市区异常偏高,深圳市区域地表水资源量依旧最低,约为肇庆市地表水资源量的 1/17。

(3) 地下水资源量的差异主要受区域地层岩性和地质构造的影响。肇庆市地下水资源总量最大,惠州市次之,江门市第三,且三市的地下水资源量远远大于其他市区的地下水资源量,肇庆市地下水资源量约为珠海市的 20 倍,区域地质构造和地层岩性是造成地下水资源量区域性差异的主要原因。

(4) 珠江三角洲水资源总量受区域气候、地形地貌、地质构造岩性和人为因素等综合因素的影响,区域水资源的水质污染主要集中在地表水,地下水污染问题的严重性主要受地表水污染的影响,而地表水体污染多受人为因素诸如工厂排污、农业生产、生活废物排放、拦水坝堤修筑等影响,造成地表水体连带污染地下水体。同时,水资源的开发、利用和保护受诸多社会因素的影响,水资源在时空分布上也具有矛盾性。

(5) 社会经济问题引起的人口劳动力流动迁徙造成区域局部人口异常集中,对水资源的需求量势必急剧增加,造成区域水资源供给矛盾异常突出。

(6) 科学生产力水平的高低直接影响了大生产过程中对水资源的利用率和回收再利用的效率。能否提高对农业、工业生产的水资源利用率和回收利用率将成为水资源利用问题的主要矛盾。

## 3.2　水资源承载力评价理论研究

### 3.2.1　水资源承载力的概念

承载力原为一个物理量,指物体在不产生任何破坏时所能承受的最大负荷。承载力概念最早被应用在生态学的研究中,其特定含义是指一定环境条件下某种生物个体可以存活的最大数量。1921 年帕克和伯吉斯首次将其应用于研究人口问题,并指出在某一地区特定的环境条件下(主要是指生存空间、营养物质、自然资源等因子的配合),人口数量存在的最高极限。20 世纪 80 年代初,联合国教科文组织开展了承载力的研究,正式提出了资源承载力的概念。水资源承载力这一概念则是由我国学者在 20 世纪 80 年代末提出。目前,不同学者针对研究区域的不同提出了许多研究方法,对水资源承载力的理解也是仁者见仁,智者见智。但水资源承载力强调的都是一个地区的水资源对该地区社会经济和生态与环境的"最大支撑能力"或"最大支撑规模",最终目的都是为了指导该地区的水资源配置,解决水资源短缺和社会经济的持续发展问题。

结合前人研究以及联合国教科文组织对资源环境承载力的定义,本报告将水资源承载力定义为:区域水资源承载力是指一定时期,在某种环境状态下(现状或拟定),以可预见的技术、经济和社会发展水平为依据,以可持续发展为原则,以维护生态环境良性发展为条件,以水资源得到合理开发和配置为前提,一定区域或流域范围内的水资源所能支撑的社会、经济、生态环境协调发展的最大规模。

### 3.2.2　水资源承载力的内涵

区域水资源承载力的承载体是区域水资源,即区域内可供开发利用的各种类型、各种质地的水资源,其承载对象是区域内所有与水相关的人类活动和生态环境,包括农业、工业、生活、生态用水等。从区域水资源承载力的主客体关系可以看出，水资源对人类社会及生态环境具有支撑作用，而人类开发利用水资源的技术条件、社会经济结构和发展水平、人口数量等因素又会制约影响水资源的承载力大小。从水资源环境承载力的定义来看，水资源承载力主要包含以下内涵。

(1) 水资源承载力具有时空属性。水资源承载力是针对某一特定区域或流域来说的，而不同的区域或流域内的水资源分布相差很大，因此水资源承载力大小因地而异；不同的历史发展阶段，社会经济发展水平、科学技术水平、各行业各部门用水水平以及社会的节水意识等都有所不同，因此不同的历史阶段，水资源承载力也有很大差距。

(2) 水资源承载力具有社会经济内涵。主要表现在三方面：其一，区域水资源承载力是以"预期的经济技术发展水平"为依据。这里预期的经济技术水平主要包括区域水资源的投资水平、水资源开发利用和管理水平、社会经济发展水平、科学技术水平以及各行业各部门用水水平等。其二，区域水资源需经过合理的水资源优化配置，而区域水资源优化配置是一种典型的社会经济活动行为。其三，区域水资源承载力的最终表象为"区域经济规模和人口数量"。人口和相应的社会体系是区域水资源的承载对象，因此，水资源承载力的大小是通过人口以及相对应的社会经济水平和生活水平体现出来的。

(3) 水资源承载力具有可持续发展内涵。水资源承载力是以区域可持续发展为原则，以维护生态环境良性发展为前提，这充分体现了水资源承载力的可持续发展内涵。

### 3.2.3 水资源承载力评价方法及其优缺点简介

目前，国内水资源研究的领域主要集中在城市或者区域（流域）水资源承载力两个方向。研究的方法主要有常规趋势方法、模糊综合评价法、主成分分析法、系统动力学方法、多目标分析评价核心模型、多目标线性规划方法、多目标决策分析方法、密切值法等。

**1. 常规趋势法**

该方法是一种采用统计分析的方法，是选择单项或多项指标，反映区域水资源现状和阈值的简便方法。例如用区域人均占有水量和水资源开发利用率来大体反映区域水资源承载力的现状与潜力，这些指标基本上可以反映区域水资源承载力的状况，并且具有直观、简便的特点。

**2. 综合评价法**

该方法是通过建立评价指标体系对水资源承载能力进行综合评判，将各个指标值的评价结果综合起来，得出一个比较全面的水资源承载能力的判断。评判的过程一般分为评价指标选择、指标权重确定、评价方法的选择。目前，综合评价的方法很多，如模糊综合评价、可拓物元模型、数据包络模型、灰色评价模型等，并已较好地应用于水资源承载力的评价之中。这种方法的关键在于要建立科学的评价指标体系，评价指标能够切实反映出水资源承载能力的大小，目前指标的选择多是根据专家的经验主观确定的，对于评价指标体系的建立和评价研究还有待深入。

**3. 系统动力学法**

这是一种研究复杂系统的计算机实验仿真方法，结合了定性与定量分析，集成了系统分析、综合与推理。陈冰等（2000）用该方法分析了柴达木流域水资源承载状况。

基于系统动力学的水资源承载力模型，通过微分方程组来模拟预测社会经济、生态、环境和水资源系统多变量、非线性、多反馈与复杂反馈等过程，把经济社会、资源与环境在内的大量复杂因子作为一个整体，对一个区域的资源承载能力进行动态计算。这种方法分析速度快，而且具有系统的观点，但是该方法结构复杂，变量众多，对数据的需求量也很大。

**4. 多目标分析法**

该方法是在选取能够反映水资源承载力的人口、资源、经济社会、生态与环境等若干目标的基础上，列出这些目标的主要约束条件，按照社会可持续发展的原则，不追求单个目标的优化，而追求整体最优。

薛小杰等(2000)用该方法分析了西安市水资源承载力。

多目标分析法是一种规划方法,它与评价方法的区别在于:评价模型是先制订出方案,然后对其进行评判;而规划则是通过建立多目标模型,直接求解出满意的结果。多目标分析法一般要通过降维手段,将问题转化成单目标规划,再利用优化算法进行求解。目标函数的确立以及降维算法选择是一个难点和重点。

### 3.2.4 适用于珠江三角洲经济区的评价方法

水资源承载力研究涉及水资源量、生态环境和经济发展程度等众多因素。20世纪80年代以来,国内学者对多个区域的水资源承载力进行了研究,提出了多种水资源承载力的量化研究方法。但由于水资源承载力研究涉及的因素多、范围广和内容复杂,目前常用的各种评价方法都存在一定的局限性。如背景分析法没有充分考虑资源、社会和环境之间的相互作用关系;常规趋势分析方法忽略了因子之间的相互联系;系统动力学方法因参数选择不同导致计算结果的偏差较大;主成分分析法常用于一定年份水资源承载状况的差异分析;多目标模型建模难度大,求解方法复杂;模糊评价方法容易因信息遗失而造成误判;人工神经网络需要大量的训练样本,且容易出现过拟合现象等。

珠江三角洲经济区面积40 000多平方千米,包括了广州、深圳等在内的9个市,范围大,因此所获取的资料精度较低,不适用于对资料精度要求较高的评价方法,如人工神经网络等。珠江三角洲经济区虽然降水充沛,河网密布,水资源十分丰富,但是降水、径流时空分布极不均匀,水资源量的分布也十分不均匀,如肇庆市本地水资源总量为170多万立方米,而深圳市仅为$15\times10^4 m^3$,并且深圳市没有客水资源,严重限制了经济的可持续发展。另外,珠江三角洲经济区虽然经济发达,但各市经济发展也极不均衡。各市人口规模、经济规模、产业结构、生产技术水平、各部门行业用水水平都存在极大的差异,因此不适合通过建立一个统一的标准评价指标体系的方法来进行评价,而需要针对每一个行政单元进行具体的研究分析,并且综合评价法评价出的结果只是区域上相互比较的结果,实际意义不大。

针对珠江三角洲经济区的资源、社会、经济以及生态方面的特点,基于现有资料,对比分析各评价方法的优缺点以及适用条件,为了准确、客观以及定量化地评价,本研究决定采用常规趋势法对珠江三角洲经济区的水资源承载力进行评价。常规趋势法能够结合珠江三角洲经济区各地区的社会经济规模以及水资源分布的特点,对各地区的水资源量以及承载力能够定量化地评价,反映各地区水资源的现状以及趋势,具有简单、直观、准确的特点。

### 3.2.5 水资源环境承载力评价思路

评价思路具体如下:

(1)影响因素分析。结合相关研究以及珠江三角洲地区实际情况,研究分析珠江三角洲经济区水资源开发利用存在问题以及水资源承载力的主要影响因素,确定主要影响因素。

(2)划分评价单元。由于水资源承载力的评价要为城市水资源的优化配置服务,因此评价单元为行政区单元时,能够反映各行政区水资源的承载能力,可针对行政区为城市社会经济的发展提供对策建议,并且统计资料主要是基于行政区划的,因此将各行政区作为评价单元进行评价。

(3)可利用水资源量评价。基于珠江三角洲各地区统计资料,选取适用于珠江三角洲经济区的水资源承载力评价指标,采用常规趋势法计算各地区可利用水资源量及人均可利用水资源量,并进行水资源丰度分级。

(4)根据可利用水资源的计算结果,选取科学合理的评价方法对本地水资源承载力和可利用水资源承载力进行评价,并划分等级。

(5)针对各地区社会经济发展以及水资源开发利用现状,基于城市可供水量分析以及可利用水资源量计算结果,评价现状以及理论条件下水资源可承载人口的最大规模。

(6) 针对城市可能出现的水安全突发事件,评价应急状态下应急水源地可承受的人口最大规模。

(7) 根据评价结果,深入研究分析珠江三角洲地区水资源开发利用中存在的主要问题,并提出相应对策与建议,为城市合理优化配置水资源以及可持续发展提供地学依据。

## 3.3 水资源承载力评价

### 3.3.1 水资源承载力的影响因素分析

由水资源承载力概念看出,水资源承载力研究涉及到社会、经济、环境、生态、资源在内的纷繁复杂的大系统。在这个大系统内既有自然因素影响,又有社会、经济、文化等因素的影响。根据珠江三角洲经济区水资源开发利用情况以及各地区社会经济发展特点,结合水资源承载力的内涵,对该区水资源的影响因素分析如下。

**1. 水资源的质、量及开发利用程度**

由于受自然地理条件不同的影响,水资源在数量上都有其独特的时空分布规律,在质量上也有所差异,如地下水的矿化度、埋深条件,水资源的开发利用程度及方式也会影响可以用来进行社会生产的可利用水资源的数量。珠江三角洲经济区水资源的质和量存在很大的差异,且开发利用程度也因社会经济发展的差异而不同。

**2. 生产力水平**

不同历史时期或同一历史时期的不同地区都具有不同的生产力水平,在不同的生产力水平下利用单方水可生产不同数量及不同质量的工农业产品,因此在研究某一地区的水资源承载能力时必须估测现状与未来的生产力水平。珠江三角洲经济区不同地区生产力水平、产业结构差异较大,如深圳市万元生产总值用水量仅为 $13m^3$,恩平市为 $242m^3$,相差了近 20 倍。

**3. 科学技术**

科学技术是生产力,现代历史过程已经证明了科学技术是推动生产力进步的重要因素。未来的基因工程、信息工程等高新技术将对提高工农业生产水平具有不可低估的作用,进而对提高水资源承载能力产生重要影响。

**4. 人口**

社会生产的主体是人,水资源承载能力的对象也是人,因此人口与水资源承载能力具有互相影响的关系。珠江三角洲经济区人口分布极不均衡,人均用水量及节水意识等都影响水资源承载能力的大小。

**5. 其他资源潜力**

社会生产不仅需要水资源,而且还需要其他诸如矿藏、森林、土地等资源的支持。这些主要因素之间关系错综复杂,但弄清其本质联系,可从中获得一些有用信息,建立合适的水资源承载力评价指标体系。

水资源承载力取决于资源禀赋和社会经济发展水平,结合珠江三角洲经济区的水资源现状以及社会经济特点,评价方面主要从区域资源状态(可利用水资源分析或人均水资源丰度分级)、区域资源开发利用能力(水资源利用压力或程度)和区域资源生活保障程度(承载人口强度指数)来设计其评价体系。

### 3.3.2 人均可利用水资源评价

淡水资源作为与人口增长相制约的因素之一,水资源问题必将是一个社会可持续发展的制约因素之一。可利用水资源是为评价一个地区可利用水资源对未来社会经济发展的支撑能力而设置的一项空间开发约束性指标,具体通过人均可利用水资源数量来反映。

### 3.3.2.1 评价流程及计算方法

人均可利用水资源评价流程大致可分为 4 步。

第一步,计算本地可开发利用水资源量。根据有关年鉴可获得河道生态需水和不可控制洪水量。具体计算方法如下:

本地可开发利用水资源量＝地表水可利用量＋地下水可利用量

地表水可利用量＝多年平均地表水资源量－河道生态需水量－不可控制的洪水量

第二步,计算已开发利用水资源量和可开发入境水资源量。其中农业、工业、生活、生态用水的实际用水量以及多年平均入境水资源由当地水资源公报获得。计算公式如下:

已开发利用水资源量＝农业用水量＋工业用水量＋生活用水量＋生态用水量

入境可开发利用水资源量＝现状入境水资源量×$\mu$($\mu$ 取值范围 5%～28%)

第三步,计算可利用水资源总量及人均可利用水资源。计算公式如下:

人均可利用水资源＝可利用水资源总量/总人口

可利用水资源总量＝本地可开发利用水资源量－已开发利用

水资源量＋可开发入境水资源量

第四步,参考相关研究资料及标准,划分人均可利用水资源丰度等级。根据联合国教科文组织制定的标准,结合珠江三角洲经济区水资源分布现状,将计算结果划分为极度缺水、重度缺水、中度缺水、轻度缺水和相对丰水 5 个等级,分级标准见表 3-3-1。

表 3-3-1　人均水资源量分级标准

| 人均水资源量区间($m^3$) | 等级 |
| --- | --- |
|  | 相对丰水 |
| (2000,3000] | 轻度缺水 |
| (1000,2000] | 中度缺水 |
| (500,1000] | 重度缺水 |
|  | 极度缺水 |

分级标准参考国际人均水资源量分级标准。

### 3.3.2.2 本地可开发利用水资源量计算

珠江三角洲经济区河网密布,河水年径流量大,且夏季洪水多发,流量大,另外植被繁茂,所需生态用水也多。根据实地监测及经验数据,珠江三角洲经济区河道生态需水量、不可控制的洪水量大约分别占地表水资源量的 20%、15%。结合各区域地表水资源量,由此推算出各区域的河道生态水量、不可控制的洪水量,最终测算出本地可开发利用水资源量,具体见表 3-3-2。

### 3.3.2.3 可开发入境水资源量和已开发利用水资源量计算

可开发利用入境水资源量与区域水利工程设施及入境水资源量密切相关,它反映了一个地区水资源量的现状。各地区可开发利用水资源量数据可根据水资源公报以及有关行业部门统计获得。根据经验数据以及各地区实际情况,珠江三角洲地区可开发利用入境水资源量占入境水资源量的 25% 左右(表 3-3-2)。

已开发利用水资源是各地区各行业部门、居民生活以及生态用水的总和,数据可通过珠江三角洲经济区各地区水资源公报获取。

表 3-3-2 珠江三角洲经济区可持续利用水资源评价表

| 行政分区 | | 计算面积 (km²) | 人口 (万人) | 地表水资源量 (10⁴ m³) | 河道生态需水量 (10⁴ m³) | 不可控制洪水量 (10⁴ m³) | 本地可开发利用水资源量 (10⁴ m³) | 现状入境水资源量 (10⁸ m³) | 已开发利用水资源量 (10⁸ m³) | 可利用水资源量 (10⁸ m³) | 人均可利用水资源量 (m³) | 水资源丰度等级 |
|---|---|---|---|---|---|---|---|---|---|---|---|---|
| 市 | 区 | | | | | | | | | | | |
| 广州市 | 中心区 | 1081 | 783.02 | 108 935 | 21 787 | 16 340.25 | 70 807.75 | 47.46 | 21.43 | 18.95 | 241.96 | 极度缺水 |
| | 番禺区 | 527 | 144.86 | 42 706 | 8541.2 | 6405.9 | 27 758.9 | 135.74 | 4.86 | 36.71 | 2534.23 | 轻度缺水 |
| | 花都区 | 969 | 96.48 | 106 049 | 21 209.8 | 15 907.35 | 68 931.85 | 21.76 | 5.19 | 12.33 | 1278.32 | 中度缺水 |
| | 南沙区 | 656 | 62.51 | 48 116 | 9623.2 | 7217.4 | 31 275.4 | 1377 | 12.32 | 347.38 | 55 571.51 | 相对丰水 |
| | 萝岗区 | 389 | 39.61 | 42 551 | 8510.2 | 6382.65 | 27 658.15 | 57 | 10.85 | 17.02 | 4295.84 | 相对丰水 |
| | 增城市 | 1617 | 105.18 | 205 614 | 41 122.8 | 30 842.1 | 133 649.1 | 179.5 | 11.18 | 58.24 | 5537.17 | 相对丰水 |
| | 从化市 | 1983 | 61.02 | 253 318 | 50 663.6 | 37 997.7 | 164 656.7 | 41.78 | 2.61 | 26.91 | 4410.14 | 相对丰水 |
| 佛山市 | 禅城区 | 153.69 | 110 | 13 800 | 2760 | 2070 | 8970 | 603.5 | 2.82 | 151.77 | 13 797.45 | 相对丰水 |
| | 南海区 | 1073.82 | 259 | 95 500 | 19 100 | 14 325 | 62 075 | 2109 | 11.47 | 533.46 | 20 596.81 | 相对丰水 |
| | 顺德区 | 806.15 | 248 | 73 900 | 14 780 | 11 085 | 48 035 | 2637.8 | 10.02 | 664.25 | 26 784.42 | 相对丰水 |
| | 高明区 | 960 | 30 | 82 200 | 16 440 | 12 330 | 53 430 | 2030.3 | 3.66 | 512.92 | 170 972.67 | 相对丰水 |
| | 三水区 | 874 | 44 | 75 700 | 15 140 | 11 355 | 49 205 | 2412.2 | 4.10 | 607.97 | 138 175.11 | 相对丰水 |
| 惠州市 | 惠城区 | 1501 | 160.75 | 131 100 | 26 220 | 19 665 | 85 215 | 234 | 3.87 | 67.02 | 4169.30 | 相对丰水 |
| | 惠阳区 | 920.2 | 78.75 | 145 700 | 29 140 | 21 855 | 94 705 | 34.66 | 1.89 | 18.14 | 2302.92 | 轻度缺水 |
| | 惠东县 | 3535 | 92.7 | 443 600 | 88 720 | 66 540 | 288 340 | 36.04 | 4.44 | 37.84 | 4082.42 | 相对丰水 |
| | 博罗县 | 2858 | 105.75 | 353 600 | 70 720 | 53 040 | 229 840 | 284 | 6.42 | 93.98 | 8887.38 | 相对丰水 |
| 珠海市 | 香洲区 | 536 | 83.23 | 56 200 | 11 240 | 8430 | 36 530 | 832.8 | 2.05 | 211.85 | 25 453.92 | 相对丰水 |
| | 斗门区 | 625 | 59.99 | 93 800 | 18 760 | 14 070 | 60 970 | 769 | 2.05 | 198.35 | 33 063.34 | 相对丰水 |
| | 金湾区 | 535 | 24.03 | 77 200 | 15 440 | 11 580 | 50 180 | 1012.3 | 1.48 | 258.09 | 107 404.49 | 相对丰水 |

续表 3-3-2

| 行政分区 | | 计算面积 (km²) | 人口 (万人) | 地表水资源量 (10⁴ m³) | 河道生态需水量 (10⁴ m³) | 不可控制洪水量 (10⁴ m³) | 本地可开发利用水资源量 (10⁴ m³) | 现状入境水资源量 (10⁸ m³) | 已开发利用水资源量 (10⁸ m³) | 可利用水资源量 (10⁸ m³) | 人均可利用水资源量 (m³) | 水资源丰度等级 |
|---|---|---|---|---|---|---|---|---|---|---|---|---|
| 市 | 区 | | | | | | | | | | | |
| 中山市 | 中山市 | 1800.14 | 317.39 | 219 600 | 43 920 | 32 940 | 142 740 | 2662.94 | 1.23 | 680.01 | 21 425.03 | 相对丰水 |
| 深圳市 | 福田区 | 78.66 | 135.71 | 10 074 | 2014.8 | 1511.1 | 6548.1 | 0 | 18.46 | 0.65 | 48.25 | 极度缺水 |
| | 罗湖区 | 78.76 | 86.78 | 10 345 | 2069 | 1551.75 | 6724.25 | 0 | 2.42 | 0.67 | 77.49 | 极度缺水 |
| | 盐田区 | 74.64 | 21 | 30 481 | 6096.2 | 4572.15 | 19 812.65 | 0 | 1.44 | 1.98 | 943.46 | 重度缺水 |
| | 南山区 | 185.49 | 108.8 | 8707 | 1741.4 | 1306.05 | 5659.55 | 0 | 0.37 | 0.57 | 52.02 | 极度缺水 |
| | 宝安区 | 398.38 | 401.78 | 41 793 | 8358.6 | 6268.95 | 27 165.45 | 0 | 1.90 | 2.72 | 67.61 | 极度缺水 |
| | 龙岗区 | 387.82 | 230 | 56 797 | 11 359.4 | 8519.55 | 36 918.05 | 0 | 8.14 | 3.69 | 160.51 | 极度缺水 |
| 江门市 | 蓬江区 | 320.53 | 73.09 | 41 900 | 8380 | 6285 | 27 235 | 0 | 4.79 | 2.72 | 372.62 | 极度缺水 |
| | 江海区 | 110.53 | 25.85 | 13 300 | 2660 | 1995 | 8645 | 0 | 2.45 | 0.86 | 334.43 | 极度缺水 |
| | 新会区 | 1387.02 | 85.93 | 208 000 | 41 600 | 31 200 | 135 200 | 993 | 0.98 | 261.77 | 30 463.17 | 相对丰水 |
| | 开平市 | 1658.59 | 70.37 | 253 400 | 50 680 | 38 010 | 164 710 | 0 | 6.77 | 16.47 | 2340.63 | 轻度缺水 |
| | 鹤山市 | 1081.3 | 49.99 | 114 100 | 22 820 | 17 115 | 74 165 | 10.17 | 5.16 | 9.96 | 1992.20 | 轻度缺水 |
| | 台山市 | 3285.91 | 94.79 | 554 400 | 110 880 | 83 160 | 360 360 | 0 | 3.11 | 36.04 | 3801.67 | 相对丰水 |
| | 恩平市 | 1696.73 | 49.74 | 319 100 | 63 820 | 47 865 | 207 415 | 0 | 7.15 | 20.74 | 4169.98 | 相对丰水 |
| 肇庆市 | 肇庆市 | 15 056 | 402.21 | 1 362 000 | 272 400 | 204 300 | 885 300 | 2613 | 3.48 | 741.78 | 18 442.60 | 相对丰水 |
| 东莞市 | 东莞市 | 2465 | 831.66 | 253 400 | 50 680 | 38 010 | 164 710 | 0 | 19.46 | 16.47 | 198.05 | 极度缺水 |

表中数据来源于 2013 年各市水资源公报。

#### 3.3.2.4 人均可利用水资源量计算

在本地可开发利用水资源量基础上,扣除已开发利用的水资源量,并加入可开发利用的入境水资源量,由此测算出可利用水资源量,再除以当地人口,即是人均可利用水资源量。人均可利用水资源量反映一个地区水资源的现状、丰富程度。

经过计算,珠江三角洲经济区可利用水资源总量为 $5670.29\times10^8\mathrm{m}^3$,人均可利用水资源量为 $10\,172.80\mathrm{m}^3$,属于水资源丰富地区,各地区人均可利用水资源量见表 3-3-2,人均可利用水资源丰度分区见附图 3。

### 3.3.3 水资源承载力评价

#### 3.3.3.1 本地水资源承载力评价

本地水资源承载力主要反映区域实际水资源承载量与承载水平的相对大小,其值越大表明水资源相对越紧张。其计算公式如下:

$$CCPS=\frac{CCP}{CCS}$$

式中:$CCPS$ 为水资源承载力指数;$CCP$ 为水资源实际承载力,在此以用水量计;$CCS$ 为水资源可承载水平,在此以本地水资源总量计。

由此计算该区域各县/区 2013 年水承载力指数现状,并对本地水资源承载力进行分级,见表 3-3-3。

#### 3.3.3.2 可利用水资源承载力评价

可利用水资源承载力主要反映了区域理论水资源承载量与承载水平的相对大小,其值越大表明可利用水资源承载力越小,水资源相对紧张。按照上述公式进行计算,其中 $CCS$ 以可利用水资源总量计算,评价结果见表 3-3-3。各地区可利用水资源承载力分区图见附图 4。

表 3-3-3 珠江三角洲经济区水资源承载力等级表

| 行政分区 | | 本地可利用水资源总量 ($10^8\mathrm{m}^3$) | 可利用水资源总量 ($10^8\mathrm{m}^3$) | 用水量 ($10^8\mathrm{m}^3$) | 本地水资源承载力指数 | 本地水资源承载力等级 | 可利用水资源承载力指数 | 可利用水资源承载力等级 |
| --- | --- | --- | --- | --- | --- | --- | --- | --- |
| 市 | 区 | | | | | | | |
| 广州市 | 中心区 | 7.08 | 18.95 | 21.43 | 3.03 | 严重超载 | 1.13 | 严重超载 |
| | 番禺区 | 2.78 | 36.71 | 4.86 | 1.75 | 严重超载 | 0.13 | 承载适宜 |
| | 花都区 | 6.89 | 12.33 | 5.19 | 0.75 | 轻度超载 | 0.42 | 承载紧张 |
| | 南沙区 | 3.13 | 347.38 | 12.32 | 3.94 | 严重超载 | 0.04 | 承载盈余 |
| | 萝岗区 | 2.77 | 17.02 | 10.85 | 3.92 | 严重超载 | 0.64 | 承载紧张 |
| | 增城市 | 13.36 | 58.24 | 11.18 | 0.84 | 轻度超载 | 0.19 | 承载适宜 |
| | 从化市 | 16.47 | 26.91 | 2.61 | 0.16 | 承载适宜 | 0.10 | 承载盈余 |
| 佛山市 | 禅城区 | 0.90 | 151.77 | 2.82 | 3.14 | 严重超载 | 0.02 | 承载盈余 |
| | 南海区 | 6.21 | 533.46 | 11.47 | 1.85 | 严重超载 | 0.02 | 承载盈余 |
| | 顺德区 | 4.80 | 664.25 | 10.02 | 2.09 | 严重超载 | 0.02 | 承载盈余 |
| | 高明区 | 5.34 | 512.92 | 3.66 | 0.69 | 承载紧张 | 0.01 | 承载盈余 |
| | 三水区 | 4.92 | 607.97 | 4.10 | 0.83 | 轻度超载 | 0.01 | 承载盈余 |

续表 3-3-5

| 行政分区 | | 现状人口（万人） | 人均用水量($m^3$) | 可利用水资源量（$10^8 m^3$） | 居民生活用水（$10^4 m^3$） | 现状供水条件下可承载人口（万人） | 现状供水条件下承载人口强度指数 | 可承载人口（万人） | 可承载人口强度指数 |
|---|---|---|---|---|---|---|---|---|---|
| 市 | 区 | | | | | | | | |
| 佛山市 | 禅城区 | 110 | 255 | 151.77 | 9400 | 128.77 | 0.85 | 5951.84 | 0.02 |
| | 南海区 | 259 | 436 | 533.46 | 22 967 | 314.62 | 0.82 | 12 235.26 | 0.02 |
| | 顺德区 | 248 | 402 | 664.25 | 21 879 | 299.71 | 0.83 | 16 523.72 | 0.02 |
| | 高明区 | 30 | 864 | 512.92 | 2089 | 31.80 | 0.94 | 5936.55 | 0.01 |
| | 三水区 | 44 | 650 | 607.97 | 3868 | 58.87 | 0.75 | 9353.39 | 0.00 |
| 惠州市 | 惠城区 | 160.75 | 362 | 67.02 | 6800 | 93.15 | 1.73 | 1851.42 | 0.09 |
| | 惠阳区 | 78.75 | 359 | 18.14 | 3300 | 48.87 | 1.61 | 505.17 | 0.16 |
| | 惠东县 | 92.7 | 480 | 37.84 | 4900 | 72.57 | 1.28 | 788.42 | 0.12 |
| | 博罗县 | 105.75 | 607 | 93.98 | 5600 | 76.71 | 1.38 | 1548.34 | 0.07 |
| 珠海市 | 香洲区 | 83.23 | 224 | 211.85 | 8810 | 130.47 | 0.64 | 9457.72 | 0.01 |
| | 斗门区 | 59.99 | 353 | 198.35 | 2850 | 42.21 | 1.42 | 5618.90 | 0.01 |
| | 金湾区 | 24.03 | 484 | 258.09 | 1830 | 27.85 | 0.86 | 5332.50 | 0.00 |
| 中山市 | 中山市 | 317.39 | 583 | 680.01 | 17 400 | 238.36 | 1.33 | 11 663.96 | 0.03 |
| 深圳市 | 福田区 | 135.71 | 491.46 | 0.65 | 11 035.7 | 151.17 | 0.90 | 13.32 | 10.19 |
| | 罗湖区 | 86.78 | 491.46 | 0.67 | 7108.2 | 105.27 | 0.82 | 13.68 | 6.34 |
| | 盐田区 | 21 | 491.46 | 1.98 | 1409.9 | 21.46 | 0.98 | 40.31 | 0.52 |
| | 南山区 | 108.8 | 491.46 | 0.57 | 8718.38 | 119.43 | 0.91 | 11.52 | 9.45 |
| | 宝安区 | 401.78 | 491.46 | 2.72 | 25 835.41 | 353.91 | 1.14 | 55.27 | 7.27 |
| | 龙岗区 | 230 | 491.46 | 3.69 | 16 863.11 | 231.00 | 1.00 | 75.12 | 3.06 |
| 江门市 | 蓬江区 | 73.09 | 337 | 2.72 | 5336 | 79.02 | 0.92 | 80.82 | 0.90 |
| | 江海区 | 25.85 | 381 | 0.86 | 1885 | 28.69 | 0.90 | 22.69 | 1.14 |
| | 新会区 | 85.93 | 790 | 261.77 | 5518 | 81.72 | 1.05 | 3313.54 | 0.03 |
| | 开平市 | 70.37 | 735 | 16.47 | 4864 | 72.03 | 0.98 | 224.10 | 0.31 |
| | 鹤山市 | 49.99 | 623 | 9.96 | 2950 | 44.90 | 1.11 | 159.86 | 0.31 |
| | 台山市 | 94.79 | 754 | 36.04 | 4945 | 73.23 | 1.29 | 477.93 | 0.20 |
| | 恩平市 | 49.74 | 700 | 20.74 | 2780 | 42.31 | 1.18 | 296.31 | 0.17 |
| 肇庆市 | 肇庆市 | 402.21 | 486 | 741.78 | 22 300 | 394.17 | 1.02 | 15 262.96 | 0.03 |
| 东莞市 | 东莞市 | 831.66 | 583 | 16.47 | 6688 | 91.62 | 9.08 | 282.52 | 2.94 |

表中人口数据来源于2013年各市统计年鉴，其他数据通过计算获得。

#### 3.3.4.2 可利用水资源人口承载力评价

可利用水资源人口承载力是指某地区某一时期，基于该区域社会经济发展水平、区域水资源赋存状态以及区域水资源开发利用能力，可利用水资源总量可支撑的最大人口规模。利用公式（3-2）进行计算，计算结果见表3-3-5。根据计算结果，将可利用水资源人口承载强度指数进行分级，见表3-3-

6。珠江三角洲经济区水资源人口承载力分区见附图5。

表 3-3-6 可利用水资源承载人口强度指数分级

| I 值区间 | I≤0.1 | 0.1<I≤0.4 | 0.4<I≤0.7 | 0.7<I≤1 | I>1 |
|---|---|---|---|---|---|
| 承载程度分级 | 承载盈余 | 承载适宜 | 承载紧张 | 轻度超载 | 严重超载 |

## 3.3.5 珠江三角洲经济区各类用水可供给量预测

城市供水主要用于以下几个方面：农业用水、一般工业用水、水电用水、城镇公共用水、居民生活用水以及生态环境用水。每个城镇各类用水量因人口、经济发展情况、产业结构、各部门行业用水量等不同而不同，各类用水量占总用水量的比例也不同。本研究根据珠江三角洲经济区各城镇各部门行业对水资源的需求，研究分析各城镇的用水结构以及现状条件下各类用水所占比例，采用可利用水资源量对可供各部门行业的水量进行预测评价，评价结果见表 3-3-7。

表 3-3-7 珠江三角洲经济区可供各部门行业用水量预测　　　　　单位：$10^4 m^3$

| 行政分区 | | 可供农业用水量 | 可供一般工业用水 | 可供火电用水 | 可供城镇公共用水 | 可供居民生活用水 | 可供生态环境用水 | 可供总用水 |
|---|---|---|---|---|---|---|---|---|
| 市 | 区 | | | | | | | |
| 广州市 | 中心区 | 12 731 | 34 214 | 50 658 | 35 098 | 52 337 | 4420 | 189 458 |
| | 番禺区 | 91 400 | 108 018 | 0 | 64 962 | 101 975 | 755 | 367 109 |
| | 花都区 | 41 111 | 54 893 | 0 | 9030 | 16 397 | 1663 | 123 094 |
| | 南沙区 | 606 219 | 727 463 | 1 951 179 | 59 212 | 98 687 | 28 196 | 3 470 956 |
| | 萝岗区 | 5332 | 44 539 | 111 975 | 3607 | 4391 | 314 | 170 158 |
| | 增城市 | 155 237 | 134 400 | 236 502 | 11 460 | 34 902 | 9377 | 581 878 |
| | 从化市 | 155 690 | 50 522 | 0 | 17 528 | 46 398 | 0 | 270 138 |
| 佛山市 | 禅城区 | 54 980 | 314 626 | 0 | 339 583 | 506 679 | 301 851 | 1 517 720 |
| | 南海区 | 1 182 382 | 2 692 697 | 2 132 937 | 302 593 | 1 067 864 | 89 039 | 7 467 512 |
| | 顺德区 | 1 057 805 | 3 629 338 | 2 516 026 | 371 833 | 1 450 926 | 132 632 | 9 158 561 |
| | 高明区 | 2 979 688 | 1 504 126 | 598 038 | 178 109 | 292 508 | 174 749 | 5 727 218 |
| | 三水区 | 3 287 289 | 1 529 272 | 0 | 402 456 | 573 792 | 286 896 | 6 079 705 |
| 惠州市 | 惠城区 | 360 219 | 122 959 | 0 | 65 809 | 117 764 | 3464 | 670 215 |
| | 惠阳区 | 93 076 | 43 180 | 0 | 12 474 | 31 665 | 960 | 181 355 |
| | 惠东县 | 244 622 | 79 268 | 0 | 11 933 | 41 765 | 852 | 378 440 |
| | 博罗县 | 685 117 | 147 856 | 0 | 23 423 | 81 980 | 1464 | 939 840 |
| 珠海市 | 香洲区 | 63 834 | 407 628 | 0 | 718 005 | 911 474 | 17 588 | 2 118 530 |
| | 斗门区 | 875 274 | 514 472 | 0 | 209 550 | 382 831 | 1343 | 1 983 470 |
| | 金湾区 | 498 522 | 1 326 881 | 0 | 366 253 | 382 996 | 6279 | 2 580 930 |
| 中山市 | 中山市 | 2 530 694 | 2 361 245 | 873 034 | 375 736 | 640 962 | 18 418 | 6 800 090 |

续表 3-3-7

| 行政分区 | | 可供农业用水量 | 可供一般工业用水 | 可供火电用水 | 可供城镇公共用水 | 可供居民生活用水 | 可供生态环境用水 | 可供总用水 |
|---|---|---|---|---|---|---|---|---|
| 市 | 区 | | | | | | | |
| 深圳市 | 福田区 | 10 | 476 | 36 | 2445 | 2988 | 593 | 6548 |
| | 罗湖区 | 45 | 560 | 0 | 2672 | 3308 | 181 | 6766 |
| | 盐田区 | 313 | 1252 | 45 | 6190 | 7566 | 4446 | 19 813 |
| | 南山区 | 229 | 298 | 146 | 2120 | 2591 | 276 | 5660 |
| | 宝安区 | 1195 | 11 128 | 103 | 4730 | 8621 | 1389 | 27 165 |
| | 龙岗区 | 1708 | 12 265 | 428 | 7745 | 13 001 | 1772 | 36 918 |
| 江门市 | 蓬江区 | 9325 | 8113 | 0 | 3877 | 5920 | 0 | 27 235 |
| | 江海区 | 2820 | 3032 | 0 | 1079 | 1658 | 0 | 8590 |
| | 新会区 | 1 491 031 | 815 981 | 0 | 93 593 | 213 231 | 3864 | 2 617 700 |
| | 开平市 | 125 601 | 17 310 | 0 | 5127 | 15 517 | 1155 | 164 710 |
| | 鹤山市 | 67 640 | 18 729 | 0 | 3235 | 9448 | 596 | 99 648 |
| | 台山市 | 295 417 | 30 495 | 0 | 7960 | 24 929 | 1558 | 360 360 |
| | 恩平市 | 176 257 | 9607 | 0 | 4407 | 16 578 | 567 | 207 415 |
| 肇庆市 | 肇庆市 | 5 073 531 | 1 269 336 | 0 | 202 026 | 850 036 | 22 871 | 7 417 800 |
| 东莞市 | 东莞市 | 7315 | 64 133 | 3795 | 24 215 | 5486 | 10 403 | 115 347 |

表中数据来源于2013年各市水资源公报。

## 3.4 应急状态下水资源承载力评价

### 3.4.1 概述

城市应急水源地是指在连续干旱或发生水安全突发事件导致供水大量缺失的情况下，为解决居民基本生活用水而采用的一种非常规的临时供水水源地。由于城市人口集中，居民生活用水量大，而地表水直接受大气降水的影响不稳定，且极易被污染，因此城市应急水源一般以具有一定储存规模、水量稳定、水质优良、开采条件较好的地下水为主。由于在应急水取用时会在不同程度上不可避免地影响地下水环境，因此应该对应急水的取用条件和取用量加以界定和限制。应急水应该只在发生长期干旱或水安全突发事件，并对居民基本生活用水造成严重威胁，超出人们可承受范围时才可动用，其他情况下都应该处于停用状态。应急水的取用量一般只考虑居民的基本生活用水，而不考虑生产用水。而应急水源地水资源承载力评价是指某一区域、流域或生态系统提供的水资源量所能够支撑的人口的最大规模。

近十余年来，我国在地下水应急水源地的建设上取得了一定的成果。如从2003年起，北京市先后建成和启动了怀柔、平谷、房山、昌平4个地下水应急水源地。天津市在市区北部新建了一座地下水应急水源地，并于2003年正式启用。山东省于2006年开展了全省重点城市应急供水水源的调查工作，并为17个重点城市规划了51处地下水应急水源地。河南省于2007年为22个市县规划了应急水源地。甘肃省规划了62个城市66个应急水源。此外，河北、吉林、山西、江苏、浙江、江西、广东和云南等省均已开展了地下水应急水源的勘查评价、规划论证和建设等工作。

珠江三角洲地区是我国经济最发达的地区之一，改革开放以来，随着经济的快速增长、人口的迅猛增加、城市化水平的日益提高，一方面社会用水需求量不断增加，而另一方面水污染日益严重，并导致符合饮用水标准的水资源质量下降、数量不断减少,加上枯年枯季珠江上游来水减少及咸潮上溯的影响,水质性缺水逐年严重,水资源危机已逐渐显现。如果遭遇突发性事故(如有毒有害化学物质泄漏)、恐怖活动、化学战争(核战争、细菌战争)等而造成江河水体污染,对于缺乏第二水源和全部利用地表水供水的珠江三角洲地区而言,城市供水安全和几千万人口的饮水问题将更加严峻。因此,为解决珠江三角洲地区主要城市的应急供水问题,确保该地区在特枯年、连续干旱年及水污染事件突发时的城市供水安全和应急供水能力,开展应急地下水源地建设势在必行。

### 3.4.2 应急地下水源地选址条件

有关城市应急地下水源地的选址,目前尚没有明确统一的技术规范。我们认为,从城市应急地下水源地"应急"的性质出发,地下水源地的选址既应考虑地下水源地选址的一般性要求,又要体现特定地域社会应急需水的特殊要求。城市应急地下水源地选址的一般性要求主要有以下几点。

**1. 多点布局**

紧急事态往往是突然发生的,具有不可预见性和不确定的特点,不可预见性表现在事件发生的时间、地域事先无法知晓,影响对象和受害群体的规模以及持续时间长短难以确定,所以应急供水的地下水源应布设在城市不同地点,而不能只选一两个,从而达到多点防控的应急需求。

**2. 靠近市区**

在多点布设的同时,要选择若干水源地尽可能地靠近市区,以保证应急供水响应快捷、及时,同时便于灵活处置市区较小规模的供水事故。

**3. 采取集中式的采供方式**

与分散式的开采方式相比,集中采供一方面有利于及时响应;另一方面具有短时供水量大、供水网络较简单、便于管理调度和保养维护的优点。

**4. 选择补给量大、储存资源较丰富的区块**

应急采供水必须有足够的地下水资源量予以支持。一般而言,应急期较短、采供水量要求很大是应急供水的基本特点。因此,取出的地下水不仅仅包括短时的地下水补给量,还会动用储存资源,而且要保证水量能够取出,地下水源地要选在含水层厚度大、给水能力强的地段。

**5. 选择不会诱发严重地质灾害的地方**

强烈抽水往往会诱发地面塌陷、地面沉降等地质灾害。考虑到应急采供水持续时间较短,且采供地下水在应急期是压倒一切的紧急而重大的任务,由此产生的地质环境问题,一般不予以特别强调。但为避免严重的生命财产损失,地下水源的选址要尽量避开可能诱发较大规模地质灾害的地方。对于镇江市而言,则要重视污染水倒流进入应急地下水源地的问题,选址要尽可能远离长江或第四系污染区。

**6. 地下水水质要具饮用安全性**

在没有分质供水的城市,应急期供水首先要保证居民饮用水安全;如果优质地下水的水量有限,迫不得已时可以使用水质稍差的水,如部分微咸水,但不得利用严重超标或者有毒有害会导致人体健康损害的地下水源。

### 3.4.3 应急地下水源地地下水资源概况

2007年11月,广东省地质勘查局在珠江三角洲经济区开展了应急水源地勘查评价,确定了水资源相对丰富而且处在城市附近的广州市(广花盆地)、佛山市、肇庆市、惠州市、四会市、高要市、东江三角洲(东莞市)、鼎湖区 8 个地下水源地,以及资源性缺水、水质性缺水最严重的中山市、珠海市区、珠海市斗门区 3 个水源地。

根据钻孔出水量大小进行的富水性分区结果表明：珠江三角洲经济区可作为生活饮用水和具有集中供水价值的地下淡水资源主要分布于江河谷地及岩溶盆地,地下淡水资源显得相当珍贵；珠江口平原区普遍为咸水,基岩裂隙水（除局部断裂带存在脉状水外）富水性普遍较差,集中供水意义不大。松散岩类孔隙水水量丰富区集中分布于东江、西江、北江及流溪河等河流谷地,多沿河流呈带状展布,以山间谷地型、傍河型或古河道型水源地为主。岩溶盆地孔洞裂隙水主要分布于广花盆地、肇庆盆地,富水性极不均匀：质纯的灰岩岩溶发育,水量丰富；白云质、碳质灰岩岩溶发育较差,地下水富水性亦较差。

对经济区内所有应急水源地具有集中供水意义的地下水资源进行计算,得出地下水允许开采总量为 $192.12 \times 10^4 m^3/a$,各水源地地下水允许开采量均小于天然补给量。依据水源地的规模,将广州市、佛山市、惠州市、鼎湖—四会南部、高要市 5 个水源地定为特大型水源地,肇庆市、四会市、东江三角洲地区 3 个水源地为大型水源地,中山市、珠海市区、斗门区 3 个水源地为中型水源区。

以《地下水质量标准》（GB/T 14848—93）为依据,结合《生活饮用水卫生标准》（GB 5749—2006）对应急水源地的水质进行了测试,将质量级别划分为Ⅰ类、Ⅱ类、Ⅲ类、Ⅳ类和Ⅴ类。一般来说,Ⅰ类、Ⅱ类和Ⅲ类水各项指标均符合水质评价标准、水质好,将其划分为资源质量级别可供饮用的地下水；Ⅳ类和Ⅴ类水（超标组分为一般化学指标）的资源质量级别划分为适当处理后可供饮用的地下水（B）；Ⅴ类水（超标组分含毒性指标）的资源质量级别划分为毒理性指标轻度超标、应急状态下可供临时饮用的地下水（C）；Ⅴ类水（毒性指标严重超标）的资源质量级别划分为毒理性指标严重超标、不宜饮用的地下水（D）。

统计结果表明,11 个应急水源地中可供饮用的地下水 $2.24 \times 10^8 m^3/a$,约占地下水允许开采总量的 31.9%；适当处理后可供饮用的地下水达 $4.65 \times 10^8 m^3/a$,约占地下水允许开采总量的 66.3%；毒理性指标轻度超标,应急状态下可供临时饮用的地下水约 $0.09 \times 10^8 m^3/a$,约占总量的 1.4%。合计可作为应急供水的地下水资源量为 $6.98 \times 10^8 m^3/a$,约占地下水允许开采总量的 99.5%；而毒理性指标严重超标,不宜饮用的地下水约 $0.04 \times 10^8 m^3/a$,仅占地下水允许开采总量的 0.5%。

## 3.4.4 应急地下水源地地下水资源承载力

### 3.4.4.1 应急状态下水资源承载力

由于应急水的取用量一般只考虑居民的基本生活用水,而不考虑生产用水,所以应急状态下的水资源承载力采用如下公式进行计算：

应急情况下的水资源承载能力＝应急水源地所在区域单元的水资源可开采量/应急情况下人均水资源需求标准

鉴于突发事件具有不可预知和不确定性,世界各国根据自身的国情和民众心理的承受能力提出了不尽相同的应对策略。澳大利亚颁布了应急状态下的限水令,该限水令按应急程度不同,共分为五级,其中最高级别是压缩正常供水 60%,其次是 55%、40%、25%、15%。在缺水极为严重的情况下,美国环保署联邦应急管理中心和红十字会提出人均供水建议值为 1.89～18.93L/d 和 3.79L/d。本次研究中应急状态下人均水资源需求标准采用红十字会提出的供水建议值 3.79L/d,得出珠江三角洲经济区各应急水源地在应急条件下的水资源承载力,计算结果如表 3-4-1 所示。

### 3.4.4.2 水源地应急供水能力

根据各水源地地下水允许开采量、地下水质量分级、开采现状及地下水水质评价结果,珠江三角洲经济区应急水源地允许开采量包括可供饮用的地下水,适当处理后可供饮用的地下水和毒理性指标轻度超标、应急状态下可供临时饮用的地下水 3 个质量等级的地下水。经计算统计,从表 3-4-1 中可以看出,珠江三角洲应急水源地在应急状态下,上述三级应急地下水宜采区的总面积约 $2222 km^2$,应急可采量总量约 191×10⁴m³/d,可供应急供水人口总数约 50 129 万人/天。其中,现有应急井可采量约 175×10⁴m³/d,可应急供水人口 46 126 万人/天。从各应急水源地的具体情况来看,所有应急水源地基本上能满足应急情况下该区域的所有人口的饮水要求,尤以广州市、佛山市、东江三角洲地区、鼎湖区—四会市南部城镇以及肇庆市较为突出,水资源量比较丰富,水资源承载力高。

表 3-4-1　珠江三角洲经济区应急水源地水资源承载力计算表

| 应急水源地 | 地下水类型 | 面积 ($km^2$) | 所在地区现有人口总数 (万人) | 水源地应急可开采量 | | 现状开采量 ($10^4 m^3/d$) | 现有应急井 | |
|---|---|---|---|---|---|---|---|---|
| | | | | 资源量 ($10^4 m^3/d$) | 可供应急供水人口 (万人/天) | | 可采量 ($10^4 m^3/d$) | 可应急供水人口 (万人/天) |
| 广州市 | 松散岩类孔隙水 | 49.73 | 1292.68 | 5.11 | 1348.28 | 0.03 | 5.08 | 1340.37 |
| | 碳酸盐岩裂隙溶洞水 | 548.07 | | 47.21 | 12 456.46 | 5.19 | 42.02 | 11 087.07 |
| | 块状岩类裂隙水 | 216.44 | | 9.14 | 2411.61 | 0.30 | 8.84 | 2332.45 |
| 佛山市 | 松散岩类孔隙水 | 337.56 | 691.00 | 36.71 | 9686.02 | 0.38 | 36.33 | 9585.75 |
| 东江三角洲地区 | 松散岩类孔隙水 | 180.20 | 230.74 | 6.86 | 1810.03 | 0.56 | 6.30 | 1662.27 |
| 惠州市 | 松散岩类孔隙水 | 222.80 | 469.45 | 20.61 | 5437.99 | 1.70 | 18.91 | 4989.45 |
| | 碳酸盐岩裂隙溶洞水 | 50.52 | | 3.20 | 844.33 | 0.05 | 3.15 | 831.13 |
| 珠海市区 | 松散岩类孔隙水 | 10.93 | 167.25 | 1.03 | 271.77 | 0.26 | 0.77 | 203.17 |
| | 基岩裂隙水 | 0 | | 0.66 | 174.14 | 0 | 0.66 | 174.14 |
| 斗门区 | 松散岩类孔隙水 | 14.08 | 59.99 | 1.97 | 519.79 | 0.04 | 1.93 | 509.23 |
| 中山市 | 基岩裂隙水 | 41.89 | 317.39 | 3.44 | 907.65 | 0.40 | 3.04 | 802.11 |
| 四会市 | 松散岩类孔隙水 | 102.90 | 45.00 | 10.32 | 2722.96 | 0.60 | 9.72 | 2564.64 |
| 鼎湖区—四会南部城镇 | 松散岩类孔隙水 | 216.26 | 31.16 | 15.55 | 4102.90 | 1.63 | 13.92 | 3672.82 |
| | 碳酸盐岩裂隙溶洞水 | 38.75 | | 1.82 | 480.21 | 0.26 | 1.56 | 411.61 |
| 高要市 | 碳酸盐岩裂隙溶洞水 | 162.93 | 73.33 | 14.22 | 3751.98 | 1.73 | 12.49 | 3295.51 |
| 肇庆市区 | 碳酸盐岩裂隙溶洞水 | 28.97 | 402.21 | 12.14 | 3203.17 | 2.04 | 10.10 | 2664.91 |
| 合计 | | 2222.03 | 3780.20 | 191.22 | 50 129.29 | 15.16 | 176.06 | 46 126.65 |

表中原始数据来源于《珠江三角洲经济区应急水源地勘查评价》报告。

非应急情况下,若要满足广东省居民生活额定用水需求,仅有四会市、鼎湖区—四会南部城镇能够满足其所有常住人口的用水需求。该统计结果与应急水源地的"应急"这一基本性质相符,即应急水应该只有在发生长期干旱或水安全突发事件,并对居民基本生活用水造成严重威胁,超出人们可承受范围时才可动用,其他情况下都应该处于停用状态。

总体上看,应急水源地可采总量具有满足珠江三角洲经济区内现有应急供水人口生活饮用水需水量的供水能力,应急供水能力较强。

## 3.5 本章小节

本章首先对珠江三角洲经济区水资源量以及水质的概况进行了简要的介绍，分析了珠江三角洲经济区水资源开发利用所存在的问题，并根据已有研究成果及资料，对水资源承载力评价理论进行了研究，深入地分析了水资源承载力的概念、内涵以及各种评价方法的优缺点，最后确定了适用于珠江三角洲经济区的水资源承载力评价方法，并建立了评价思路。

第二部分根据珠江三角洲经济区水资源开发利用情况以及各地区社会经济发展特点，结合水资源承载力的内涵，全面深入地分析了水资源承载力的影响因素，确定评价主要从区域资源状态、区域资源开发利用能力和区域资源生活保障程度3个方面来设计。在此基础上，分别对珠江三角洲经济区人均可利用水资源、水资源承载力以及水资源人口承载力进行了评价，并进行了分级分区。最后，根据评价结果，结合珠江三角洲经济区各类用水的需求，对珠江三角洲经济区各类用水量进行了预测。

第三部分主要考虑城市应急状态下应急水源地对城市居民基本生活用水的支撑能力，根据应急水源地的分布情况，对各地区应急水源地在应急状态下的水资源承载力进行了评价，计算出各地区可应急供水人口。

综上所述，珠江三角洲经济区水资源承载力受到自然条件以及人为因素的双重影响，由于自然条件的区际差异，各地区的可利用水资源量差别显著；由于各地区社会经济条件的差异，如人口、技术水平、产业结构、各部门行业用水量等，水资源的承载力差别也很大。另外，水资源经过合理的优化配置后，基本可以满足珠江三角洲经济区各地区社会经济发展的需要。

# §4 珠江三角洲经济区矿产资源承载能力评价

## 4.1 矿产资源概况

珠江三角洲经济区的优势矿产资源主要是非金属矿产资源,非金属矿产资源主要有高岭土、石灰岩、膨润土、硅质原料石膏、萤石、大理岩与砂石等;并且该地区还有较丰富的能源矿产,其中最多的是泥炭,其次是优质的地热水、矿泉水和煤;而金属矿产资源在珠江三角洲中主要有铷、褐铱铌矿、独居石、富铪锆石、磷铱矿(铌钽)等金属矿产资源(陈慧川,2006)(附图6)。

### 4.1.1 矿产资源现状

珠江三角洲经济区区矿产资源主要包括能源矿产、非金属矿产、黑色金属矿产、有色及稀有金属矿产、水气矿产五大类。

#### 4.1.1.1 能源矿产

珠江三角洲经济区的能源矿产主要包括煤炭、石油、天然气、地热等(表4-1-1)。其中,煤炭的主要形式是泥炭。珠江三角洲经济区内油气资源及铀矿缺乏,仅三水盆地局部可见。区内地热资源十分丰富。

表4-1-1 珠江三角洲经济区能源矿产一览表

| 各地市 | 能源矿产地概况 | |
|---|---|---|
| | 煤炭及泥炭等 | 地热 |
| 广州市 | 煤矿在白云区黄石路—嘉禾和花都区中洞—华岭两处,分布面积约650km²,全市煤矿探明总储量3191.8×10⁴t,全部矿井闭坑。关闭矿山残留资源储量约97×10⁴t | 地下热水资源丰富,有矿产地15处,主要集中在从化市温泉至良口地区和增城市高滩地区,温度为中低温型,按热能划分,地热田规模均为小型 |
| 佛山市 | 煤矿经地质评价的共有22处,探明基础储量1266.3×10⁴t,资源量372.7×10⁴t,煤质较差,煤层较薄,主要为民用无烟煤或动力用煤,含煤地层主要为三叠系和石炭系,一般煤层厚几十厘米到两米之间。泥炭产地24处,其中大型矿床1处,中型矿床4处,小型矿床6处。属第四系沼泽沉积矿床,矿体埋藏浅,可供地方开发利用。探明基础储量316.9×10⁴t,资源量3222.2×10⁴t | 地下热水1处,分布于三水芦苞一带,为含偏硅酸氢泉,尚含有锶、锌等有益组分,水温40~47℃,水量达2500m³/d |
| 肇庆市 | 煤主要分布在高要的金利、马安、禄步和四会的三桂等地,全市累计资源量723.8×10⁴t,主要为贫煤和无烟煤,单个矿床均为小型。泥炭主要分布在高要、鼎湖、四会、怀集等地,矿产地零星分散,有矿产地16处,资源量452.87×10⁴t,胡敏酸含量在8.5%~23.7%之间。现已全部关停 | 地下热水4处,地下热水资源量为1433m³/d,其中怀集凤岗热水坑水量较大,水质较好 |

续表 4-1-1

| 各地市 | 能源矿产地概况 | |
|---|---|---|
| | 煤炭及泥炭等 | 地热 |
| 深圳市 | 煤炭只是矿点,无开采价值 | 目前仅发现宝安公明玉律温泉 1 处,水温 66~68℃,属低温地热资源。坪山汤坑温泉、南头塘朗山温泉和坪山镇上洋地下热水 3 处正处于勘探中 |
| 东莞市 | 泥炭有矿产地 3 处,总资源量 $71.71×10^4$ t,单个矿床均为小型规模,含油率一般在 7% 以上,主要分布在河谷冲积平原第四系中,开采条件简单。煤矿产地 5 处,煤层薄,煤质差,工业利用意义不大 | 无 |
| 惠州市 | 煤矿资源量 $261×10^4$ t,主要分布在龙门和惠阳两县(区),多属低发热量无烟煤,规模均为小型,大部分开发利用价值不大 | 矿产地 18 处,允许开采量 6000$m^3$/d,主要分布在龙门和博罗两县,其中龙门龙城热水锅和龙门地派两处水量较大,水温达到 44~76℃,开发前景较好 |
| 珠海市 | 无 | 地热矿产地共 5 处,主要分布在斗门下洲、灯笼沙、银村、金湾平沙以及南屏,其中平沙和斗门下洲矿点水温较高,达 70℃ 以上,其余为低温地热,总允许开采量 10 373.2$m^3$/d |
| 中山市 | 泥炭土是中山市唯一的能源矿产,分布在张家边和南蓢两镇,含油率一般在 10% 左右,部分高达 16%~18%。质量较好,但储量仅 $100×10^4$ t 左右,表土层薄,开采成本低,可供地方作为小型露天开采 | 中山市三乡镇雍陌地热田(中山温泉)具有一定的规模,保有 B 级地热水可开采量 570$m^3$/d,C 级可开采量 126$m^3$/d,加权平均水温为 77.1℃ |
| 江门市 | 能源矿产有煤、泥炭土,主要分布在恩平、台山等地,有矿产地 46 处,其中煤矿 11 处,泥炭土 25 处,地下热水 9 处,沼气 1 处。煤矿均属小型,储量在几十万吨到 200 多万吨之间,煤质差,煤层薄,多为民用无烟煤。泥炭土多数为小型,储量在几十万吨左右,发热量较低,主要分布在新会、仑山等地,单个矿床一般几十万吨,含腐殖酸在 10%~12% 之间 | 地下热水分布范围较广,全区总流量达到 11 000$m^3$/d,水温一般在 45℃ 以上。恩平那吉温泉、新会古兜山温泉和台山温泉是区内规模较大的地热资源,水量分别达到 3432$m^3$/d、664$m^3$/d 和 3195$m^3$/d,水温在 55℃ 以上,最高达 87℃,同时还含有锶、锂、氡、镭等元素。恩平那吉热水朗温泉自流量 432$m^3$/d,水温 87℃,均是比较理想的浴疗地热资源 |

泥炭是煤化程度最低的煤。它既是一种能源,又是工业、农业许多部门必需的原材料和化工原料,是一种宝贵的天然矿产资源。

珠江三角洲经济区内油气资源缺乏,但珠江口盆地赋含丰富的石油天然气资源,有待进一步开发。目前已在珠江口盆地和惠州凹陷建成深水海上油田,部分已投产。

珠江三角洲经济区的地热资源主要表现为温泉。现已探明广东省地热水的储量在全国占第一位,而珠江三角洲经济区的矿泉水占了全省的大部分,主要分布在广州的从化市、江门的恩平市、中山市以及珠海的斗门县等。温度大多在 30~60℃ 之间,最高为 71℃。泉水中含有丰富的钙、钾、钠等成分,具有无色、无味的特点,有的还含有气体和放射性物质。现大多已开发为集温泉、休闲等为一体的旅游度假村。

在珠江三角洲经济区内,以煤炭、石油、天然气为代表的大宗能源矿产资源缺乏,仅肇庆高要、四会及佛山三水盆地内偶有发现,其他如泥炭等不能为现代工业提供强力的能源支撑,且煤矿山大多已关停,总之本地区能源矿产资源缺乏。

#### 4.1.1.2 非金属矿产

珠江三角洲经济区优势矿产资源是非金属矿产资源,非金属矿产资源主要有高岭土、石灰岩、膨润土、硅质原料石膏、萤石、大理岩与砂石等(表4-1-2)。

**表4-1-2 珠江三角洲经济区非金属矿产一览表**

| 地市 | 非金属矿产 |
| --- | --- |
| 广州市 | ①水泥用灰岩资源十分丰富,总资源储量133 060×10⁴t,全区目前正在开采水泥用灰岩矿产地13处,开发利用年产量947.6×10⁴t。<br>②熔剂用灰岩分布在花都区赤坭镇下把水,探明资源储量1748×10⁴t。<br>③硝盐矿床1处,即白云区龙归硝盐矿,资源储量NaCl 5942.5×10⁴t,Na₂SO₄ 2953.9×10⁴t,属大型硝盐矿床,矿石质量较好。<br>④霞石正长岩矿产地1处,位于从化良口镇与佛冈县交界处,岩体出露面积7km²,资源储量25 000×10⁴t,矿石质量较好。<br>⑤已发现萤石矿产地5处,萤石(CaF₂)资源储量2.5×10⁴t,CaF₂ 43%～60%,目前已停采。<br>⑥大理岩矿产地5处,主要分布在从化北部,大理岩矿石资源储量813×10⁴m³,已基本停采。<br>⑦陶瓷土产地56处,长石(钠长石、钾长石)矿49处,主要分布在从化市鳌头镇洲洞—山心—花都区梯面镇一带、吕田镇东明鸡公山及番禺,目前资源储量52 000×10⁴t,目前全部停采。<br>⑧建筑用花岗岩简测资源储量62 613×10⁴m³(166 391.4×10⁴t),仅有矿山14处,开发利用年产量330×10⁴m³,主要分布在从化市、增城市 |
| 佛山市 | 区内非金属矿产有29种,产地205处。<br>①熔剂用灰岩产地1处,小型矿床;冶金用砂岩产地2处,其中中型矿床1处,均分布于南海区;熔剂用灰岩探明储量180×10⁴t,基础储量225×10⁴t,资源量104×10⁴t;冶金用砂岩资源量560.6×10⁴t。<br>②铸型用砂矿点4处,分布于南海、禅城区,均属河流冲积型砂矿;冶金用脉石英矿点2处,分布于三水区,矿石含SiO₂较高,适宜作为炼钢、陶瓷、耐火材料原料,估算资源量100×10⁴t。<br>③耐火黏土矿点11处,分布于南海、三水区,矿层主要赋存于第四系黏土层中,为软质矿石,含Al₂O₃ 15%～32%,耐火度1600～1670℃,仅三水区估算资源可达500×10⁴t。<br>④区内硫铁和重晶石产地各2处,分布于南海、三水区;硫铁矿矿床类型为裂隙热液充填型,硫含量不高,只能作为寻找硫化物矿床的找矿标志,探明基础储量82.7×10⁴t,资源3.6×10⁴t;重晶石探明基础储量2.5×10⁴t,资源量51.1×10⁴t。<br>⑤岩盐产地4处,其中中型矿床1处,岩盐矿分布于三水区,探明NaCl储量276.6×10⁴t,基础储量1869.9×10⁴t,资源量2617.1×10⁴t;石膏产地5处,其中大型矿床2处,中型矿床1处,小型矿床1处。石膏矿分布于三水、南海区,探明储量912.9×10⁴t,基础储量6538.7×10⁴t,资源量4103.9×10⁴t。<br>⑥区内磷矿、黄玉产地各1处,均分布于三水区;磷矿为第四系溶洞淋滤型矿床,资源量5774t;黄玉产于燕山期花岗伟晶岩中,粒径2～15cm,质量较好,资源量8.89t。<br>⑦水泥用灰岩产地14处,其中大型矿床2处,中型矿床1处,小型矿床3处,分布于南海、三水、高明区,探明基础储量4067×10⁴t,资源量44 793×10⁴t;水泥配料用砂岩、页岩、黏土产地合计18处,其中小型矿床2处,探明基础储量62×10⁴t,资源量1147×10⁴t。<br>⑧陶瓷用砂岩产地4处,分布于三水区;建筑用砂5处,主要分布于南海、三水区。<br>⑨高岭土产地7处,其中小型矿床1处,分布于南海、三水、高明区。<br>⑩膨润土产地5处,其中中型矿床、小型矿床各1处,分布于南海、三水区,探明储量24.6×10⁴t,基础储量59.9×10⁴t,资源量904.2×10⁴t。<br>⑪砖瓦用黏土产地达67处,分布很广,主要赋存于第四系残坡积层中,资源量221×10⁴m³。陶瓷用黏土产地3处,赋存于第三系长石砂岩或泥岩中。<br>⑫铸石用玄武岩、粗面岩产地共9处,其中大型铸石用粗面岩矿床1处,小型铸石用玄武岩矿床1处,分布于南海、三水区第三纪火山岩——玄武岩和粗面岩中,资源量1986×10⁴t;水泥用粗面岩产地2处,为中型矿床,探明矿石储量356×10⁴t,基础储量1234×10⁴t,资源量538×10⁴t。 |

续表 4-1-2

| 地市 | 非金属矿产 |
| --- | --- |
| 佛山市 | ⑬饰面用辉绿岩产地3处,分布于高明区合水镇内,同属一条岩脉,估算资源量大于 $500 \times 10^4 \mathrm{m}^3$。<br>⑭建筑用花岗岩产地7处,分布于三水、高明、顺德区,主要开采对象是燕山期黑云母花岗岩;砂岩石料产地4处,分布于南海区。<br>⑮磨石产地仅1处,即南海区滴水岩磨石矿,为大型矿床,资源量达 $24\,975 \times 10^4 \mathrm{t}$;磨石赋存于第三系长石砂岩中,矿床已开采数十年,除做磨石外,还可做耐火材料 |
| 肇庆市 | ①水泥用灰岩有矿产地41处,主要分布在高要、封开、怀集、德庆等县(市),累计资源量 $3.5 \times 10^8 \mathrm{t}$,远景资源量估计可达 $144 \times 10^8 \mathrm{t}$。<br>②石膏、硬石膏:储量丰富,属本市优势矿产,主要分布于四会市、封开县和鼎湖区,有矿产地4处,资源量 $5349 \times 10^4 \mathrm{t}$,其中四会马房石膏矿规模达大型,$CaSO_4$ 含量 88.48%。<br>③饰面用花岗岩和建筑用花岗岩:本市花岗岩分布范围较广,适于饰面材料和建筑材料的十分丰富,主要分布在封开、德庆、广宁等地,估计远景资源量超过 $2 \times 10^8 \mathrm{m}^3$,饰面花岗岩有矿产地12处;封开的罗董、杏花、渔涝一带的花岗岩属燕山期花岗岩,石质坚硬,荒料率较高,可作为优质饰面石材基地;建筑用花岗岩矿产地91处,主要集中在怀集、广宁、高要、封开、四会等市(县),估计远景资源量超过 $10 \times 10^8 \mathrm{m}^3$。<br>④熔剂灰岩:矿产地1处,分布在德庆县罗洪,资源储量 $3839 \times 10^4 \mathrm{t}$,规模中型,CaO 含量大于 50%,MgO 含量 5%,是一处质量较好的熔剂灰岩矿床。<br>⑤砚石:砚石是该市特有的工艺观赏石矿产,主要产于羚羊峡东侧端溪畔的栏柯山,肇庆七星岩至鼎湖山一带的北岭,东至沙浦,西达小湘,以老坑、坑仔岩、麻子坑等处砚石质量较好,砚石层相对较厚,估计全区砚石资源量约 $10 \times 10^4 \mathrm{m}^3$。<br>⑥其他非金属矿产:该市其他非金属矿产还有磷、云母、钾长石、瓷土、天然石英砂、冶金用白云岩和水晶等,单个矿床规模均为小型,一般分布零星;瓷土分布范围较广,有矿产地37处,主要为花岗岩风化残积型矿床,高要、德庆、广宁一带花岗岩分布地区估计瓷土远景资源量可超过 $1 \times 10^8 \mathrm{t}$;本区磷矿主要为溶洞磷矿,其中规模较大的有怀集小竹磷矿,资源储量 $63.2 \times 10^4 \mathrm{t}$,$P_2O_5$ 含量 16.62%,质量较好 |
| 深圳市 | 深圳市的非金属矿产中,蓝晶石、水晶、钾长石、冰洲石、高岭土、黏土、泥炭等矿产均是矿点或矿化点,未形成规模,基本上没有工业价值,只有横岗龙村蓝晶石矿点具有 $5.14 \times 10^4 \mathrm{t}$ 的资源储量,具有一定的工业利用价值。<br>①石灰岩和大理岩主要分布于龙岗区的横岗—龙岗一带,用于水泥原料和建筑饰面材料,规模达到了大中型。辉绿岩分布于本市中北部平湖,是广东省优质石料之一。<br>②印支—燕山期花岗岩广泛分布于全市区域,是本市最重要的建筑用石料资源。<br>③此外,分布于宝安区白花洞和石坡的加里东期片麻岩也可作为建筑用石料 |
| 东莞市 | 非金属矿产主要有芒硝、盐矿、水泥用大理岩、耐火黏土、建筑用花岗岩和钾长石等,另有少量重晶石、黄铁矿、石膏、水泥配料用黏土、水泥用灰岩。<br>①芒硝和盐矿是东莞市优势矿产,产于北部中堂镇一带,矿床规模达到中型,钠盐和芒硝质量较好,$Na_2SO_4$ 含量大于 70%,矿体集中,厚度大,开发利用前景较好。<br>②耐火黏土有矿产地4处,其中储量规模达中型的2处,其余为小型,总储量 $510.5 \times 10^4 \mathrm{t}$,凤岗镇天堂围和横沥两处储量较大,质量较好,凤岗镇天堂围耐火黏土储量 $269.2 \times 10^4 \mathrm{t}$,耐火度大于 1600℃;横沥耐火黏土储量 $186.11 \times 10^4 \mathrm{t}$,耐火度 1730℃。<br>③钾长石有矿产地3处,其中储量规模达到中型的2处,总储量 $92.30 \times 10^4 \mathrm{t}$,多为产于花岗岩中的钾长石伟晶岩,其中水濂山钾长石储量 $63.9 \times 10^4 \mathrm{t}$,钾长石含量 40%,开采条件简单,工业利用价值较大。<br>④重晶石有矿产地2处,总储量 $30.46 \times 10^4 \mathrm{t}$,主要分布在大塑石头坟及涌口等地,规模均为小型,为充填在古老变质岩断裂裂隙带中的脉状重晶石矿床,$BaSO_4$ 含量均在 70% 以上,矿区开采条件简单,适宜地方小型开采利用。<br>⑤东莞市建筑用花岗岩资源丰富,全市花岗岩分布面积约占总面积的 45%,其中大部分石质较好,总储量估计超过 $10 \times 10^8 \mathrm{m}^3$。<br>⑥其他非金属矿产有黄铁矿、石膏、水泥用灰岩、水泥配料用黏土、白云岩、大理岩等,一般矿床规模小,地质工作程度较低;清溪镇东风坳水泥用大理岩和白云岩共生矿床,总储量 $413.66 \times 10^4 \mathrm{t}$,其中大理岩 $311 \times 10^4 \mathrm{t}$,是较好的水泥原料矿产地 |

续表 4-1-2

| 地市 | 非金属矿产 |
|---|---|
| 惠州市 | 主要有建筑用花岗岩、长石、水泥用灰岩和玻璃石英砂矿，经地质勘查评价的中型以上矿产地 9 处。<br>①水晶矿主要分布在惠东县新田、高浪围等地，资源量（压电水晶）4.585t。长石以惠阳区滩坑钾长石矿规模较大，估算储量 $1481 \times 10^4$ t，品位较好，$K_2O$ 含量 11%。<br>②水泥用灰岩资源量达 $1.35 \times 10^8$ t，博罗的利山、惠东的凌坑和龙门的仙人娘等处规模均达中型，灰岩质量较好，CaO 含量在 50%～54%之间，属优质水泥灰岩。<br>③惠东县的碧甲玻璃砂矿资源量 $395 \times 10^4$ t，原矿 $SiO_2$ 含量 96.62%，是制造平板玻璃的优质原料。<br>④建筑用花岗岩分布面积广，岩性主要为燕山期浅肉红色二长花岗岩，石质一般较好，是建筑石料优质原料，部分地区花岗岩荒料率为 30%，可作为中、低档建筑饰面石材原料 |
| 珠海市 | 主要有钾长石、石英砂岩、建筑用花岗岩、砖瓦用黏土等。<br>①钾长石矿产地 4 处，规模均为小型，位于香洲区东坑、板樟山、柠溪及湾仔等地。<br>②石英砂矿有玻璃用砂和建筑用砂，玻璃用砂有矿产地 12 处，大型 1 处，中型 2 处，其他为小型，全区玻璃用砂远景储量达到 $4585 \times 10^4$ t，质量较好。<br>③建筑用砂矿产地 7 处，分布在现代海湾古海湾及河流两岸，一般规模不大，质量一般，远景储量达 $355 \times 10^4$ t。砖瓦用黏土矿产地 8 处，全区远景储量接近 $500 \times 10^4$ t，单个矿床储量规模不大 |
| 中山市 | 建筑矿产：①蚝壳，大量分布在北部三角洲平原，埋藏深度不大，厚度可达 2~4m，呈条带状及层状分布，含丰富钙质，是市内常用的建筑材料之一。<br>②石材以花岗岩为主，主要分布在五桂山低山丘陵区。<br>③高岭土主要分布在环城和张家边等地。<br>④耐火黏土主要分布于火炬开发区濠头村附近 |
| 江门市 | 本区非金属矿主要有水泥灰岩、玻璃砂、高岭土、白云岩、钾钠长石、铸型用砂、饰面用花岗岩和建筑用花岗岩等。<br>①水泥灰岩：有矿产地 23 处，主要分布在台山、恩平两市，总储量超过 $1 \times 10^8$ t，单个矿床储量一般在 $(1000 \sim 2000) \times 10^4$ t，矿石质量较好，CaO 含量大于 50%，有害杂质均低于指标界限，为优质水泥原料。<br>②玻璃砂矿：有矿产地 6 处，分布在台山、新会等地，矿床类型主要为滨海沉积砂矿，探明总储量 $550 \times 10^4$ t，其中台山上川岛玻璃砂矿储量 $440 \times 10^4$ t，但质量较差，台山甫草玻璃砂矿质量较好，$SiO_2$ 含量大于 98%，可选性能良好，可用于工业技术玻璃。<br>③高岭土：有矿产地 4 处，其中两处规模达到中型，主要分布在台山、新会两市，探明储量 $1700 \times 10^4$ t，矿床类型均为花岗岩风化残积型，台山玉怀高岭土矿储量 $1200 \times 10^4$ t，矿石质量中等，经选矿加工后可获造纸涂料级产品。<br>④白云岩：本区的白云岩矿只有 1 处，即恩平市横板白云岩矿，探明储量 $1.2 \times 10^8$ t，MgO 含量 20.4%，开采条件较为困难，短期内难以开发利用。<br>⑤钾、钠长石：有矿产地 19 处，主要分布在台山、恩平两市，总储量 $180.6 \times 10^4$ t，单个矿床一般在几万吨到几十万吨之间，矿床类型主要为伟晶岩脉型，钾长石含量 15%～35%，钠长石含量 20%左右。<br>⑥饰面用花岗岩、建筑用花岗岩和建筑用砂岩：目前全市有饰面用花岗岩产地 2 处（其中饰面用辉绿岩 1 处）储量超过 $2000 \times 10^4 m^3$，台山市广海花岗岩储量约 $1500 \times 10^4 m^3$，花色品种中等，荒料率可达 25%～30%，适于制造中等档次建筑板材；建筑用花岗岩产地 142 处，估算资源量 $10 \times 10^8 m^3$，建筑用砂岩产地 11 处，总储量 $5000 \times 10^4$ t。建筑用花岗岩主要分布在台山、恩平、鹤山、新会等市（区），多为燕山期二长花岗岩，石质一般较好，石料质地较好，适于大型建筑和高级公路建设用石料 |

高岭土:珠江三角洲地区高岭土资源十分丰富,是全国高岭土的主要产地。其中属于可作为造纸涂料及原材料的优质高岭土储量超过50%。珠江三角洲的高岭土主要应用于陶瓷、造纸、橡胶、搪瓷等,陶瓷业是该区高岭土用量最大的行业。由于广东省陶瓷业近年来的高速发展,高岭土的耗用量也增长较快,年耗高岭土量已达200多万吨。

石灰岩:石灰岩的用途广泛,主要分布在下石炭统的各组地层中,其中石蹬子组和测水组分布较多;而且燕山期和侏罗系也有少量分布。它们多是冶炼生铁、钢和有色金属的熔剂;是化学工业中制碱、电石、碳酸钙、碳酸钾和氮肥等的原料;而且在造纸、制革、染料、陶瓷、印刷业亦有广泛应用。近几年来,由于珠江三角洲建筑业的快速发展,使得石灰岩资源主要用于制造水泥、石灰、石料和生产做填料用的碳酸钙粉等的重要原料。至今已在该地区探明储量的水泥用灰岩18处,占全省51处的1/3还多。据成矿预测资料,全省水泥用灰岩资源总量约$1700 \times 10^8$ t。

石膏:珠江三角洲的石膏产地主要有三水、四会、南海、高要、鼎湖。在珠江三角洲地区主要分布在古近系始新统的各地层中,属于内陆湖泊沉积矿床,已探明总储量达$1.7 \times 10^8$ t,矿石品位一般含$CaSO_4$ 78%~97%。其中三水市大望山石膏矿床$5450.0 \times 10^4$ t,四会马房石膏矿床$5582.6 \times 10^4$ t,南海盐步石膏矿床$1191.8 \times 10^4$ t。该地区年采石膏总量约$80 \times 10^4$ t,95%的石膏用于本地区的水泥生产,只有少量加工成石膏粉或石膏板之类的高级轻质建材。

河溪砂石与海底砂石:珠江三角洲地区海岸线占了全省的大部分,海岸线较长,海砂资源丰富;而且,由于珠江三角洲地区河道密集,加上上游的保护措施不足,河流含砂量较大,这些都使得珠江三角洲地区的河砂、海砂资源丰富。

重晶石矿分布在广州番禺大岗和佛山南海三山两处,储量分别为95.12t和23.4t,惠州君子营等地也可见。萤石矿在广州从化温塘肚为多。

珠江三角洲经济区内非金属矿产资源为优势矿产资源,不仅矿产种类多样,而且储量相对丰富。非金属矿产资源作为冶金辅助原料、化工原料以及建筑原料基本可以满足本地区经济社会的需求。但是,在开采过程中,极易引发各类地质环境问题,影响当地社会经济建设和人民生活质量。

### 4.1.1.3 黑色金属矿产

珠江三角洲经济区的黑色金属矿产以铁为主,主要分布在珠江三角洲周边地区,以肇庆市怀集县、高要区、四会区,惠州市惠阳区、惠东县、龙门县,江门市恩平县等为主要矿产地,铁矿类型以磁铁矿、褐铁矿、赤铁矿为主,局部可见硫铁矿床(表4-1-3)。

珠江三角洲地区黑色金属以铁矿为主,局部可见锰矿等,整体储量较少。

**表4-1-3 珠江三角洲经济区黑色金属矿产一览表**

| 各地市 | 黑色金属铁、锰等概况 |
| --- | --- |
| 广州市 | 已发现铁矿产地28处,主要分布在从化市东北部的天堂山山脉一带。经多年零星开采,品位较高的铁矿已基本开采完毕,剩余为含铁砂岩,全铁含量5%~25%,品位低。目前铁矿点1处,位于增城市派潭林场,矿石资源储量$13.7 \times 10^4$ t |
| 佛山市 | 黑色金属矿产有铁、锰矿,产地14处。铁矿点12处,主要为残坡积淋滤型铁矿,规模小,品位低,不具工业价值。锰矿产地2处,其中高明南蓬山锰矿为小型矿床,探明锰矿矿石基础储量$87.1 \times 10^4$ t,资源量$199 \times 10^4$ t |
| 肇庆市 | 铁矿有矿产地47处,主要分布在怀集县,资源量$4033.31 \times 10^4$ t。主要铁矿产地有怀集藤铁矿(中型)、怀集将军头铁矿(小型)和怀集大坪铁矿(小型),全铁品位在40%~45%之间,其中将军头铁矿有伴生锌$1.9 \times 10^4$ t、藤铁铁矿共、伴生铜$4 \times 10^4$ t(中型),均可综合回收利用 |
| 深圳市 | 矿床、矿点和矿化点主要分布于本市中东部的布吉—横岗—葵涌一带,其中打鼓岭铁矿是目前为止深圳市最重要的金属矿床,规模均为小型 |

续表 4-1-3

| 各地市 | 黑色金属铁、锰等概况 |
|---|---|
| 东莞市 | 钛铁矿有矿产地1处,矿床规模小,无开采价值 |
| 惠州市 | 铁矿产地22处,资源量$2600×10^4$t,主要分布在博罗、惠东、惠阳三县(区),中型规模的1处,其余均为小型或矿点。博罗利山铁矿资源量$1096×10^4$t,全铁品位36.31%,伴生的铅、锌、锡可综合利用 |
| 珠海市 | 矿点、矿化点共11处,规模均为小型,主要分布在斗门井岸、金湾三灶、南水、小林和南屏、湾仔等地,以产于花岗岩中的脉状磁铁矿为主,少量为风化淋滤形成的褐铁矿。全区铁矿远景储量约$83×10^4$t,其中以湾仔南山铁矿规模相对较大,含铁品位较高,其余在几万吨到十几万吨之间 |
| 中山市 | 有磁铁矿等,均因储量少、品位低、矿脉分散,开采价值不高 |
| 江门市 | 铁矿较少,仅有恩平花眠溪硫铁矿,储量$50×10^4$t |

#### 4.1.1.4 有色及稀有金属矿产

珠江三角洲地区有色及稀有金属以铜钼、铅锌、钨、锡、锑、锰、金银、稀土等为主,矿产地较为分散,其中金银等贵金属多分布在珠江三角洲地区西侧,以肇庆地区最为集中,另可见佛山高明富湾银矿及西樵山银矿较为著名,惠州惠东县也可见银矿点。铜钼、铅锌、钨锡等矿种在珠江三角洲东西侧都有分布,其中以肇庆封开县园珠顶铜钼大型矿床最为著名,铜(Cu)储量$97.98×10^4$t,钼(Mo)储量$25.90×10^4$t,另外肇庆鸡笼山钼矿储量$18.38×10^4$t,其他多以小型矿床产出。锑矿可见江门潮镜。本区稀土矿较为丰富,大都为重稀土矿,主要分布在北西侧肇庆市,其中以广宁五和镇重稀土矿、德庆播植镇稀土矿储量最多,另珠江口唐家也可见(表4-1-4)。

表 4-1-4 珠江三角洲经济区有色金属矿产一览表

| 各地市 | 有色金属概况 |
|---|---|
| 广州市 | ①本区已发现钨锡矿产地37处,主要分布在从化、增城两市交界处;矿床类型主要为矽卡岩型,次之为含钨锡矿石英脉型,均为小型矿床。大部分富矿点已开采完毕,剩余矿点不具工业利用价值。其中钨矿点2处,分布在从化市良口镇石岭和广州市大岭山林场一带,钨氧化物($WO_3$)资源储量为1240t,$WO_3$含量0.1%~0.15%。锡矿点4处,主要分布在从化市龙潭河一流溪河上游及增城市高滩一带,锡石($SnO_2$)矿物资源储量为1742.3t,$SnO_2$含量50~300g/m³,平均值200g/m³,难以开采,不具有工业价值。<br>②铌铁矿、钽铌铁矿:已发现钽铌铁矿产地6处,主要分布在从化市和增城市两地,目前资源储量8718t(矿物量),钽铌铁矿含量1.25%~3.11%。个别矿床如增城市派潭钽铌铁矿规模达大型,查明资源储量8319t(矿物量),目前基础储量尚有7494t左右(矿物量)。<br>③铜钼矿:已发现铜钼矿产地1处,分布在从化市吕田镇三羊坑,铜矿金属资源储量2881.33t,铜含量0.647%,钼矿金属资源储量3118.33t,铜含量0.152%,该矿铁、钨、铋等伴生元素可综合回收利用,开采条件复杂。<br>④铷矿:已发现铷矿产地1处,即从化市红坪山铷矿,铷氧化物($Rb_2O$)资源储量$12×10^4$t,属特大型矿床,含铷品位0.12%,该矿钾、锂、铌、铯等伴生元素可综合回收利用,经济价值较大。<br>⑤稀土矿:已发现矿产地3处,分布在从化市吕田镇、鳌头镇和增城市派潭镇,为离子型稀土矿,矿体分散,单矿体规模小,平均品位低,目前查明资源储量为2537.6t,稀土氧化物平均含量0.072%~0.099% |

续表 4-1-4

| 各地市 | 有色金属 |
|---|---|
| 佛山市 | ①有色金属矿产:有铅锌、钨、锡、钼4种,产地10处;铅锌矿产地6处,其中大型矿床1处,中型矿床2处,铅锌矿普遍共生或伴生有铜矿,探明铅锌金属量基础储量162 492t,资源量1 381 970t,铜金属量资源量86 907t,高明横江铅锌矿具矿床规模大,品位较富,矿石易选,开采条件良好,是一处可作为开发利用的大型多金属矿山基地;钨矿产地2处,锡矿产地1处,钼矿产地1处。矿床规模小,品位低,均不具工业价值。<br>②贵金属矿产:有金、银矿2种,产地8处;金矿产地3处,主要为机械沉积型砂金矿床,其分布面积较大,但品位较低,不具工业价值;银矿产地5处,其中大型矿床2处,中型矿床1处,小型矿床1处,经普查探明的银金属资源量达6997t,闻名遐迩的富湾银矿银金属储量达5134t,平均含银$268\times10^{-6}$,伴生组分中金达7.077t,铅锌金属量达245 362t;稀有稀土元素矿产有铌钽、锂、稀土矿3种,产地5处。<br>③铌钽矿产地2处,主要赋存于第三纪火山粗面岩中,矿化普遍但品位低,不具工业价值。<br>④锂矿产地2处,均为盐湖矿床(卤水中的氯化锂),品位较高,可供综合利用。<br>⑤稀土矿产地1处,赋存于燕山三期黑云母花岗岩风化壳中,属大型离子吸附型稀土矿床,矿化面积达10余平方千米,估算稀土氧化物资源量$24.1\times10^4$t,值得保护性开发利用 |
| 肇庆市 | 本市金属矿产主要有铌钽、金、铁、铋、钼、锡、铜、钨和稀土等。<br>①铌钽:是本市优势矿产,共有矿产地10处,主要分布在广宁横山、江屯和德庆、永丰等地。资源量:铌953.58t,钽1115.5t,居省内首位,矿床类型以原生脉矿为主,次为坡积砂矿。<br>②金:本市金矿资源相对较丰富,有矿产地35处,主要分布在高要、怀集、封开等地,资源量55.12t,其特点是矿床规模大,储量较集中,以原生矿为主,开采技术条件比较简单,代表性矿山有高要的河台金矿和长坑金、银矿,河台金矿和长坑金矿均达到大型规模,金品位在$(5\sim10.3)\times10^6$之间。<br>③铁矿:有矿产地47处,主要分布在怀集县,资源量$4033.31\times10^4$t。主要铁矿产地有怀集藤铁铁矿(中型)、怀集将军头铁矿(小型)和怀集大坪铁矿(小型),全铁品位在40%~45%之间,其中将军头铁矿有伴生锌$1.9\times10^4$t,藤铁铁矿共、伴生铜$4\times10^4$t(中型),均可综合回收利用。<br>④钨铋矿:有矿产地11处,主要分布在怀集县和四会市,铋资源量5155t,单个矿床均为小型,钨矿品位较高,在0.6%~1.31%之间。<br>⑤钼矿:有矿产地1处,分布在鼎湖鸡笼山,资源量$8.79\times10^4$t,为斑岩型钼矿,矿石品位较低。<br>⑥磷钇矿:有矿产地3处,主要分布在广宁县境内,资源量4927t,主要矿区有广宁512、513磷钇矿(中型)和广宁五和磷钇矿(小型) |
| 深圳市 | 矿床、矿点和矿化点主要分布于本市中东部的布吉—横岗—葵涌一带,其中,山仔下铅锌矿和旗头岭钨矿是目前为止深圳市最重要的有色金属矿床,规模均为小型 |
| 东莞市 | 本市金属矿产主要有锡、钴、钛、铁。<br>①锡矿有矿产地2处,主要为河流冲积砂锡矿,矿床规模小,工业意义不大。<br>②钛铁矿有矿产地1处,矿床规模小,无开采价值。<br>③另外,铜、铅、钴、金等矿产本市均有分布,多为矿点或矿化点,地质工作程度低,只具找矿意义,无工业利用价值 |
| 惠州市 | ①铅锌矿资源量达$100\times10^4$t,主要分布在惠阳和龙门两地,龙门上苍、茶排和惠阳淡水规模可达中型,铅锌品位11%,伴生元素铜、铁、银、镉可综合回收利用。<br>②铌、钽是本市优势矿产,资源量接近$8\times10^4$t,矿产地12处,主要分布在惠阳、博罗、龙门等县(区),中型规模以上的矿产地8处,其中大型3处,龙门永汉铌铁矿储量较大,铌铁矿品位较高,矿石资源量达$7\times10^4$t,伴生独居石规模可达中型 |

续表 4-1-4

| 各地市 | 有色金属 |
|---|---|
| 珠海市 | 珠海市有色金属矿产主要有钨矿，少量铜、铅、锌和金银矿。<br>①钨矿：矿点、矿化点共9处，规模均为小型，分布较为零星，香洲、金湾、斗门3个区均有分布，全区钨矿远景储量 $6\times10^4$ t，以产于花岗岩中裂隙充填的黑钨矿石英脉为主，其中南水钨多金属矿种钨储量规模较大，其余在几百吨到几千吨之间。<br>②金、银矿：产地3处，规模均为小型，分布在珠海市北部唐家河淇澳一带，属产于花岗岩中的破碎带蚀变岩型金银矿床，远景储量估计超过0.5t，其中大澳山金矿储量规模相对较大，其余两处为金矿化点，只具找矿意义，工业意义不大。<br>③稀有金属、稀土金属矿：稀有金属矿地3处，稀土金属矿地4处，矿点规模均为小型，分布于香洲柠溪、南屏、唐家和南水等地，稀有金属主要是产于花岗岩中的绿柱石伟晶岩脉，稀土矿主要是花岗岩风化壳离子吸附型稀土矿和第四系冲洪积独居石砂矿，单个矿床储量在几百吨到几千吨之间，品位不高 |
| 中山市 | 黑钨矿、砂锡矿等，均因储量少、品位低、矿脉分散，开采价值不高 |
| 江门市 | 金属矿产主要有锡矿、钨矿、铍矿、稀土矿、铌钽矿、独居石和锆英石等。<br>①钨、锡、铍矿：本区锡矿探明储量 $1.3\times10^4$ t，有矿产地18处，主要为河流冲积砂锡矿，规模以小型为主，只有台山坂潭锡矿达到中型，区内大部分砂锡矿均已采空闭坑；钨矿产地26处，其中新会螺山钨矿储量1377t，占全区探明储量的90%；铍矿主要分布在台山和新会等地有矿产地34处，以绿柱石石英脉矿床为主，矿脉埋深较大，开采相对比较困难。<br>②独居石、锆英石砂矿：是本区优势矿产，有矿产地7处，矿床规模大型1处，中型2处，主要分布在开平和新会两地，单个矿床规模一般在几百吨到千多吨之间，开平龙胜独居石锆英石矿储量2万多吨，独居石含量较高。<br>③稀土矿：本区稀土矿床经地质工作评价的只有1处，即鹤山共和稀土矿，规模达中型，品位较高，矿床采选条件较好 |

### 4.1.1.5 水气矿产

珠江三角洲经济区水气矿产主要为矿泉水、地下水（供水地）等，局部可见地下肥水、二氧化碳气、氡气、沼气等（表 4-1-5）。

表 4-1-5 珠江三角洲经济区九地市水气矿产一览表

| 地市 | 水气矿产概况 |
|---|---|
| 广州市 | ①矿泉水：全市目前开采矿泉水18处，探明允许开采量8348m³/a，现产矿泉水量 $53.25\times10^4$ m³/a，主要分布在白云区、天河区、萝岗区、番禺区及从化市，属偏硅酸矿泉水，水质优良，其中萝岗区八斗村和白云区太和镇头陂村矿泉水储量较大。<br>②地下水：本市地下热水资源丰富，有矿产地15处，主要集中在从化市温泉至良口地区和增城市高滩地区，温度为中低温型，按热能划分，地热田规模均为小型 |

续表 4-1-5

| 地市 | 水气矿产概况 |
|---|---|
| 佛山市 | ①区内经评价的矿泉水12处，其中大型1处，中型10处，总允许开采量4306m³/d，其中南海联表矿泉水开采储量1741m³/a。区内矿泉水多属偏硅酸矿泉水，偏硅酸含量一般在30～60mg/L之间，部分含锶、硒等有益元素，具有较好的开发前景。矿泉水是本区优势矿产之一，已探明的允许开采量较大，可以根据市场需求，开发矿泉水系列产品，以发挥其潜在经济效益。<br>②区内经评价的地下水(供水地)6处，其中大型5处，中型1处，总允许开采量$50.20 \times 10^4 m^3/a$。区内地下水(供水)主要是第四系松散岩类地下水资源，较多地区地下水中铁离子偏高，局部地区水质遭污染，全区地下水资源丰度属中等。<br>③区内经普查的地下肥水一处，分布于顺德区北滘、水口一带，小型，允许开采量$130.7 \times 10^4 m^3/a$，储量$2179 \times 10^4 t$；地下肥水属Cl-Na型咸-盐水，矿化度5～19g/L，铵含量$(30 \sim 590) \times 10^{-6}$。<br>④二氧化碳气产地7处，其中小型1处，资源量$8 \times 10^8 m^3$，分布在三水、南海区。二氧化碳气易加工开采，生产液化二氧化碳和干冰，南海沙头开创我国建厂生产利用天然二氧化碳气藏的先河，为我国其他二氧化碳气藏的发现和利用提供了宝贵的经验。三水断陷盆地二氧化碳气成矿条件良好，除寻找早第三系气层外，还应重视基岩气藏的寻找。<br>⑤氦气产地4处，分布于三水区，氦气赋存于天然气中，氦含量达一般工业要求，在主矿产天然气利用时，可综合利用 |
| 肇庆市 | ①矿泉水：本区经地质评价的矿泉水产地13处，规模达大型的1处，中型的6处，总允许开采量3119m³/d，均为偏硅酸低矿化度矿泉水，其中封开太子山矿泉水、麒麟山矿泉水和怀集凤岗热水坑矿泉水水量较大，水质较好。<br>②常温饮用地下水：本区经勘查的供水水源地5处，其中特大型规模1处，大型3处，中型1处，总储量$24.277 \times 10^8 m^3$，允许开采量$42.8927 \times 10^4 m^3/d$ |
| 深圳市 | ①地下水：深圳市地下水总储存量为$10.34 \times 10^8 m^3$，理论上可开采量$1.92 \times 10^8 m^3/a$，实际上极限开采量$0.60 \times 10^8 m^3/a$。<br>②矿泉水：随着城市建设的发展，市区内地下水污染现象日益严重，原来在市区内发现的矿泉水基本上不能开发利用，目前仍可开发利用的矿泉水分布于郊野公园或森林保护区，共存在11个矿泉水点 |
| 东莞市 | 本市水气矿产主要有矿泉水和常温饮用地下水两种。矿泉水有矿产地11处，储量规模均为小型，主要分布在清溪、樟木头等地，总允许开采量1522.5m³/d，偏硅酸含量大于40mg/L，最高82.5mg/L。本市矿泉水开发利用前景较好 |
| 惠州市 | 主要为常温饮用地下水和矿泉水。矿泉水产地16处，总允许开采量3728m³/d，主要分布在博罗、龙门和惠东等县，均属偏硅酸低矿化度矿泉水，其中惠东虎岩山和博罗石坎矿泉水含微量锶，龙门仙龙矿泉水和惠城潼湖矿泉水储量较大，偏硅酸含量较高，属较好的优质矿泉水，开发前景很好 |
| 珠海市 | ①矿泉水矿产地13处，主要分布在凤凰山、板樟山、加林山，平沙的仔髻山、斗门西湾和桂山岛等地，水量达到中型规模的8处；全区矿泉水总允许开采量1804m³/d，偏硅酸含量一般在30～50mg/L之间，其中湾仔雷公石壁矿泉水和香洲东坑矿泉水储量较大，偏硅酸含量相对较高，质量较好；全区经地质评价的地下常温饮用水水源地21处，主要分布在斗门及香洲等地，总资源量约4.79m³/d。<br>②珠海地区的地下淡水资源包括孔隙水-裂隙水和基岩裂隙水，可供开采的地下淡水资源约为$20 \times 10^4 m^3/d$ |

续表 4-1-5

| 地市 | 水气矿产概况 |
|---|---|
| 中山市 | 无 |
| 江门市 | ①矿泉水:本区经地质工作评价的矿泉水产地 20 处,其中规模达大型的 1 处,中型的 13 处,总允许开采量 3391.5m³/d,矿泉水产地主要分布在恩平、鹤山、台山、江门等地,多数为偏硅酸矿泉水,恩平鳌峰山矿泉水允许开采量 1813m³/d,属低矿化度偏硅酸重碳酸钙型含锶矿泉水,具有较好的开发前景。<br>②常温饮用地下水:本区地下水在中部和东南部冲积平原地区主要为第四系松散岩类孔隙水,埋藏 3~5m,在地形切割较深地区成自流泉涌出,低山丘陵区为花岗岩孔隙裂隙水。根据 12 个泉水和 21 个钻孔统计,每天可采水量 16 152m³,估计全市地下水每天可采水量大于 $7 \times 10^4 m^3$。<br>③浅层沼气:产于新会礼乐一带,分布面积约 1km²,埋深 5m 以下,共有 3 个储气层,气藏多呈小范围的气包状产出,储量 35 498m³,化学成分以甲烷为主,占 86.03% |

## 4.1.2 各地市矿产资源特点

广州市:主要矿产有建筑用花岗岩、水泥用灰岩、陶瓷土、钾长石、钠长石、盐矿、芒硝、霞石正长岩、萤石、大理岩、矿泉水和地下热水等。能源矿产和有色金属矿产短缺,呈零星分布,规模较小,品位不稳定。

佛山市:优势矿产资源有银、铅锌、石膏、岩盐、水泥用灰岩、水泥用砂岩、水泥用黏土、泥炭、膨润土、铸石用粗面岩、水泥用粗面岩和矿泉水等;资源量目前较少但很有找矿潜力的矿产资源有稀土、高岭土、建筑石料、饰面用辉绿岩、陶瓷黏土和地下热水等;资源短缺且找矿前景有限的矿产有煤、石油、天然气、铜、铝、铁、锰、硫铁矿和玻璃砂矿等。矿产资源具有区域分布特点:高明富湾是贵金属、有色金属矿产资源集中分布地区,富湾银矿、迭平银矿、横江铅锌矿等大型、特大型矿床均在此区域;高明西部山区主要是非金属矿产资源产地,高岭土、陶瓷黏土、建筑石料、饰面用辉绿岩、水泥用灰岩及砂页岩、黏土资源潜力巨大;三水一带则是石膏、岩盐、油气、二氧化碳等与断陷盆地有关矿产的聚集地;三水北部山区是重要的非金属矿产地,水泥用灰岩、瓷砂、陶瓷黏土、高岭土、建筑石料等矿产资源蕴藏量极大。

肇庆市:矿产种类多,分布范围广,资源较分散,中、小型矿床多,大型特大型矿床少,金属矿产中共、伴生矿产多,单一矿床少,非金属矿相对较丰富。优势矿产主要有金、铌钽、铁矿、石膏、水泥用灰岩、砚石、瓷土及建筑用花岗岩等。

深圳市:矿产资源种类少,缺乏在经济社会发展中具有重要影响的能源矿产和金属矿产。但是,作为城市建设中不可缺少的建筑用石料分布广泛,具有较重要的开发利用价值。此外,矿泉水储量较为丰富,若能合理开采利用,可部分满足居民不断增长的需要。

东莞市:矿产种类少,资源基地不多,金属矿产十分短缺,非金属矿产中建筑用花岗岩、盐矿、芒硝相对较为丰富,矿泉水有一定储量,水质较好,有较好的开发前景。

惠州市:矿产资源特点是矿产种类较多,大中型矿产地较少,非金属矿产相对较丰富,优势矿产主要有铌、钽、长石、水泥用灰岩、大理岩、建筑用花岗岩、矿泉水和地下热水。

珠海市:矿产资源种类很少,大型矿床极少,金属矿产均为小型规模或为矿点、矿化点,优势矿产为滨海石英砂矿、建筑用花岗岩、地热、矿泉水。

中山市:矿产种类不多,金属矿产十分短缺,优势矿产主要有建筑用花岗岩和矿泉水。

江门市:矿产种类较多,各类矿产区内均有分布,非金属矿产和地下水矿产较为丰富,金属矿产较少。矿床规模以小型为主,大、中型以上规模较少。优势矿产有水泥灰岩、白云岩、钾长石、建筑用花岗岩、饰面用花岗岩、地下热水和矿泉水,金属矿产较为短缺。

总的来说,珠江三角洲经济区矿产资源主要有以下几个特点。

(1)矿产种类多,但规模小:珠江三角洲地区矿产种类 75 种,矿产地共计 1452 处,可见图 4-1-1;其中能源矿产有 167 处,非金属矿床有 772 处,黑色金属矿床有 98 处,有色及稀有金属矿产有 223 处,水气矿产有 192 处。其中满足珠江三角洲经济发展的能源和建材、冶金等矿产资源的规模不大,有些需要从外地甚至国外进口。

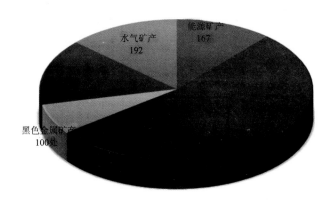

图 4-1-1　珠江三角洲经济区矿产种类矿产地数量饼图

(2)矿产分布具有地区特色:珠江三角洲的矿产资源主要分布在珠江三角洲的丘陵、山地、丘陵与山地,还有丘陵与平原的交汇地带;其中能源矿产中的泥炭和热水主要分布在珠江三角洲的中部和西部,特别是西部分布得最多;而白云岩、大理岩、花岗岩、硅石、石英等却是在北部多、南部少。

(3)共(伴)生矿多,富矿少:据统计,珠江三角洲有色金属、贵金属和稀有金属的共(伴)生矿所占比例超过 60%,大多可一矿多用。

(4)部分大宗能源矿产和急需矿产资源不足:如煤、石油、天然气等严重短缺,有的矿种虽然具有较大优势,但由于加工能力跟不上,难以满足本地区工业的需要,而不得不从外省甚至国外购入,如硅藻土、膨润土。

(5)矿区分布区与加工消费区分离,开发利用受交通条件严重制约:珠江三角洲矿产品的加工消费区在小珠江三角洲的大、中城市,而矿产富集区则多在小珠江三角洲之外大珠江三角洲的边缘山区。因而,矿石或原材料需长途运输,增加了原材料的成本。

## 4.2　矿产承载能力评价方法

### 4.2.1　总体思路

矿产承载能力受限取决于矿产的资源数量与规模,选择可采资源量作为矿产承载本底的评价指标,同时还取决于承载对象即社会经济体的发展水平、环境技术、管理等因素。在全国矿产承载能力现状评价中暂仅考虑矿产承载本底条件。

矿产承载状态是在当前社会经济发展规模条件下,矿产所支撑的负载相对于其承载能力的一种状态,主要通过矿产资源开采强度来体现,同时综合考虑矿产资源供应能力。

### 4.2.2　指标设置

矿产承载能力评价指标体系与意义见表 4-2-1。

表 4-2-1 矿产承载能力评价指标体系

| 评价层次 | 一级指标 | 二级指标 | 意义 |
|---|---|---|---|
| 承载本底 | 可采资源量 | 剩余可采资源量 | 表达区域矿产资源自然禀赋优劣状况,反映区域矿产资源对经济社会发展的承载能力 |
| 承载状态 | 开采强度 | 静态储采比 | 反映矿产资源自然赋存对矿产生产的保障状态 |
| | 资源供给能力 | 某矿产品年供应量/消费量 | 反映矿业生产对经济社会发展的消费需求的保障状态 |

### 4.2.3 评价模型

**1. 矿产承载状态评价**

矿产承载状态评价采用开采强度、资源供给能力两项指标进行表征。其中,开采强度采用静态储采比来表示,资源供给能力以某种矿产品年供应量和年消费量的比值为确定依据,两项指标的等级划分标准见表4-2-2,基于两项指标评价结果进行综合评价,采用空间分析方法对3个指标评价结果进行叠加,采取就劣原则作为承载状态综合评价结果。

表 4-2-2 矿产承载状态等级划分标准

| 承载状态 | Ⅰ级(盈余) | Ⅱ级(均衡) | Ⅲ级(超载) |
|---|---|---|---|
| 开采强度 | >40 | (20,40] | <20 |
| 资源供给能力 | (80%,100%] | (50%,80%] | <50% |

本书应用各种矿床开采强度的参数,用于对珠江三角洲经济区各类矿床的承载状态评价,使其与矿产承载状态评价相对应。主要应用了广东省主要矿产矿山最低开采规模和最低服务年限规划表,各指标见表4-2-3。

**2. 矿产承载本底评价**

基于可采资源量,评定矿产承载本底能力等级。依据矿产利用现状调查评价结果,计算剩余可采储量。已完成的全国28个矿种资源矿产资源储量利用现状调查工作,显示出我国矿产资源丰富,但不同矿种剩余可采储量数量差异较大,且不同地区拥有的优势矿种也差异较大。不同矿种应根据不同情况按不同标准划分矿产承载本底等级。因此,本技术要求将不设立统一矿产承载本底等级评定标准,本次评价将按广东省主要矿产矿山最低开采规模和最低服务年限规划表4-2-3、表4-2-4标准执行。

### 4.2.4 评价对象

在本次评价中,共采用珠江三角洲经济区矿产种类75种,矿产地共计1452处(矿产种类与矿产地数量见表4-2-4),其中能源矿产167处,非金属矿床有772处,黑色金属矿床有98处,有色及稀有金属矿产有223处,水气矿产有192处。

表 4-2-3 广东省主要矿产矿山最低开采规模和最低服务年限规划表

| 序号 | 矿产名称 | 开采规模单元 | 矿山最低开采规模 | | | 矿山最低服务年限（年） | | | 备注 |
|---|---|---|---|---|---|---|---|---|---|
| | | | 大型 | 中型 | 小型 | 大型 | 中型 | 小型 | |
| 1 | 煤炭 | $10^4$ t/a | 120 | 45 | 4 | 依照（GB 50215—2005）执行 | 依照（GB S0399—2006）执行 | | 新建、改扩建矿井，产高瓦斯不低于 $15×10^4$ t/a，低瓦斯不低于 $9×10^4$ t/a |
| 2 | 铁矿 | 矿石 $10^4$ t/a | 200 | 60 | 5 | 30 | 15 | 5 | 露采 |
| | | | 100 | 30 | 3 | | | | 坑采 |
| 3 | 锰 | | 10 | 5 | 2 | 30 | 15 | 5 | |
| 4 | 铜 | | 100 | 30 | 3 | 20 | 15 | 10 | 坑采矿石 $3×10^4$ t/a |
| 5 | 铅 | | 100 | 30 | 3 | 20 | 15 | 10 | |
| 6 | 锌 | | 100 | 30 | 3 | 20 | 15 | 10 | |
| 7 | 钨 | | 80 | 40 | 5 | 20 | 15 | 10 | 资源整合，限制黑钨矿开采总量 |
| 8 | 锡 | | 100 | 30 | 3 | 20 | 15 | 10 | 限制开采总量 |
| 9 | 钼 | | 100 | 30 | 3 | 20 | 15 | 10 | |
| 10 | 金 | | 15 | 6 | 3 | 20 | 15 | 5 | |
| 11 | 银 | | 30 | 20 | 3 | 20 | 15 | 5 | |
| 12 | 铌钽 | | 200 | 50 | 20 | 20 | 15 | 5 | |
| 13 | 轻稀土 | | 100 | 50 | 15 | 30 | 20 | 10 | 资源整合，限制开采总量 |
| 14 | 普通萤石 | | 10 | 8 | 3 | 15 | 10 | 5 | 资源整合，限制开采总量 |
| 15 | 水泥用灰岩 | | 100 | 50 | 30 | 20 | 15 | 10 | |
| 16 | 石盐 | 矿石 $10^4$ t/a | 20 | 10 | 10 | 20 | 15 | 5 | 新建矿山要求年产 NaCl $160×10^4$ t |
| 17 | 石膏 | | 30 | 20 | 5 | 20 | 15 | 5 | |
| 18 | 高岭土 | | 30 | 20 | 5 | 20 | 8 | 4 | |
| 19 | 瓷土 | | 10 | 5 | 3 | 20 | 15 | 5 | |
| 20 | 膨润土 | | 10 | 5 | 3 | 20 | 8 | 4 | |
| 21 | 磷 | | 100 | 50 | 10 | 20 | 15 | 5 | |
| 22 | 硅石、脉石英 | | 20 | 10 | 1 | 20 | 15 | 5 | |
| 23 | 饰面用石材 | $10^4$ m³/a | 1 | 0.5 | 0.3 | 15 | 10 | 5 | |
| 24 | 建筑用石料 | | 10 | 5 | 1.5 | | | | |
| 25 | 砖瓦用黏土 | 矿石 $10^4$ t/a | 30 | 13 | 6 | | | | |
| 26 | 地下热水 | $10^4$ m³ | 20 | 10 | 5 | | | | |
| 27 | 矿泉水 | $10^4$ m³ | 10 | 5 | 3 | | | | |

表 4-2-4 珠江三角洲经济区矿产种类及矿产地

| 矿产类别 | 序号 | 矿种 | 矿产地（处） | 矿产类别 | 序号 | 矿种 | 矿产地（处） |
|---|---|---|---|---|---|---|---|
| 能源矿产 | 1 | 泥炭 | 70 | 非金属矿产 | 40 | 建筑用花岗岩 | 254 |
| | 2 | 煤炭 | 46 | | 41 | 钾长石、钠长石 | 19 |
| | 3 | 地热 | 51 | | 42 | 黄玉 | 1 |
| 非金属矿产 | 4 | 白云岩 | 1 | | 43 | 大理岩 | 5 |
| | 5 | 玻璃用砂 | 19 | | 44 | 瓷土 | 37 |
| | 6 | 大理石 | 1 | | 45 | 独居石、锆石、石英砂 | 7 |
| | 7 | 高岭土 | 11 | | 46 | 萤石 | 5 |
| | 8 | 钾长石 | 8 | | 47 | 重晶石 | 4 |
| | 9 | 芒硝 | 1 | 黑色金属矿产 | 48 | 铁矿 | 96 |
| | 10 | 耐火黏土 | 15 | | 49 | 锰矿 | 2 |
| | 11 | 膨润土 | 5 | | 50 | 硫铁 | 2 |
| | 12 | 石膏 | 4 | 有色及稀有金属矿产 | 51 | 银 | 5 |
| | 13 | 水泥用石灰岩 | 2 | | 52 | 稀土 | 9 |
| | 14 | 压电水晶 | 1 | | 53 | 钨铋 | 11 |
| | 15 | 砖瓦用黏土 | 75 | | 54 | 钨 | 38 |
| | 16 | 铸型用砂、冶金用脉石英 | 6 | | 55 | 铜 | 3 |
| | 17 | 铸石用玄武岩、粗面岩 | 1 | | 56 | 钛铁 | 1 |
| | 18 | 冶金用砂岩 | 2 | | 57 | 铌铁、钽铌铁 | 6 |
| | 19 | 砚石 | 1 | | 58 | 磷钇矿 | 3 |
| | 20 | 岩盐 | 4 | | 59 | 锂 | 2 |
| | 21 | 硝盐 | 2 | | 60 | 金银 | 3 |
| | 22 | 霞石正长岩 | 1 | | 61 | 钨矿 | 2 |
| | 23 | 陶瓷用黏土 | 3 | | 62 | 金矿 | 38 |
| | 24 | 陶瓷用砂岩 | 4 | | 63 | 磷铱矿（铌钽） | 1 |
| | 25 | 陶瓷土、长石 | 105 | | 64 | 钼矿 | 3 |
| | 26 | 水泥用灰岩 | 94 | | 65 | 铌钽 | 24 |
| | 27 | 水泥用大理岩和白云岩 | 1 | | 66 | 铌钽、富铪锆石 | 2 |
| | 28 | 水泥用粗面岩 | 2 | | 67 | 铍矿 | 34 |
| | 29 | 水泥配料用砂岩、页岩、黏土 | 18 | | 68 | 铅锌矿 | 10 |
| | 30 | 饰面用辉绿岩 | 2 | | 69 | 铷 | 1 |
| | 31 | 饰面用花岗岩 | 13 | | 70 | 锡 | 25 |
| | 32 | 石膏、硬石膏 | 4 | 水气矿产 | 71 | 矿泉水 | 114 |
| | 33 | 砂岩石料 | 4 | | 72 | 氦气 | 4 |
| | 34 | 熔剂用灰岩 | 3 | | 73 | 二氧化碳气 | 7 |
| | 35 | 磨石 | 1 | | 74 | 地下水（供水地） | 32 |
| | 36 | 磷矿 | 2 | | 75 | 地下肥水 | 1 |
| | 37 | 蓝晶石 | 1 | | 76 | 常温饮用地下水 | 33 |
| | 38 | 建筑用砂岩 | 11 | | 77 | 浅层沼气 | 1 |
| | 39 | 建筑用砂 | 12 | | 总计 | | 1452 |

## 4.3 矿产资源承载状态评价

基于矿产资源承载状态的各项指标表征,本书对珠江三角洲经济区以能源矿产、非金属矿产、黑色金属矿产、有色及稀有金属矿产、水气矿产的分类对矿产资源进行矿产资源承载状态评价。

### 4.3.1 能源矿产承载能力评价

广东省及珠江三角洲地区九地市煤炭、石油、天然气等能源资源缺乏,在本地区能源矿产中仅有煤炭泥炭及地热资源,且大宗能源矿产大量依赖外来输入及进口,详细能源矿产概况见表4-3-1、表4-3-2。

表4-3-1 珠江三角洲地区能源矿产矿产地及资源量一览表

| 各地(市) | 能源矿产 | | | | | |
|---|---|---|---|---|---|---|
| | 煤炭 | | 泥炭 | | 地热 | |
| | 矿产地(处) | 资源量($10^4$t) | 矿产地(处) | 资源量($10^4$t) | 矿产地(处) | 资源量($m^3/d$) |
| 广州市 | 2 | 97 | / | / | 15 | / |
| 佛山市 | 22 | 1266.3 | 24 | 3222.2 | 1 | 2500 |
| 肇庆市 | 4 | 723.8 | 16 | 452.87 | 4 | 1433 |
| 深圳市 | / | / | / | / | 4 | / |
| 东莞市 | 5 | / | 3 | 71.71 | / | / |
| 惠州市 | 2 | 261 | / | / | 18 | 6000 |
| 珠海市 | / | / | / | / | 5 | 10 373.2 |
| 中山市 | / | / | 2 | 100 | 1 | 696 |
| 江门市 | 11 | 1000 | 25 | 200 | 3 | 11 000 |
| 总计 | 46 | 6442.9 | 70 | 4046.78 | 51 | 32 002.2 |

表4-3-2 珠江三角洲地区能源矿产承载状态一览表

| 各地(市) | 能源矿产 | | | | | | 承载状态 | | |
|---|---|---|---|---|---|---|---|---|---|
| | 煤炭 | | 泥炭 | | 地热 | | 煤炭 | 泥炭 | 地热 |
| | 最低开采规模 | 开采强度 | 最低开采规模 | 开采强度 | 最低开采规模 | 开采强度 | | | |
| 广州市 | / | / | / | / | 小型 | — | / | / | 盈余 |
| 佛山市 | 小型 | 14.39 | 小型 | 33.56 | 大型 | — | 超载 | 均衡 | 盈余 |
| 肇庆市 | 小型 | 45.23 | 小型 | 7.08 | 大型 | — | 盈余 | 超载 | 盈余 |
| 深圳市 | / | / | / | / | 大中型 | — | / | / | 盈余 |
| 东莞市 | / | / | 小型 | 5.98 | / | / | / | 超载 | / |
| 惠州市 | 小型 | 32.63 | / | / | 大中型 | — | 均衡 | / | 盈余 |
| 珠海市 | / | / | / | / | 大型 | — | / | / | 盈余 |
| 中山市 | / | / | 小型 | 12.5 | 大型 | — | / | 超载 | 盈余 |
| 江门市 | 小型 | 35.02 | 小型 | 17.5 | 大型 | — | 均衡 | 超载 | 盈余 |

广州市煤矿全部矿井闭坑,关闭矿山残留资源储量约 $97×10^4$ t,由于闭坑不能提供铁矿资源,不再计算它的承载能力状态。

佛山市石油、天然气、油页岩共有 8 处,其中石油产地 3 处,天然气产地 1 处,油页岩产地 4 处,估算原油资源量 $670×10^4$ t。铀矿点 5 处,不具工业价值。珠江三角洲陆上地区石油、天然气、油页岩及铀矿也不计算承载能力。

肇庆市、惠州市、江门市的小型煤矿开采规模较小,开采强度均大于 20,矿产承载状态分别为盈余、均衡、均衡。

泥炭虽是一种有机矿产资源,且在珠江三角洲的能源矿产方面占很大的比例,但是由于发热量低、规模较小等原因,肇庆市、东莞市、中山市、江门市均处于超载状态,佛山由于资源量较大,泥炭资源承载处于均衡状态。

珠江三角洲经济区除东莞市外均有地热分布,其中肇庆、惠州、江门、珠海等地温泉日流量较大,为大型地热,开采潜力巨大,资源承载状态为盈余。

珠江三角洲经济区现有及预测的能源资源量较少,且资源供给能力较差,大部分来源于进口或外地输入,那么本地区的煤炭、石油、天然气矿产就对珠江三角洲地区九地市经济发展缺乏承载,造成了能源矿产(除地热外)普遍超载的现状。

## 4.3.2 非金属矿产资源承载能力评价

珠江三角洲地区优势矿产资源是非金属矿产资源,非金属矿产资源主要有高岭土、石灰岩、膨润土、硅质原料石膏、硝盐、各种建筑用石材大理岩与砂石等,具体矿产地数量及资源量详见表 4-3-3。

**表 4-3-3 珠江三角洲地区非金属矿产资源量及承载状态一览表**

| 各地(市) | 矿种 | 非金属矿产资源 矿产地(处) | 非金属矿产资源 资源量 | 最低开采规模 | 开采强度 | 承载状态 |
|---|---|---|---|---|---|---|
| 广州市 | 水泥用灰岩 | 13 | $133\,060×10^4$ t | 中型 | 204.71 | 盈余 |
| | 熔剂用灰岩 | 1 | $1748×10^4$ t | / | / | / |
| | 硝盐 | 1 | $5942.5×10^4$ t | 大型 | 198.08 | 盈余 |
| | 霞石正长岩 | 1 | $25\,000×10^4$ t | / | / | / |
| | 萤石 | 5 | $2.5×10^4$ t | 小型 | 0.17 | 超载 |
| | 大理岩 | 5 | $813×10^4$ m³ | 大型 | 162.6 | 盈余 |
| | 陶瓷土、长石 | 105 | $52\,000×10^4$ t | 大型 | 49.52 | 盈余 |
| | 建筑用花岗岩 | 14 | $62\,613×10^4$ m³ | 大型 | 447.23 | 盈余 |
| 佛山市 | 熔剂用灰岩 | 1 | $104×10^4$ t | / | / | / |
| | 冶金用砂岩 | 2 | $560.6×10^4$ t | / | / | / |
| | 铸型用砂、冶金用脉石英 | 6 | $100×10^4$ t | / | / | / |
| | 耐火黏土 | 11 | $500×10^4$ t | / | / | / |
| | 重晶石 | 2 | $51.1×10^4$ t | / | / | / |
| | 岩盐 | 4 | $2617×10^4$ t | 中型 | 65.43 | 盈余 |

续表 4-3-3

| 各地(市) | 矿种 | 非金属矿产资源 | | 最低开采规模 | 开采强度 | 承载状态 |
|---|---|---|---|---|---|---|
| | | 矿产地(处) | 资源量 | | | |
| 佛山市 | 石膏 | 4 | $4103.9 \times 10^4$ t | 大型 | 34.20 | 盈余 |
| | 磷矿 | 1 | 5774 t | 小型 | 0.06 | 超载 |
| | 黄玉 | 1 | 8.89 t | / | / | / |
| | 水泥用灰岩 | 14 | $44\,793 \times 10^4$ t | 大型 | 32.00 | 均衡 |
| | 水泥配料用砂岩、页岩、黏土 | 18 | $1147 \times 10^4$ t | / | / | / |
| | 陶瓷用砂岩 | 4 | / | / | / | / |
| | 建筑用砂 | 5 | / | / | / | / |
| | 高岭土 | 7 | / | / | / | / |
| | 膨润土 | 5 | $904.2 \times 10^4$ t | 中型 | 36.17 | 均衡 |
| | 砖瓦用黏土 | 67 | $221 \times 10^4$ m³ | 小型 | 0.55 | 超载 |
| | 陶瓷用黏土 | 3 | / | / | / | / |
| | 铸石用玄武岩、粗面岩 | 1 | $1986 \times 10^4$ t | / | / | / |
| | 水泥用粗面岩 | 2 | $538 \times 10^4$ t | / | / | / |
| | 饰面用辉绿岩 | 1 | $500 \times 10^4$ m³ | 大型 | 500 | 盈余 |
| | 建筑用花岗岩 | 7 | / | / | / | / |
| | 砂岩石料 | 4 | / | / | / | / |
| | 磨石 | 1 | $24\,975 \times 10^4$ t | 大型 | / | / |
| 肇庆市 | 水泥用灰岩 | 41 | $35\,000 \times 10^4$ t | 中型 | 17.07 | 超载 |
| | 石膏、硬石膏 | 4 | $5349 \times 10^4$ t | 大型 | 44.57 | 盈余 |
| | 饰面用花岗岩 | 12 | $2 \times 10^8$ m³ | 大型 | 1666.67 | 盈余 |
| | 建筑用花岗岩 | 91 | $10 \times 10^8$ m³ | 大型 | 109.89 | 盈余 |
| | 熔剂灰岩 | 1 | $3839 \times 10^4$ t | / | / | / |
| | 砚石 | 1 | $10 \times 10^4$ m³ | / | / | / |
| | 瓷土 | 37 | $1 \times 10^8$ t | 小型 | 90.09 | 盈余 |
| | 磷矿 | 1 | $63.2 \times 10^4$ t | 小型 | 6.32 | 超载 |
| 深圳市 | 蓝晶石 | 1 | $5.14 \times 10^4$ t | / | / | / |
| | 水泥用灰岩 | / | / | / | / | / |
| | 饰面用大理岩 | / | / | / | / | / |
| | 饰面用辉绿岩 | / | / | / | / | / |
| | 建筑用花岗岩 | / | / | / | / | / |
| | 建筑用片麻岩 | / | / | / | / | / |
| 东莞市 | 硝盐 | 1 | / | / | / | / |
| | 耐火黏土 | 4 | $510.5 \times 10^4$ t | / | / | / |
| | 钾长石 | 3 | $92.3 \times 10^4$ t | / | / | / |
| | 重晶石 | 2 | $30.46 \times 10^4$ t | / | / | / |
| | 建筑用花岗岩 | / | $10 \times 10^8$ m³ | 大型 | — | 盈余 |
| | 水泥用大理岩和白云岩 | 1 | $413.66 \times 10^4$ t | / | / | / |

续表 4-3-3

| 各地(市) | 矿种 | 非金属矿产资源 | | 最低开采规模 | 开采强度 | 承载状态 |
| --- | --- | --- | --- | --- | --- | --- |
| | | 矿产地(处) | 资源量 | | | |
| 惠州市 | 压电水晶 | 1 | 4585kg | / | / | / |
| | 钾长石 | 1 | $1481×10^4$ t | / | / | / |
| | 水泥用灰岩 | 3 | $1.35×10^8$ t | 中型 | 90.00 | 盈余 |
| | 玻璃砂矿 | 1 | $395×10^4$ t | / | / | / |
| | 建筑用花岗岩 | / | / | / | / | / |
| 珠海市 | 钾长石 | 4 | / | / | / | / |
| | 玻璃用砂 | 12 | $4585×10^4$ t | / | / | / |
| | 建筑用砂 | 7 | $355×10^4$ t | / | / | / |
| | 砖瓦用黏土 | 8 | $500×10^4$ t | 小型 | 2.08 | 超载 |
| 中山市 | 建筑用花岗岩 | / | / | / | / | / |
| | 高岭土 | / | / | / | / | / |
| | 耐火黏土 | / | / | / | / | / |
| 江门市 | 水泥用灰岩 | 23 | $1×10^8$ t | 中型 | 43.48 | 盈余 |
| | 玻璃砂矿 | 6 | $550×10^4$ t | / | / | / |
| | 高岭土 | 4 | $1700×10^4$ t | 中型 | 21.25 | 均衡 |
| | 白云岩 | 1 | $1.2×10^8$ t | / | / | / |
| | 钾长石、钠长石 | 19 | $180.6×10^4$ t | / | / | / |
| | 饰面用花岗岩 | 1 | $1500×10^4$ m³ | 大型 | 1500 | 盈余 |
| | 饰面用辉绿岩 | 1 | $500×10^4$ m³ | 大型 | 500 | 盈余 |
| | 建筑用花岗岩 | 142 | $10×10^8$ m³ | 大型 | 70.42 | 盈余 |
| | 建筑用砂岩 | 11 | $5000×10^4$ t | / | / | / |

广州市非金属矿产资源丰富，主要矿产有建筑用花岗岩、水泥用灰岩、熔剂用灰岩、陶瓷土、钾长石、钠长石、盐矿、芒硝、霞石正长岩、萤石、大理岩等。本次资源承载能力评价对 8 种非金属矿产进行了资源承载能力评价，其中由于矿山规模及最低服务年限标准不明，未对熔剂用灰岩和霞石正长岩进行评价，其他 6 项评价中，水泥用灰岩、硝盐、大理岩、陶瓷土(长石)、建筑用花岗岩 5 项盈余，萤石 1 项超载。整体而言，广州市非金属矿产资源承载能力处于盈余状态。

佛山市非金属矿产资源丰富，种类多，分布范围大，矿床规模为小到大型。主要矿产有熔剂用灰岩、冶金用砂岩、铸型用砂、冶金用脉石英、耐火黏土、重晶石、岩盐、石膏、磷矿、黄玉、水泥用灰岩、水泥配料用砂岩、页岩、黏土、陶瓷用砂岩、建筑用砂、高岭土、膨润土、砖瓦用黏土、陶瓷用黏土、铸石用玄武岩、粗面岩、水泥用粗面岩、饰面用辉绿岩、建筑用花岗岩、砂岩石料、磨石等。本次资源承载能力评价对 23 种非金属矿产进行了资源承载能力评价，其中由于矿山规模与最低服务年限标准不明及某些矿产资源量不明，未对熔剂用灰岩、冶金用砂岩、铸型用砂、冶金用脉石英、耐火黏土、重晶石、黄玉、水泥配料用砂岩(页岩、黏土)、陶瓷用砂岩、建筑用砂和高岭土、陶瓷用黏土、铸石用玄武岩和粗面岩、水泥用粗面岩、建筑用花岗岩、砂岩石料、磨石进行评价，其他 7 项评价中，岩盐、饰面用辉绿岩 2 项盈余，石膏、水泥用灰岩、膨润土 3 项均衡，磷矿、砖瓦用黏土 2 项超载。整体而言，佛山市非金属矿产资源承载能力处于均衡的状态。

肇庆市非金属矿产资源较为丰富，主要矿产为水泥用灰岩、熔剂用灰岩、石膏、饰面用花岗岩、建筑用花岗岩、陶瓷土及砚石等。本次资源承载能力评价对8种非金属矿产进行了资源承载能力评价，其中由于矿山规模与最低服务年限标准不明，未对熔剂用灰岩与砚石进行评价，其他6项评价中，石膏（含硬石膏）、饰面用花岗岩、建筑用花岗岩、瓷土4项盈余，水泥用灰岩、磷矿2项超载。整体而言，肇庆市非金属矿产资源承载能力处于盈余的状态。

深圳市非金属矿产种类较少，但资源较丰富。主要矿产为水泥用灰岩、饰面用大理岩、饰面用辉绿岩、建筑用花岗岩、建筑用片麻岩等，局部可见蓝晶石。本次资源承载能力评价对6种非金属矿产进行了资源承载能力评价，其中由于资源量不够明确，未对水泥用灰岩、饰面用大理岩、饰面用辉绿岩、建筑用花岗岩、建筑用片麻岩进行评价，其他1项评价中，由于蓝晶石的矿山规模与最低服务年限标准不明，未对其进行评价。整体而言，深圳市非金属矿产资源承载状态为超载。

东莞市非金属矿产种类少，非金属矿产中建筑用花岗岩、盐矿、芒硝相对较为丰富。主要矿产为硝盐、耐火黏土、钾长石、重晶石、建筑用花岗岩、水泥用大理岩和白云岩等。本次资源承载能力评价对6种非金属矿产进行了资源承载能力评价，其中由于资源量不明和矿山规模与最低服务年限标准不明，未对硝盐、耐火黏土、钾长石、重晶石、水泥用大理岩和白云岩进行评价，其他1项评价中，建筑用花岗岩1项盈余。整体而言，东莞市非金属矿产资源量较大，但种类较少，承载状态为超载。

惠州市非金属矿产种类较多，大中型矿产地较少，资源量相对较丰富，优势矿产主要有长石、水泥用灰岩、大理岩、建筑用花岗岩。本次资源承载能力评价对5种非金属矿产进行了资源承载能力评价，其中由于资源量不明和矿山规模与最低服务年限标准不明，未对压电水晶、钾长石、玻璃砂矿、建筑用花岗岩进行评价，其他1项评价中，水泥用灰岩1项盈余。整体而言，惠州市非金属矿产资源量较大，但种类较少，承载状态为超载。

珠海市非金属矿产种类较少，资源量相对较丰富，矿产主要有钾长石、石英砂矿、建筑用花岗岩、砖瓦用黏土和泥炭等。本次资源承载能力评价对4种非金属矿产进行了资源承载能力评价，其中由于资源量不明和矿山规模与最低服务年限标准不明，未对钾长石和石英砂矿、建筑用花岗岩、建筑用砂进行评价，其他1项评价中，砖瓦用黏土1项超载。整体而言，珠海市非金属矿产资源种类较少，承载状态为超载。

中山市非金属矿产种类较少，资源量相对较少，矿产主要有建筑用花岗岩、高岭土和耐火黏土等。本次资源承载能力评价对3种非金属矿产进行了资源承载能力评价，其中由于资源量不明和矿山规模与最低服务年限标准不明，未对建筑用花岗岩、高岭土和耐火黏土进行评价。整体而言，中山市非金属矿产资源种类较少，资源量也较少，承载状态为超载。

江门市非金属矿产种类较多，资源量相对较多，该区非金属矿主要有水泥灰岩、玻璃砂、高岭土、白云岩、钾钠长石、铸型用砂、饰面用花岗岩和建筑用花岗岩等，其中优势矿产有水泥灰岩、白云岩、钾长石、建筑用花岗岩、饰面用花岗岩。本次资源承载能力评价对9种非金属矿产进行了资源承载能力评价，其中由于资源量不明和矿山规模与最低服务年限标准不明，未对玻璃砂矿、白云岩、钾长石、钠长石等进行评价。其他5项评价中，高岭土1项均衡，水泥用灰岩、饰面用花岗岩、饰面用辉绿岩、建筑用花岗岩4项盈余。整体而言，江门市非金属矿产资源种类较多，优势矿产资源量相对较多，承载状态为盈余。

## 4.3.3 黑色金属矿产资源承载能力评价

珠江三角洲经济区各类型铁矿储量约为2000余万吨，相对于广东省2014年工业生产粗钢及钢材$5157.54\times10^4$t，进口铁矿砂及其精矿$1865.61\times10^4$t，进口钢材$454.11\times10^4$t而言，铁矿对于珠江三角洲经济区九地市经济发展缺乏承载能力，造成了能源矿产超载的目前现状（表4-3-4）。

表 4-3-4　珠江三角洲经济区黑色金属承载能力评价表

| 各地(市) | 矿种 | 黑色金属矿产资源 | | 最低开采规模 | 开采强度 | 承载状态 |
|---|---|---|---|---|---|---|
| | | 矿产地(处) | 资源量($10^4$t) | | | |
| 广州市 | 铁矿 | 1 | 13.70 | 小型 | 2.74 | 超载 |
| 佛山市 | 铁矿 | 12 | / | / | / | / |
| | 锰矿 | 2 | 199 | 小型 | 19.9 | 超载 |
| | 硫铁 | 2 | 3.6 | 小型 | 0.36 | 超载 |
| 肇庆市 | 铁矿 | 47 | 4033.31 | 中小型 | 17.16 | 超载 |
| 深圳市 | 铁矿 | 1 | / | 小型 | / | / |
| 东莞市 | 铁矿 | 1 | / | / | / | / |
| 惠州市 | 铁矿 | 22 | 2600 | 中型 | 23.63 | 均衡 |
| 珠海市 | 铁矿 | 11 | 83 | 小型 | 1.51 | 超载 |
| 中山市 | 铁矿 | / | / | / | / | / |
| 江门市 | 铁矿 | 1 | 50 | 小型 | 10.00 | 超载 |

表中均采用坑采标准。

珠江三角洲经济区黑色金属以铁矿为主,局部可见锰,矿产种类较少,资源量相对较少。本次资源承载能力评价对珠江三角洲经济区黑色金属矿产进行了资源承载能力评价,其中由于资源量不明,未对佛山市、深圳市、东莞市、中山市的铁矿资源量进行评价。其他5个地市铁资源量评价中,肇庆市、惠州市2个市铁资源承载状态为均衡,广州市、珠海市、江门市铁资源承载状态为超载,佛山市锰、硫铁资源承载状态为超载。整体而言,珠江三角洲经济区黑色金属资源种类少,资源量也较少,承载能力处于超载的状态。

## 4.3.4　有色及稀有金属矿产资源承载能力评价

珠江三角洲经济区有色金属以铜钼、铅锌、钨、锡、锑、锰、金银、稀土等为主,矿产地较为分散(表4-3-5)。

广州市有色及稀有金属矿产资源丰富,有色及稀有金属矿产以钨锡矿、铌铁矿(钽铌铁矿)、铜钼矿、铷矿、稀土矿等为主。本次资源承载能力评价对7种有色金属矿产进行了资源承载能力评价,其中由于矿山规模及最低服务年限标准不明,未对锡和铷进行评价,其他5项评价中,铌铁(钽铌铁)1项盈余,钨、铜、钼、稀土4项超载。整体而言,广州市非金属矿产资源承载能力处于超载的状态。

佛山市有色及稀有金属矿产资源丰富,有色及稀有金属矿产以铅锌、钨、锡、钼、金、银、铌钽、锂、稀土等为主。本次资源承载能力评价对10种有色金属矿产进行了资源承载能力评价,其中由于矿山规模及最低服务年限标准不明,未对钨、锡、钼、金、铌钽和锂进行评价,其他4项评价中,银1项盈余,铅锌、铜、稀土3项超载。整体而言,佛山市有色及稀有金属矿产资源承载能力处于超载的状态。

肇庆市有色及稀有金属矿产资源丰富,有色及稀有金属矿产以铌钽、金、铁、铋、钼、锡、铜、钨和稀土等为主。本次资源承载能力评价对5种有色金属矿产进行了资源承载能力评价,其中由于矿山规模及最低服务年限标准不明,未对铌钽、钨铋和磷钇矿进行评价,其他2项评价中,金、钼2项超载。整体而言,肇庆市有色及稀有金属矿产资源承载能力处于超载的状态。

表 4-3-5 珠江三角洲经济区有色及稀有金属矿产资源量及承载状态一览表

| 各地(市) | 矿种 | 有色及稀有金属矿产资源 | | 最低开采规模 | 开采强度 | 承载状态 |
|---|---|---|---|---|---|---|
| | | 矿产地(处) | 资源量(t) | | | |
| 广州市 | 钨 | 2 | 1240 | 小型 | 0.02 | 超载 |
| | 锡 | 4 | 1742.30 | / | / | / |
| | 铌铁、钽铌铁 | 6 | 8718 | 大型 | 43.59 | 盈余 |
| | 铜 | 1 | 2881.33 | 小型 | 0.10 | 超载 |
| | 钼 | 1 | 3118.33 | 小型 | 0.10 | 超载 |
| | 铷 | 1 | 120 000 | 特大型 | / | / |
| | 稀土 | 3 | 2537.60 | 小型 | 0.03 | 超载 |
| 佛山市 | 铅锌 | 6 | 1 381 970 | 大型 | 1.38 | 超载 |
| | 铜 | 1 | 86 907 | 小型 | 2.90 | 超载 |
| | 钨 | 2 | / | / | / | / |
| | 锡 | 1 | / | / | / | / |
| | 钼 | 1 | / | / | / | / |
| | 金 | 3 | / | / | / | / |
| | 银 | 5 | 6997 | 大型 | 233.23 | 盈余 |
| | 铌钽 | 2 | / | / | / | / |
| | 锂 | 2 | / | / | / | / |
| | 稀土 | 1 | 241 000 | 小型 | 2.41 | 超载 |
| 肇庆市 | 铜 | 1 | 979 800 | 大型 | 0.98 | 超载 |
| | 铌钽 | 10 | 2069.08 | / | / | / |
| | 金 | 35 | 55.12 | 大型 | 3.68 | 超载 |
| | 钨铋 | 11 | 5155 | / | / | / |
| | 钼 | 1 | 87 900 | 小型 | 2.93 | 超载 |
| | 磷钇矿 | 3 | 4927 | 中小型 | | |
| 深圳市 | 铅锌 | 1 | / | 小型 | | |
| | 钨 | 1 | / | 小型 | | |
| 东莞市 | 锡 | 2 | / | / | / | / |
| | 钛铁 | 1 | / | / | / | / |
| | 铜 | / | / | / | / | / |
| | 铅 | / | / | / | / | / |
| | 钴 | / | / | / | / | / |
| | 金 | / | / | / | / | / |
| 惠州市 | 铅锌 | 3 | 1 000 000 | 中型 | 3.33 | 超载 |
| | 铌钽 | 12 | 80 000 | 中小型 | / | / |

续表 4-3-5

| 各地(市) | 矿种 | 有色及稀有金属矿产资源 | | 最低开采规模 | 开采强度 | 承载状态 |
|---|---|---|---|---|---|---|
| | | 矿产地(处) | 资源量(t) | | | |
| 珠海市 | 钨 | 9 | 60 000 | 小型 | 1.2 | 超载 |
| | 金银 | 3 | 5000 | 小型 | 0.17 | 超载 |
| | 稀土 | 4 | / | / | / | / |
| 中山市 | 钨 | / | / | / | / | / |
| | 锡 | / | / | / | / | / |
| 江门市 | 锡 | 18 | 13 000 | 中型 | 0.43 | 超载 |
| | 钨 | 26 | 1530 | 小型 | 0.03 | 超载 |
| | 铍 | 34 | / | / | / | / |
| | 独居石、锆石、石英砂 | 7 | 20 000 | 大型 | / | / |
| | 稀土 | 1 | / | 中型 | / | / |

深圳市有色及稀有金属矿产资源种类较少，资源量也较少，有色及稀有金属矿产以铅锌和钨等为主。本次资源承载能力评价对 2 种有色金属矿产进行了资源承载能力评价，其中由于矿山规模及最低服务年限标准不明，未对铌钽、钨铋和磷钇矿进行评价。整体而言，深圳市有色及稀有金属矿产资源承载能力处于超载的状态。

东莞市有色及稀有金属矿产资源种类较少，矿产地规模较小，资源量也不多，金属矿产十分短缺，有色及稀有金属矿产以锡和钛铁等为主。本次资源承载能力评价对 6 种有色金属矿产进行了资源承载能力评价，其中由于矿山规模及最低服务年限标准不明，未对锡、钛铁、铜、铅、钴、金等进行评价。整体而言，东莞市有色及稀有金属矿产资源承载能力处于超载的状态。

惠州市有色及稀有金属矿产资源种类较多，资源量也较多，有色及稀有金属矿产以铅锌、铌钽等为主。本次资源承载能力评价对 2 种有色及稀有金属矿产进行了资源承载能力评价，其中由于矿山规模及最低服务年限标准不明，未对铌钽进行评价。其他 1 项评价中，铅锌 1 项超载。整体而言，惠州市有色及稀有金属矿产资源承载能力处于超载的状态。

珠海市有色及稀有金属矿产资源种类较少，资源量也较少，有色及稀有金属矿产以钨、金银、稀土等为主。本次资源承载能力评价对 3 种有色及稀有金属矿产进行了资源承载能力评价，其中由于矿山规模及最低服务年限标准不明，未对稀土进行评价。其他 2 项评价中，钨和金银 2 项超载。整体而言，珠海市有色及稀有金属矿产资源承载能力处于超载的状态。

中山市有色及稀有金属矿产资源种类较少，资源量也较少，有色金属矿产以钨、锡等为主。本次资源承载能力评价对 2 种有色及稀有金属矿产进行了资源承载能力评价，其中由于资源量不明，未对钨、锡进行评价。整体而言，中山市有色及稀有金属矿产资源承载能力处于超载的状态。

江门市有色及稀有金属矿产资源种类较多，资源量也较多，有色及稀有金属矿产以钨、锡、铍、独居石锆石英砂、稀土等为主。本次资源承载能力评价对 5 种有色及稀有金属矿产进行了资源承载能力评价，其中由于资源量不明，未对铍、独居石、锆石、石英砂、稀土进行评价。整体而言，江门市有色及稀有金属矿产资源承载能力处于超载的状态。

珠江三角洲经济区有色及稀有金属矿产资源种类丰富，资源量较大，矿产地分布较为分散。在本次评价中，多数有色及稀有金属矿产承载状态为超载。

### 4.3.5 水气矿产

珠江三角洲经济区水气矿产以矿泉水、地下水、地下肥水、二氧化碳气、氦气等为主。珠江三角洲经济区水气矿产资源较为丰富,在承载能力评价中状态为盈余。深圳市地下水总储存量为 $10.34\times 10^8 m^3$,理论上可开采量 $1.92\times 10^8 m^3/a$,实际上极限开采量 $0.60\times 10^8 m^3/a$,其开采强度为17.23,属于超载状态(表4-3-6)。

表4-3-6 珠江三角洲经济区水气矿产资源量及承载状态一览表

| 各地(市) | 矿种 | 黑色金属矿产资源 | | 最低开采规模 | 开采强度 | 承载状态 |
|---|---|---|---|---|---|---|
| | | 矿产地(处) | 资源量 | | | |
| 广州市 | 矿泉水 | 18 | 8348m³/d | 大型 | — | 盈余 |
| | 地下水 | / | / | / | / | / |
| 佛山市 | 矿泉水 | 12 | 4306m³/d | 大型 | — | 盈余 |
| | 地下水(供水地) | 6 | 50.20×10⁴m³/d | 大型 | — | 盈余 |
| | 地下肥水 | 1 | 130.7×10⁴m³/d | 大型 | — | 盈余 |
| | 二氧化碳气 | 7 | 8×10⁸m³ | 小型 | — | 盈余 |
| | 氦气 | 4 | / | / | / | / |
| 肇庆市 | 矿泉水 | 13 | 3119m³/d | 中型 | — | 盈余 |
| | 地下水(供水地) | 5 | 24.277×10⁸m³ | 中型 | — | 盈余 |
| 深圳市 | 地下水 | / | 10.34×10⁸m³ | / | 17.23 | 超载 |
| | 矿泉水 | 11 | / | / | / | / |
| 东莞市 | 矿泉水 | 11 | 1522.5m³/d | 小型 | — | 盈余 |
| 惠州市 | 矿泉水 | 16 | 3728m³/d | 小型 | — | 盈余 |
| 珠海市 | 矿泉水 | 13 | 1804m³/d | 中型 | — | 盈余 |
| 中山市 | 地下水(供水地) | 21 | 20×10⁴m³/d | / | / | 盈余 |
| | 地下水(供水地) | / | / | / | / | / |
| 江门市 | 矿泉水 | 20 | 3391.5m³/d | 小型 | / | 盈余 |
| | 常温饮用地下水 | 33 | 16 152m³/d | / | / | 盈余 |
| | 浅层沼气 | 1 | 35 298 m³ | / | / | / |

从表4-3-7可以得到,通过承载能力评价共计算出84个珠江三角洲经济区各地市、各种类矿产资源的承载状态,其中承载超载状态的有9个地市的33种矿产资源,承载均衡状态的有3个地市的9种矿产资源,承载盈余状态的有9个地市的42种矿产资源。从整体上来看,珠江三角洲经济区的矿产资源承载呈现均衡状态,尤其是优势矿产资源如非金属矿产、水气矿产、地热等资源的承载状态为盈余,但是煤、石油、天然气能源矿产与有色及稀有金属等资源的承载状态为均衡—超载。就组团来看,广佛肇组团共有25项矿产资源承载盈余,优于深莞惠组团和珠中江组团。

### 4.3.6 承载能力评价结果

根据资源储量、开发利用程度及资源潜力等因素分析,珠江三角洲经济区矿产资源承载能力评价结果见表4-3-7及附图7。

**表4-3-7 承载状态评价结果一览表**

| 地(市) | 矿产资源承载状态 | | |
|---|---|---|---|
| | 超载 | 均衡 | 盈余 |
| 广州市 | 萤石、铁矿、钨、铜、钼、稀土 | | 地热、水泥用灰岩、硝盐、大理岩、瓷土、建筑用花岗岩、铌铁(铌钽铁)、矿泉水 |
| 佛山市 | 煤炭、磷矿、砖瓦用黏土、锰、硫铁、铅锌、铜、稀土 | 泥炭、水泥用灰岩、膨润土 | 地热、岩盐、石膏、饰面用辉绿岩、银、矿泉水、地下水(供水地)、地下肥水、二氧化碳气 |
| 肇庆市 | 泥炭、水泥用灰岩、磷矿、铁、铜、金、钼 | | 煤炭、地热、石膏(含硬石膏)、饰面用花岗岩、建筑用花岗岩、瓷土、矿泉水、地下水(供水地) |
| 深圳市 | 地下水(供水地) | | 地热 |
| 东莞市 | 泥炭 | | 建筑用花岗岩、矿泉水 |
| 惠州市 | 铅锌 | 煤炭、铁 | 地热、水泥用灰岩、矿泉水 |
| 珠海市 | 砖瓦用黏土、铁、钨、金银 | | 地热、矿泉水、地下水(供水地) |
| 中山市 | 泥炭 | | 地热 |
| 江门市 | 泥炭、铁、钨、锡 | 煤炭、水泥用灰岩、高岭土 | 地热、饰面用花岗岩、饰面用辉绿岩、建筑用花岗岩、矿泉水、地下水(供水地) |
| 总计(种) | 33 | 9 | 42 |

(1)本次承载状态评价总计计算珠江三角洲经济区九地市172种各类矿产资源,计算出84个承载状态,另有88个承载状态由于评价标准及资源量不明未得到。其中承载超载状态的有9个地市的33种矿产资源,承载均衡状态的有3个地市的9种矿产资源,承载盈余状态的有9个地市的42种矿产资源。从整体上来看,珠江三角洲经济区的矿产资源承载呈现均衡状态。广佛肇组团共有25项矿产资源承载盈余,优于深莞惠组团和珠中江组团。

(2)珠江三角洲经济区能源矿产缺乏;非金属矿产种类丰富,分布广泛,资源量大;黑色金属资源量有一定规模;有色及稀有金属在珠江三角洲周边地区,尤其是肇庆市、惠州市、江门市、佛山市等;地热资源及矿泉水在整个地区都有分布,且资源量较大。

(3)非金属矿产如建筑用石材(花岗岩、大理岩、辉绿岩等)、饰面用石材(大理岩、辉绿岩等)、水泥用灰岩(溶剂用灰岩等)、地热、矿泉水、高岭土、耐火黏土、岩盐、石膏等,分布广泛,储量巨大,作为珠江三角洲经济区的优势矿种,在本次承载能力评价中,大多处于盈余状态,部分为均衡状态,非金属矿产资源承载状态为均衡—盈余。

(4)特色矿种如广州市的铷和霞石正长岩,佛山市的高岭土、锰和黄玉,肇庆市的铜钼、铁和砚石,惠州市的铌钽、玻璃用砂和压电水晶,江门的独居石和玻璃用砂,深圳市的蓝晶石等,多数矿种在承载能力评价中处于均衡—盈余状态,部分矿种由于储量过于稀少而处于超载状态,特色矿种的矿产资源承载状态为均衡。

(5)在矿产资源类别中单矿种承载能力均衡—盈余的地区可以建议规划为勘查开发基地:一是肇庆市有色及贵金属资源勘查开发基地;二是惠州稀有及非金属资源勘查开发基地;三是江门-佛山-珠海地热勘查开发基地;四是广州-佛山-肇庆非金属资源勘查开发基地。

## 4.4 矿产资源开采引发的环境地质问题

珠江三角洲经济区社会经济的高速发展所带来的大量工程建设需要巨量的矿产资源予以支撑。巨量的建设用原材料(包括石材非金属矿产、黑色金属、有色金属等)等大都由外围城镇地带(尤其是平原与山区的过渡地带)供给,导致这些地带成为各类资源开采场最密集、生态环境破坏最严重、环境地质问题最多和最集中的区域。珠江三角洲经济区的周边,尤其是矿产资源最丰富的地区内,在连续开采石灰石、花岗岩、高岭土以及铁矿、金银矿、石膏矿等矿产资源的背景下,引发了诸多的环境地质问题。

### 4.4.1 露天采矿引发的环境地质问题

(1)占用耕地、破坏生态环境。露采中需要大量的剥离表土,矿产品及尾矿堆放、修建厂房和道路均需要占用大量的土地和摧毁林地,不仅人为改变了地形地貌形态、破坏地表植被和地貌景观,而且破坏了原始的生态平衡,使地质环境趋于恶化。

(2)引发水土流失,淤积河道、水库,毁坏农作物。引发水土流失主要包括开采面创伤(包括采矿面和修公路)增加暴雨冲刷面造成的砂土流失及排(堆)土场松散的弃土、废渣流失两种情况。流失的砂土、石块淤积于附近河沟,造成河床淤高和洪涝灾害;淤积于农田耕地,形成矿山荒地,轻者造成农作物减产,重者土地沙化不能耕种或荒芜,淤积于山塘水库造成库容减少,甚至失去使用功能。

(3)粉尘飞扬,对周围环境造成较大的影响。据调查,该区几乎所有的花岗岩岩石场都采用机械进行碎石加工,许多采煤场要将所采的劣质煤就地焚烧,制成水泥生产使用的熟料(煤渣),焚煤、爆破作业、加工、装载运输过程中产生了大量随风飘散的粉尘和弥漫的煤烟,不仅造成大气污染,而且严重影响周围人群的身体健康和农作物的正常生长。

(4)边坡失稳,安全隐患多。在经济利益的驱动下,矿山为了"少征地、多采矿",不断向纵深方向发展,形成陡峭的边坡,导致安全隐患。

### 4.4.2 深坑及井下采矿引发的环境地质问题

(1)地下水位下降。深坑或地下采矿过程中通常都要进行疏干排水,随着矿山开采深度的增加和时间的推移,矿坑一带的地下水水位不断地下降,影响范围也逐渐扩大,最终形成以开采区为中心的地下水下降漏斗。地下水下降漏斗的形成,往往导致矿山影响范围内出现地面塌陷、开采井(民井、机井等)水位下降,而出现干涸和机井水泵悬空、房地裂等一系列环境地质问题。

(2)地面塌陷及房屋裂缝。地下开采的矿山,常因采空区疏干,上覆岩土冒落造成地表发生一定程度的变形破坏。据调查,在隐伏岩溶区采矿常表现为地面塌陷,非岩溶区则表现为地面沉陷或沉降;通常发生地面沉(塌)陷时,矿山影响范围内的房屋均出现一定程度的墙体裂缝现象,严重时在边缘地带局部出现地裂缝。该区引发地面沉(塌)陷的主要因素包括地下开采石膏矿、地下(深坑)开采碳酸盐类岩矿。

### 4.4.3 河道采砂引发的环境地质问题

河道采砂虽然可为经济区的发展和城市建设提供建筑砂料,但也可使珠江三角洲大部分河道由淤浅堵塞变为下切通畅和洪水位降低、河道行洪能力有所加强、航道水深亦有所增加和减少航道浅滩疏浚工程量。无序开采,尤其是近十多年来由超量开采河沙资源造成河床下切引发的防洪堤围和桥梁基础破坏、江岸坍塌、咸潮入侵影响供水等一系列环境地质问题,直接影响了该区人民的正常生活和生命财产安全,一定程度上对该区社会经济的可持续发展构成威胁。

江岸坍塌一般与附近或下游河道过量采砂导致河床坡度增加、水流速度加快等因素作用有关,大多发生于江河转弯的冲刷岸,具体位置多为运输船只频繁往来的渡口、码头,以力学强度低和凝聚力小沙土岸为主。此外,因河道采砂导致河水流速加快和侧蚀作用加强,江河两岸小崩塌时有发生,使负担着保卫人民生命财产安全使命的东江大堤、西江大堤、北江大堤等江河堤围受到较大的威胁。

河道采砂造成珠江河网区河床普遍下切,河床下切导致江河水位普遍下降。由于过量采砂,珠江河网河床已由过去普遍缓慢淤积转为普遍快速冲刷,河床年均冲刷深度$-0.02\sim-0.3$m,其中北江网河区东平水道河口——紫洞1990—1994年平均冲刷深度最大达$-0.44$m,只有珠江河口(潭江水道下段、洪奇门下段)变为轻微的淤积;无序采砂已经引起珠江河网区河水位的大幅变化,目前的河水位已由20世纪70年代前的上升转变为普遍下降,三水站平均水位20世纪90年代末期比初期同级流量水位下降了1.9~2.3m,马口站下降了1.1m。

河水位下降也是咸潮上溯的诱因之一。河床下切、河床坡降变小、水位下降增加了三角洲河网区河道的进潮能力,使咸潮沿河道往上游深入、咸潮线不断上移,不仅加重河口地带土地盐渍化和影响潮灌潮排区农业生产,而且直接影响珠江口两岸城市供水厂的水源水质和正常供水。随着三角洲地区咸潮线不断上移,受咸潮上溯的影响、频率也在逐年增加,危害越来越严重,影响范围也越来越大。

### 4.4.4 矿山"三废"污染

矿山排放的废水主要来源于金银矿、铜矿、铅锌矿、铁矿、萤石矿、高岭土矿、煤矿等。据调查,该区矿山多为小型企业或个体私营业主开采,大部分环保意识薄弱、采选设备简陋,采用急功近利和采富弃贫的开采方式,矿山废水一般都未经处理就直接排放,以致对矿山附近的水土环境造成较大的污染。其污染类型主要有酸性水及铁质水污染、高氟水污染、悬浮物污染、氰化物污染等。这些矿山"三废"污染造成的严重水土环境污染,影响到饮水安全,造成土壤板结和农作物减产。

## 4.5 矿产资源对本地社会经济发展保障程度分析

矿产资源是人类生存、社会发展和文明进步不可缺少的重要物质基础,而且已构成影响国家工业化和现代化的一个根本性制约因素,对国家发展起到重要的推动作用。据统计,国民经济发展中95%的能源和80%的工业原材料都来自矿物资源。仅在1998—2008年的10年间,我国的GDP就从8.5万亿元增长到了22.3万亿元(2000年价格),年均增长率超过10%;与此同时,资源和能源消耗也跟随GDP快速增长,例如能源消耗从1998年的$14\times10^8$t(实物量)增长到了2008年的$33\times10^8$t,年均增长近9%,珠江三角洲经济区也毫不例外。

2014年,广东省天然原油产量为$1245.39\times10^4$t,原油加工量为$4742.99\times10^4$t,成品油消耗量约为$2370\times10^4$t,工业生产乙烯$239.74\times10^4$t,不足部分由进口原油及成品油$2069.99\times10^4$t及成品油输送管道(外省)调入解决。进口煤及褐煤$4498\times10^4$t,缺口约为$1\times10^8$t,不足部分由外省调入。进口铁矿砂及其精矿$1865.61\times10^4$t,工业生产粗钢及钢材$5157.54\times10^4$t,进口钢材$454.11\times10^4$t,出口钢材$342.27\times10^4$t。有色金属类中,进口未锻造的铜及铜材$75.12\times10^4$t,进口氧化铝$90.77\times10^4$t,工业产品产出有色金属$39.51\times10^4$t,其中精炼铜(电解铜)$12.89\times10^4$t(表4-5-1)。

据了解,广东省2011年煤炭消费总量为$18\,439\times10^4$t,根据珠江三角洲经济区的生产总值和大气污染物排放量在广东省占比80%估算,2011年珠江三角洲经济区煤炭消费量约为$14\,751\times10^4$t。根据广东省政府印发的《珠江三角洲清洁空气行动计划——第二阶段(2013—2015年)实施方案》要求,2015年底,珠江三角洲经济区煤炭消费总量控制在$1.6\times10^8$t以内。

表4-5-1　2014年广东省主要商品进口数量、金额及增长速度

| 商品名称 | 数量($10^4$ t) | 比上年增长(%) | 金额(亿美元) | 比上年增长(%) |
|---|---|---|---|---|
| 铁矿砂及其精矿 | 1865.61 | 45.5 | 18.15 | 10.3 |
| 氧化铝 | 90.77 | 28.8 | 3.39 | 28.4 |
| 原油 | 1784.16 | 25.8 | 132.56 | 20.9 |
| 成品油 | 285.83 | -50.4 | 22.69 | -50.7 |
| 钢材 | 454.11 | -3.7 | 47.50 | -3.9 |
| 未锻造的铜及铜材 | 75.12 | -14.6 | 60.60 | -15.5 |

珠江三角洲经济区内虽然油气资源缺乏，但已规划或建设完成相应重大基础设施，来保障珠江三角洲经济区经济建设和社会发展。进入21世纪，广东也顺应国际产业转移的大形势，建设沿海石化产业带，在沿海地区集中布局建设5个石化基地：惠州大亚湾石化区、茂湛沿海重化产业带、广州石化基地、珠海崖门口沿岸重化产业带、汕潮揭沿海化工基地，其中3个在珠江三角洲经济区内。广东省现有天然气源主要是深圳大鹏LNG接收站（$600\times10^4$ t/a）、西气东输二线（$100\times10^8$ t/a）和海上天然气源；管网方面，大鹏配套管线和广东省主干管网一期工程已建成连接珠江三角洲各市的输气主干管网。珠江三角洲经济区成品油管道工程已于2006年建成投入运营，西起湛江三岭山油库，途经茂名、佛山、广州等地市，东抵深圳大鹏湾和惠州大亚湾，覆盖珠江三角洲地区，全长约1150km，其与华南管网所辖的另一条管道（西南成品油管道）先后建成，增强中国南方油品供应保障能力和市场调控能力。

从广东省石油燃气协会、广东省石油学会等单位发布的2014年成品油市场分析及2015年趋势研究报告中获悉：预计2015年广东省能源消费量增幅继续保持在4%～5%增幅，成品油消费量预测增幅在0～1%。由此测算2015年广东省成品油消费量约$2380\times10^4$ t，增加$10\times10^4$ t，增长0.4%。2015年广东省将再建成四大LNG接收站，分别是粤东LNG接收项目（$200\times10^4$ t/a）、粤西LNG接收项目（$200\times10^4$ t/a）、深圳迭福LNG接收项目（$300\times10^4$ t/a）和中石油深圳LNG调峰站（$300\times10^4$ t/a），天然气供气能力再提高$1000\times10^4$ t/a，新增供应能力约占全省能源消费总量的8%。广东油气商会则预计，2015年广东省天然气需求为$430\times10^8$ m³，2020年达到$600\times10^8$ m³（表4-5-2）。该商会分析，广东省天然气需求增长主要集中在三方面，西气东输二线供应增加，大型LNG接收站相继投入使用，将有力刺激下游需求增长。此外，工业、交通运输业、天然气分布式能源的需求增长迅速。随着天然气管网建设的推进，天然气利用将在全省范围内推开。预计2015年广东天然气消费81%在珠江三角洲。

从上面可以看出，珠江三角洲经济区矿产储量较小，对于经济发展所必需的能源矿产资源和建材、冶金等的矿产资源，需要从外地甚至国外进口。尤其是部分大宗能源矿产和急需矿产如煤、石油、天然气、铁及有色金属等资源不足，严重短缺。

## 4.5.1　重要矿产品的总量保障不足

珠江三角洲经济区人口众多，大部分矿产资源的人均拥有量均低于世界平均水平，与发达国家相比就更低。各种重要矿产品的总量，尤其是能源矿产及有色金属矿产等资源严重不足，难以支持经济社会的高速发展。

## 4.5.2　资源结构性矛盾突出

资源结构性矛盾突出，大宗矿产资源的对外依存度将进一步上升。本地区内优势矿种及特色矿种由于资源量及特点的优势，不断增加流出，满足全国乃至全球的消费需求。同时，个别优势矿产的粗放开发逐步引发优势的丧失且小珠江三角洲核心区内已全面禁采，甚至在未来几年也面临资源保障能力

不足的问题。而另一方面,石油、铁矿石、铝土矿、铜矿石、铀等大宗商品的供需矛盾进一步突出。从供给端来看,珠江三角洲经济区内大宗矿产资源储量不足的现实状况,矿产资源的勘探开发水平在短期内难以有大的提升,资源的利用效率水平相对较低等多种因素,决定了区内资源的供给能力不可能短期内有较大的提升。同时,随着社会经济的不断高速发展和资源消费迅速增加的趋势持续增强,因此,继续加大进口,依靠国际资源的态势不会改变,即矿产资源的对外依存度将进一步上升,并且这种上升态势正从少量矿种向全面发展。

表 4-5-2 2014 年主要工业产品产量及其增长速度

| 产品名称 | 计量单位 | 产量 | 比上年增长(%) |
| --- | --- | --- | --- |
| 天然原油 | $10^4$ t | 1245.39 | -3.6 |
| 原油加工量 | $10^4$ t | 4742.99 | 0.8 |
| 硫酸(折100%) | $10^4$ t | 278.18 | -1.7 |
| 纯碱(折100%) | $10^4$ t | 60.17 | -0.9 |
| 烧碱(折100%) | $10^4$ t | 32.72 | 1.0 |
| 乙烯 | $10^4$ t | 239.74 | 0.6 |
| 化肥(折100%) | $10^4$ t | 57.50 | 27.3 |
| 粗钢 | $10^4$ t | 1710.39 | 1.7 |
| 钢材 | $10^4$ t | 3447.15 | 2.8 |
| 10 种有色金属 | $10^4$ t | 39.51 | -11.4 |
| 精炼铜(电解铜) | $10^4$ t | 12.89 | 2.8 |
| 水泥 | $10^4$ t | 14 737.37 | 12.8 |
| 民用钢质船舶 | 万载重吨 | 202.17 | 8.0 |

### 4.5.3 资源的区域保障矛盾加剧

资源的区域保障矛盾加剧:资源分布与工业布局不匹配问题将变得更加突出。从区内的资源分布来看:一是资源的分布相对集中,珠江三角洲矿产品的加工消费区在小珠江三角洲的大中城市地区,而矿产富集区则多在小珠江三角洲之外大珠江三角洲的边缘地区,因而矿石或原材料需长途运输,增加了原材料的成本;二是资源分布与经济发展布局特别是工业布局不相匹配,经济发展程度较高,资源耗费量较高的区域,资源储量相对较少,资源集中带主要分布于经济相对落后的区域,因此造就了这样明显的资源差异性现象。

## 4.6 本章小结

通过对珠江三角洲经济区进行矿产资源承载状态评价,得到以下结论:
(1)珠江三角洲经济区,矿产资源类型丰富,且个别矿种资源量较大,尤以非金属矿产、部分有色及稀有金属矿产以及地热资源为主,但分布极为分散,遍布整个珠江三角洲地区。
(2)对于矿产承载状态评价采用开采强度、资源供给能力两项指标进行表征,基于两项指标评价结果进行综合评价,采用空间分析方法对3个指标评价结果进行叠加,采取就劣原则作为承载状态综合评价结果。本次评价应用各种矿床开采强度的参数,用于对九地市各种矿床的承载状态评价,使其与矿产承载状态评价相对应。主要应用了广东省主要矿产矿山最低开采规模和最低服务年限规划表内的各项指标。

(3)根据资源储量、开发利用程度及资源潜力等因素分析,珠江三角洲经济区矿产资源承载能力评价结果如下:能源矿产缺乏;非金属矿产种类丰富,分布广泛,资源量较大;黑色金属资源量有一定规模;有色及稀有金属在珠江三角洲周边地区,尤其是肇庆市、惠州市、江门市、佛山市等;地热资源及矿泉水在整个地区都有分布,且资源量较大;有资源优势且保障程度高的矿产资源承载状态为均衡—盈余;特色矿种的矿产资源承载状态为均衡状态;在矿产资源类别中单矿种承载状态均衡—盈余的地区可以建议规划为勘查开发基地。

(4)珠江三角洲经济区的周边,尤其是矿产资源最丰富的地区内,在连续开采石灰石、花岗岩、高岭土,以及铁矿、金银矿、石膏矿等矿产资源的背景下,引发了诸多的环境地质问题:露天采矿引发的环境地质问题、深坑及井下采矿引发的环境地质问题、河道采砂引发的环境地质问题、矿山"三废"污染等。

(5)珠江三角洲经济区矿产储量较小,对于经济发展所必需的能源矿产资源和建材、冶金等的矿产资源,需要从外地甚至国外进口。尤其是部分大宗能源矿产和急需矿产如煤、石油、天然气、铁及有色金属等资源不足,严重短缺。经过分析,得出影响社会经济发展的矿产资源因素是重要矿产品的总量保障不足、资源结构性矛盾突出、大宗矿产资源的对外依存度将进一步上升、资源的区域保障矛盾加剧,资源分布与工业布局不匹配问题将变得更加突出。

# §5 珠江三角洲经济区土壤环境承载力评价

## 5.1 研究区土壤环境概况

### 5.1.1 土壤类型及分布

珠江三角洲河流冲积平原及河网地带，分布的土壤以水稻土为主。土壤的分布规律与当地河流走向、微地貌、围垦范围等地区性因素及人类活动范围、方式有关。地台地区土壤主要受当地母岩控制，不同地段地层岩性不同，形成的土壤类型明显不同。

据《广东土壤》（广东省土壤普查办公室编著，1993），珠江三角洲经济区土壤共分为 13 个土类、25 个亚类、73 个土属。在 13 个土类中以赤红壤和水稻土分布面积最广，分别占陆域总面积的 44.8% 和 40.20%，其次为红壤和潮土，所占比例分别为 6.54% 和 4.77%，其他类型土壤所占比例均不足 1%（图 5-1-1）。

水稻土是评估区耕地中面积最大的一种，达 16 090.8km$^2$，主要分布于珠江三角洲冲积平原、沿河冲积平原、山间盆地和宽谷平原。母质、地形、水文和水稻土的类型关系十分密切，常常是三位一体的综合影响形成不同的水稻土类型。主要成土母质有洪冲积物、宽谷冲积洪积物、河流冲积物、三角洲冲积物和滨海沉积物。

赤红壤是本区山地和丘陵地带主要土壤资源，面积 17 931.5km$^2$。主要分布于海拔 300～450m 以下的丘陵台地，地势较低，成土母质以花岗岩为主，次有砂页岩、红色砂页岩、片（板）岩、第四系红土及石灰岩等。

除水稻土和赤红壤外，红壤的分布面积也较广，共计 2587.8km$^2$，占全区面积 6.46%，是本区林业建设的重要土壤，也是珠江三角洲经济区发展山区经济重要的土壤资源。红壤也是亚热带代表性土壤之一，位于赤红壤之上黄壤带之下，海拔 300～800m 之间，也称"山地红壤"。分布于低山山区、丘陵盆地以及河流两岸阶地上，成土母质多种多样，与赤红壤有关土层一致，主要有花岗岩、砂页岩、变质岩、红色砂砾岩、第四系红色黏土以及石灰岩风化物及其残积物等。由于地势较赤红壤高，热量条件较赤红壤差。表土层呈棕红色，土层厚度一般不超过 1m，且多碎石和母岩露头。

本区土壤类型还包括黄壤、石灰土、紫色土、粗骨土、石质土、滨海砂土、山地草甸土、潮土、酸性硫酸盐土、滨海盐土等，但分布面积很小，其面积占全区总面积的比例均在 1% 以内，零星分布在珠江三角洲经济区山地、丘陵和滨海地区。山区地带土壤具有明显垂直分带特征，一般随高度、温度、降水量变化，植物群落也发生变化。一般海拔标高大于 1000m 为山地草甸土，600～1000m 为黄壤，300～600m 为红壤，小于 300m 为赤红壤。

### 5.1.2 土壤重金属污染现状

广东省土壤污染主要出现在矿山废弃地、矿山和冶炼厂周围，污染物沉降、矿山废水灌溉导致农田受到不同程度的重金属污染。由于城市工商业活动强度大，人口稠密，废气、废水、固体废弃物量大，成

§5 珠江三角洲经济区土壤环境承载力评价

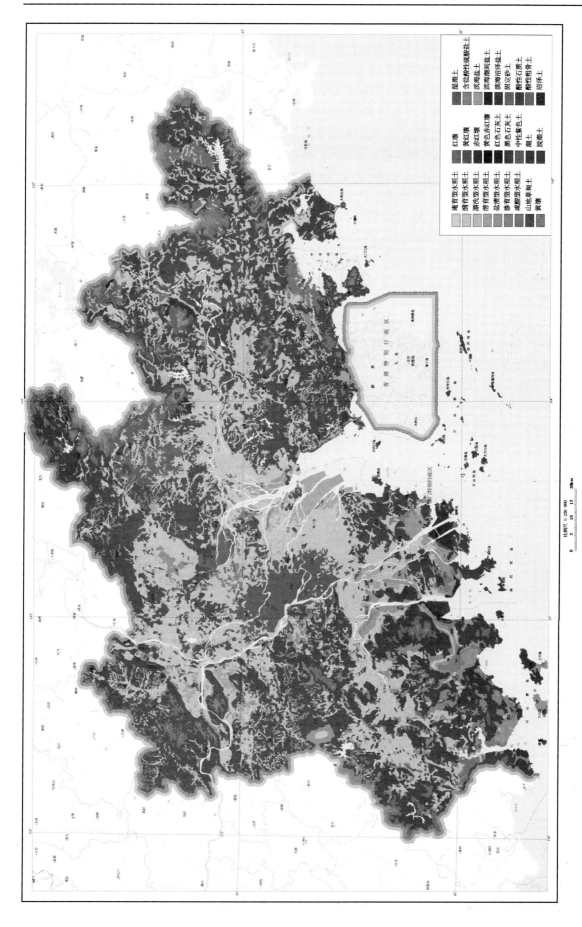

图 5-1-1 珠江三角洲经济区土壤类型示意图

分复杂,致使城市土壤污染趋势明显。从2002年起,国家环保总局开展了题为"典型区域土壤环境质量状况探查研究"的调查,这项调查是在有污染影响因素的土壤点采样,其结果显示:珠江三角洲部分城市采样点中有近40%的农田菜地土壤重金属含量超过我国土壤环境质量二级标准限值,其中10%属严重超标。珠江三角洲调查区域中重金属超标元素主要为镉、汞、砷、铜、镍。其中,土壤中汞含量明显增高,增加幅度多在70%～150%。镍在珠江三角洲地区的超标现象也比较明显,该地区某城市镍超标达到59.3%。本次调查中约有50%调查区土壤中铅含量水平明显增高,增高幅度大多在30%左右,且主要集中在珠江三角洲地区。不过,对照标准,珠江三角洲地区土壤的铅含量并未超标。研究还发现:珠江三角洲经济区企业周围土壤重金属污染呈"点"状特征;农业土壤呈现"面"污染与复合污染特征;西、北江流域土壤重金属污染比东江流域严重。

评估区表层土壤As、Cd、Cr、Pb、Hg、Ni、Cu、Zn各元素平均含量分别为$14.81\times10^{-6}$、$0.15\times10^{-6}$、$44.48\times10^{-6}$、$42.57\times10^{-6}$、$0.13\times10^{-6}$、$14.28\times10^{-6}$、$21.22\times10^{-6}$和$64.91\times10^{-6}$。与中国土壤平均含量相比,评估区土壤Hg、Pb、Cd、As表现出明显富集,富集系数(评估区平均含量与中国土壤平均含量的比值)分别为3.32、1.85、1.67和1.48,Zn、Cu、Cr、Ni则相对贫乏,富集系数分别为0.95、0.88、0.68和0.55。

以中国土壤环境质量标准为评价标准,对珠江三角洲经济区土壤重金属进行环境质量评价。综合评价结果表明(表5-1-1),评估区以一级、二级土壤为主,两类土壤分布面积分别为10 205.24km²和24 672.99km²,分别占评估区总面积的24.47%和59.17%,主要分布在珠江三角洲平原区的东、西两侧。三级和三级以上土壤面积6819.77km²,占评估区面积比例为16.35%,主要分布在珠江三角洲冲积平原区,是Cd、Hg、Cu、Pb、Zn、Cr、Ni的高含量分布区,其中Cd、As、Hg超标范围最大,超标程度也最高,因此也是本次评估优先筛选指标。

表5-1-1 珠江三角洲经济区表层土壤重金属元素分级统计表

| 指标 | 一级土壤 | | 二级土壤 | | 三级土壤 | | 三级以上土壤 | |
|---|---|---|---|---|---|---|---|---|
| | 面积(km²) | 比例(%) | 面积(km²) | 比例(%) | 面积(km²) | 比例(%) | 面积(km²) | 比例(%) |
| As | 27 241.79 | 65.3 | 11 527.63 | 27.6 | 2397.25 | 5.7 | 531.33 | 1.3 |
| Cd | 33 378.24 | 80.0 | 5104.42 | 12.2 | 3210.75 | 7.7 | 4.59 | 0.1 |
| Cr | 39 658.35 | 95.1 | 2039.65 | 4.9 | 0 | 0 | 0 | 0 |
| Cu | 35 360.41 | 84.8 | 5677.52 | 13.6 | 660.07 | 1.6 | 0 | 0 |
| Hg | 33 935.67 | 81.4 | 6439.74 | 15.4 | 1322.59 | 3.2 | 0 | 0 |
| Ni | 39 554.89 | 94.9 | 1890.40 | 4.5 | 252.71 | 0.6 | 0 | 0 |
| Pb | 17 346.39 | 41.6 | 24 309.31 | 58.3 | 42.30 | 0.1 | 0 | 0 |
| Zn | 35 267.11 | 84.6 | 6314.16 | 15.1 | 116.73 | 0.3 | 0 | 0 |
| 综合评价 | 10 205.24 | 24.47 | 24 672.99 | 59.17 | 6276.93 | 15.05 | 542.84 | 1.30 |

### 5.1.2.1 土壤镉元素环境质量

镉是评估区内超标范围最大的重金属元素(表5-1-1),其三级和三级以上土壤面积达3215.34km²,占评估区面积的7.8%,主要分布在珠江流域的北江、西江冲积平原地区(广州、佛山、江门、中山等地),其次是富含碳质的黑色岩系,受流域控制明显,平均含量为$0.15\times10^{-6}$,最高含量达$25.42\times10^{-6}$,是国家土壤环境质量标准二级标准限值($0.3\times10^{-6}$)的88倍。深层土壤高含量镉的分布范围与表层土壤大体一致,但表层土壤的强度比深层土壤要大。

各母质单元表土平均含量比较见图5-1-2,大体分为3个含量级:高含量母质包括西北江—东江海陆交互相沉积物和沿海海相沉积物两类,Cd平均含量分别为为 $359.5\times10^{-9}$ 和 $171.7\times10^{-9}$,背景含量母质包括河流冲洪积物和陆源沉积岩类,平均含量分别为 $111.8\times10^{-9}$ 和 $85.32\times10^{-9}$,其他几类成土母质含量较低,含量范围为 $(40.0\sim69.1)\times10^{-9}$。从Cd的区域分布来看,土壤Cd的高含量与三角洲沉积物质来源有明显关系。区内Cd的高含量主要沿西江、北江流域分布,呈现出区域性高含量分布特点,分布范围与第四系海陆交互沉积的桂洲组、礼乐组一致,具有地质背景控制的显著特征。其形成过程可能是珠江三角洲形成过程,由西江、北江从上游携带大量的富含Cd等物质,在三角洲地区受水动力影响而沉积形成。

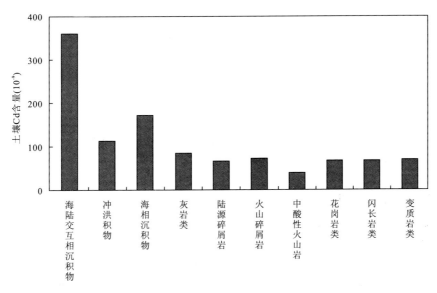

图5-1-2 不同母质土壤Cd含量分布图

上述统计数据及不同级别土壤分布特征说明,区内Cd土壤环境质量总体尚好,一级、二级土壤占调查区总面积的90%以上,但局部超标严重,对农业生产及人类健康有一定威胁。土壤环境质量主要受自然环境、地质背景控制的影响。

### 5.1.2.2 土壤砷元素环境质量

区内大部分地区土壤As环境质量较好,全区一级、二级土壤面积占92.9%,其中一级土壤 $27\ 241.79\text{km}^2$,占调查区总面积的65.3%;二级土壤分布面积 $11\ 527.63\text{km}^2$,占调查区总面积的27.6%;三级和三级以上土壤面积达 $2928.58\text{km}^2$,占评估区面积的7.0%(表5-1-1),主要分布于莲花山断裂、广从断裂和灰岩分布区,在第四纪冲积平原区也有分布,即主要分布在花都赤坭、高明富湾、深圳龙岗、惠东梁化等地区,高含量分布区主要受地质背景控制(图5-1-3),与人类经济活动也有一定关系。As在区内分布极不均匀,变异系数高达1.77,其最高含量达 $848.6\times10^{-6}$,达最低含量的2926倍之多。

As在区内的分布主要受地质背景控制。从不同成土母质土壤As含量统计结果来看,各种成土母质中,以泥质灰岩母质土壤含量最高,平均含量达 $23.07\times10^{-6}$,尤其是沿吴川-四会断裂带、广从断裂带、河源断裂带和莲花山断裂带分布有高强度的As异常,异常区内存在与断裂带分布密切相关的毒砂矿象,这些区域的As异常由地质作用引起。其次是第四系松散沉积物、变质岩、陆源碎屑岩和河流冲洪积物,平均含量在 $(10.79\sim16.49)\times10^{-6}$ 之间,闪长岩类、火山碎屑岩、中酸性火山岩、花岗岩类等火成岩属于低含量区,平均含量介于 $(4.52\sim8.25)\times10^{-6}$ 之间,各类低含量母质中又以花岗岩类母质土壤中As含量最低,仅为 $4.52\times10^{-6}$。

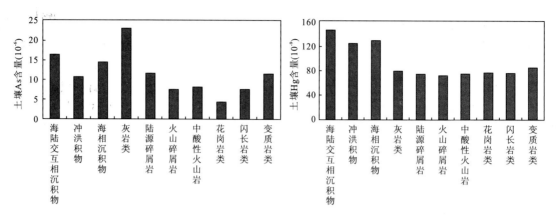

图 5-1-3　不同母质土壤 As、Hg 含量分布图

#### 5.1.2.3　土壤汞元素环境质量

Hg 土壤环境质量以一级、二级土壤为主,占调查区总面积的 96.8%,其中一级土壤面积 33 935.67km², 占调查区总面积的 81.4%;二级土壤面积 6439.74km²,占调查区总面积的 15.4%;三级土壤面积达 1322.59km²,占评估区总面积的 3.2%(表 5-1-1),主要分布在广州、佛山、江门(开平、台山和新会等地)等地区的城镇、工业区及其周边,其次分布于基岩分布区(南海龙江 $K_1 b$ 地层、开平—台山的寒武系),最高含量达 $8.75\times10^{-6}$,超过土壤环境质量标准二级标准限制($0.3\times10^{-6}$)29 倍。

从 Hg 的含量分布来看(图 5-1-3),Hg 异常主要分布于城市及其周边地区和农业种植(养殖)区,其中城市及其周边地区的土壤 Hg 高含量区与城镇规模和工业区历史有显著关系(如广州市区、佛山市区、中山市区等)。农业种植(养殖)区的土壤 Hg 高含量区(如顺德市龙山、广州市白云区钟落潭等)与地质背景关系密切。在珠江三角洲冲积平原的顺德龙山、广州黄埔等一带的残丘及其周边的 Hg 等元素异常区内,土壤重矿物分选发现辰砂与热液成因的金、雄黄、黄铁矿和重晶石等矿物伴生,辰砂呈朱红色、次棱角块状、微透明、油脂光泽,辰砂含量从残丘(观音山)至桑基鱼塘呈显著降低趋势。研究表明,在表生环境(常温常压)条件下,土壤中 HgS 转化为辰砂需要高压、碱性,温度为 190℃环境才能形成。由此判断,珠江三角洲冲积平原的残丘及其周边的土壤 Hg 高含量区是由地质作用形成的。

#### 5.1.2.4　土壤铜元素环境质量

Cu 以一级、二级土壤为主(表 5-1-1),占工作区总面积的 98.4%,其中一级土壤 35 360.41km²,占调查区总面积的 84.8%;二级土壤 5677.52km²,占调查区总面积的 13.6%;三级土壤面积为 660.07km²,占调查区面积的 1.6%,最高含量达 $1655.8\times10^{-6}$。高含量区主要分布在广州、佛山、江门、中山等地。

从区域分布来看,Cu 的分布格局主体受成土母质控制,但高含量区也叠加了人为活动的影响。Cu 高含量母质为西北江—东江海陆交互相和沿海相沉积物,尤其在西北江—东江海陆交互相分布区广佛地区含量最高(图 5-1-4)。其他几类母质土壤 Cu 含量较低,尤以中酸性火山岩和花岗岩类风化物含量最低,平均含量仅为 $5.61\times10^{-6}$ 和 $7.30\times10^{-6}$。与深层土壤铜含量分布对比发现,表层土壤铜高含量的分布范围与深层土壤大体一致,但表层土壤的强度远大于深层土壤。这表明,调查区内土壤高含量的铜除受地质背景控制外,与人类经济活动也有密切关系。

#### 5.1.2.5　土壤锌元素环境质量

Zn 分布、分配特征及土壤环境质量现状 Cu 具有相似性,一级、二级土壤面积比例相近,而三级土壤

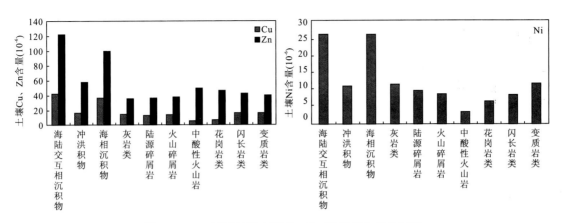

图 5-1-4 不同母质土壤 Cu、Zn、Ni 元素含量分布图

比例略低于 Zn,总面积为 116.73km²,占调查区总面积的 0.3%。从区域分布来看,Zn 的分布格局主体也是受成土母质控制,在高含量区叠加了人为活动的影响,但其影响程度远低于 Cu。Zn 高含量母质为西北江—东江海陆交互相和沿海相沉积物,尤其在西北江—东江海陆交互相分布区广佛地区含量最高,其他几类母质土壤 Zn 低含量较低,且含量差异不大,介于 $(36.17\sim57.57)\times10^{-6}$ 之间,其中以碳酸盐岩、陆源碎屑、火山碎屑岩等沉积岩母质含量最低(图 5-1-4)。

#### 5.1.2.6 土壤镍元素环境质量

Ni 一级土壤面积在各元素中仅次于 Cr,达 39 554.89km²,占调查区总面积的 94.9%,二级土壤面积为 1890.40km²,占调查区总面积的 4.5%,其分布与 Cr 二级土壤分布非常相似,主要分布在番禺(大岗、横沥)、中山(三角、港口、中山市区)、新会(大鳌、会城)、珠海(斗门)等地区;三级土壤分布较少,面积为 252.71km²,占调查区总面积的 0.6%,主要分布在番禺大岗—横沥—万顷沙一带。

从区域分布来看,Ni 的分布格局主体受成土母质控制,但高含量区也叠加了人为活动的影响。Ni 高含量母质为西北江—东江海陆交互相和沿海海相沉积物,平均含量分别为 $27.7\times10^{-6}$ 和 $27.5\times10^{-6}$,其次是变质岩风化土、碳酸盐岩、冲洪积物和陆源碎屑,平均含量介于 $(10.2\sim12.47)\times10^{-6}$ 之间,火山碎屑岩、闪长岩、花岗岩和中酸性火山岩母质土壤含量较低,平均含量均低于 $10\times10^{-6}$,尤其以中酸性火山岩含量最低,平均含量仅为 $3.71\times10^{-6}$(图 5-1-4)。

#### 5.1.2.7 土壤铅元素环境质量

Pb 以二级土壤为主,分布面积达 24 309.31km²,占调查区总面积的 58.3%,所占比例为各元素中最高;其次是一级土壤,分布面积为 17 346.39km²,占调查区总面积的 41.6%,这与其他重金属元素显著不同;三级土壤仅 42.30km²,占调查区总面积的 1%。从其分布来看,Pb 以海陆交互相和海相沉积物母质土壤含量最高,含量分别为 $45.24\times10^{-6}$ 和 $45\times10^{-6}$;其次是花岗岩、冲洪积物和中酸性火山岩类,含量分别为 $40.26\times10^{-6}$、$38.65\times10^{-6}$ 和 $34.45\times10^{-6}$,该类母质也是区内 Pb 异常的主要分布区,其成因可能与二长花岗岩中 U 异常密切相关,因 U 经放射性衰变可形成 Pb;其他几类母质含量介于 $(23.5\sim29.3)\times10^{-6}$ 之间,总体以沉积岩类母质土壤含量最低(图 5-1-5)。

#### 5.1.2.8 土壤铬元素环境质量

在所评价的 8 种重金属元素中,土壤 Cr 环境质量最好,其一级土壤面积达 39 658.35km²,占调查区总面积的 95.1%,其他地区也均为二级土壤。Cr 的总体分布与 Cd 有一定相似之处,也以西北江海陆交互相沉积物、海相沉积物、内源沉积岩(灰岩)为高含量,含量介于 $(66.6\sim71)\times10^{-6}$ 之间;中等含量

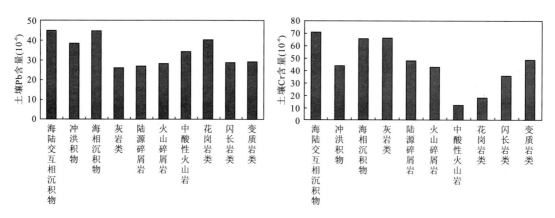

图 5-1-5 不同成土母质土壤 Pb、Cr 含量分布图

变质岩类、陆源碎屑岩、河流冲洪积物和火山碎屑岩,含量介于 $(43.2\sim49.09)\times10^{-6}$ 之间;中酸性火山岩、花岗岩和闪长岩等火成岩含量较低,尤其以火山岩含量最低,仅为 $12.3\times10^{-6}$(图 5-1-5)。

## 5.1.3 土壤农药污染现状

城市郊区长期污水灌溉与污泥施用,近十多年来广东农村广泛采用"除草剂-抛秧"的耕作方法,农业生产越来越依赖化肥的局面,使农田土壤污染呈现加强趋势(主要是有机污染物)。据广东省生态环境与土壤研究所和华南农业大学关于珠江三角洲地区部分蔬菜基地土壤有机污染的研究资料,广州、深圳等地蔬菜基地土壤中检测到半挥发性有机物(SVOCs)7 类 30 种,其中邻苯二甲酸脂(2PAEs)含量最高达 $(3.0026\sim45.6676)\times10^{-6}$,是其他化合物的几倍甚至数十倍;其他化合物的总含量在 $10\times10^{-6}$ 以下,而氯苯类、醚类和胺类的总含量均在 $5.0\times10^{-6}$ 以下;多环芳烃类(PAHs)和硝基苯类除个别样品含量较高外,绝大部分在 $5.0\times10^{-6}$ 以下,且部分化合物含量超过美国土壤控制标准(图 5-1-6)。

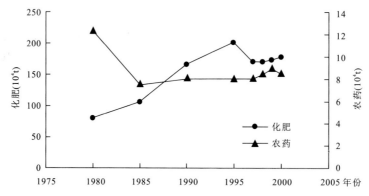

图 5-1-6 广东省近 20 年来化肥施用量及农药施用量
引自《环境污染与生态恢复》

虽然有些农药已被禁用多年(如 DDT),但在华南地区的农药土壤中仍有残留(Wong et al,2003),见表 5-1-2。

本次调查土壤有机污染具体检出组分包括邻苯二甲酸二正丁酯、邻苯二甲酸双(2-乙基己基)酯、4,4'-滴滴依、甲苯、苯并[g,h,i]芘、氯氰菊酯、4-甲基酚、苊烯、菲、荧蒽、芘、苯并[a]蒽、䓛、苯并[b]&[k]荧蒽、苯并[a]芘、茚并[1,2,3-cd]芘、4,4'-滴滴滴、酚、蒽、硫丹硫酸盐、4,4'-滴滴涕21 种(表 5-1-3)。按类别分为酞酸酯类 2 种、酚类 2 种、多环芳烃 10 种、苯系物 1 种以及有机氯农药 5 种。其中,检出率最高的是酞酸酯类中的邻苯二甲酸二正丁酯和邻苯二甲酸双（2-乙基己基）酯，其检出率均为20%，多环芳烃虽然检出组分较多，但检出率较低，表明多环芳烃的污染明显轻于酞酸酯。4,4′-滴滴依和4,4′-滴滴是4,4′-滴滴涕的降解产物，本项目土壤检测结果显示4,4′-滴滴依的检出率明显高于4,4′-滴滴涕，可能是由于4,4′-滴滴涕为禁止药物，基本上已经不做农药使用，导致土壤4,4′-滴滴涕无新的补给来源，随时间逐渐降解为4,4′-滴滴依和4,4′-滴滴，且主要降解为4,4′-滴滴依（4,4′-滴滴依检出率高于4,4′-滴滴）。

表 5-1-2　持续性有机杀虫剂在华南地区农业土壤中的含量

| 杀虫剂 | 地区 | | | |
|---|---|---|---|---|
| | 东莞 | 惠州 | 深圳光明农场 | 香港 |
| 狄氏剂 | 未检出 | 未检出 | 未检出 | <2～10.9 |
| DDE | 14.3～65.3 | 9.5～21.7 | 5.2～11.9 | 7.4～21.7 |
| DDT | 21.4～60 | 18.2～27.6 | 14.6～22.6 | 27.5～45.9 |

引自《环境污染与生态恢复》（单位：$10^{-9}$，以干重计）。

表 5-1-3　珠江三角洲经济区土壤有机检出情况

| 组分 | 样品数（个） | 检出数（个） | 检出率（%） | 组分 | 样品数（个） | 检出数（个） | 检出率（%） |
|---|---|---|---|---|---|---|---|
| 邻苯二甲酸二正丁酯 | 25 | 5 | 20 | 苯并[a]蒽 | 25 | 2 | 8 |
| 邻苯二甲酸双(2-乙基己基)酯 | 25 | 5 | 20 | 䓛 | 25 | 2 | 8 |
| 4,4′-滴滴依 | 31 | 5 | 16.1 | 苯并[b]&[k]荧蒽 | 25 | 2 | 8 |
| 甲苯 | 16 | 2 | 12.5 | 苯并[a]芘 | 25 | 2 | 8 |
| 苯并[g,h,i]苝 | 25 | 3 | 12 | 茚并[1,2,3-cd]芘 | 25 | 2 | 8 |
| 氯氰菊酯 | 31 | 3 | 9.7 | 4,4′-滴滴 | 31 | 2 | 6.5 |
| 4-甲基酚 | 25 | 2 | 8 | 酚 | 25 | 1 | 4 |
| 苊烯 | 25 | 2 | 8 | 蒽 | 25 | 1 | 4 |
| 菲 | 25 | 2 | 8 | 硫丹硫酸盐 | 31 | 1 | 3.2 |
| 荧蒽 | 25 | 2 | 8 | 4,4′-滴滴涕 | 31 | 1 | 3.2 |
| 芘 | 25 | 2 | 8 | | | | |

## 5.1.4　土壤放射性污染现状

珠江三角洲经济区土壤 U、Th 的平均值明显高于全国土壤平均值（表 5-1-4），而 $K_2O$ 则略低于全国土壤平均值。表明珠江三角洲经济区土壤中主要放射性元素区域背景含量高于全国的背景含量，反映该区辐射背景水平高于全国的辐射背景水平，与表 5-1-4 相符。同时也反映珠江三角洲地区的辐射源主要为岩石和土壤中总体上富集的 U、Ra、Th。U、Th 主要富集于侵入岩（主要为花岗岩类）区，且在侵入岩区分布变差较大；$K_2O$ 主要富集于地层区，且在地层区的分布较为均匀，特别是第四系（厚覆盖区),而在侵入岩区和地层基岩区虽总体贫化,但分布极不均匀,局部存在 $K_2O$ 显著富集,侵入岩区 $K_2O$ 最高值(6.33%)远高于第四系最高值(2.3%)便为例证。侵入岩区主要位于测区南部的珠海、中山、江门和北部的广州。

表 5-1-4 珠江三角洲经济区土壤 U、Th、$K_2O$ 含量特征

| 单元 | 样本(个) | $U(10^{-6})$ | | | $Th(10^{-6})$ | | | $K_2O(\%)$ | | |
|---|---|---|---|---|---|---|---|---|---|---|
| | | 值域 | X | CV | 值域 | X | CV | 值域 | X | CV |
| 地层基岩区 | 254 | 1.3~15.5 | 3.4 | 0.29 | 6.0~44.1 | 17.2 | 0.27 | 0.28~4.21 | 1.33 | 0.44 |
| 第四系 | 1459 | 1.7~23.0 | 4.3 | 0.28 | 5.0~71.5 | 18.9 | 0.25 | 0.36~2.30 | 2.32 | 0.11 |
| 地层区 | 1713 | 1.3~23.0 | 4.2 | 0.29 | 5.0~71.5 | 18.7 | 0.25 | 0.28~4.56 | 2.29 | 0.12 |
| 侵入岩区 | 265 | 1.7~18.6 | 6.3 | 0.31 | 12.7~98.0 | 38.6 | 0.38 | 0.16~6.33 | 1.92 | 0.51 |
| 全区 | 2601 | 1.3~23.0 | 4.4 | 0.32 | 3.6~98.0 | 19.5 | 0.28 | 0.16~6.33 | 2.09 | 0.25 |
| 广东省 | — | — | — | — | — | — | — | — | 1.25 | — |
| 中国 | — | — | 2.7 | — | — | 12.5 | — | — | 2.5 | — |

X 为算术平均值,CV 为变异系数;引自中国科学院广州地球化学研究所。

研究区所涉及的主要行政区(表 5-1-5)中,U 在佛山地区土壤的平均含量最低,东莞最高,其他行政区 U 的平均含量与东莞差别极小,在分布方面肇庆、珠海地区 U 分布变差较大;Th 在珠海地区平均含量最高,其次为中山,最低为佛山,且分布的变差也是以珠海、中山相对较大,佛山最小;$K_2O$ 在珠海、肇庆、东莞的平均含量相对较高,佛山最低,而分布变差以珠海和广州相对较大。

表 5-1-5 珠江三角洲经济区土壤 U、Th、$K_2O$ 含量特征

| 行政区 | 样本(个) | $U(10^{-6})$ | | | $Th(10^{-6})$ | | | $K_2O(\%)$ | | |
|---|---|---|---|---|---|---|---|---|---|---|
| | | 值域 | X | CV | 值域 | X | CV | 值域 | X | CV |
| 肇庆 | 118 | 1.7~11.1 | 5.04 | 0.51 | 7.8~38.4 | 19.39 | 0.37 | 1.12~3.66 | 2.26 | 0.23 |
| 广州 | 720 | 1.9~17.0 | 5.04 | 0.39 | 6.8~54.4 | 21.75 | 0.36 | 0.28~6.33 | 2.03 | 0.37 |
| 佛山 | 580 | 1.3~15.5 | 4.18 | 0.37 | 6.4~44.1 | 18.39 | 0.26 | 0.35~4.21 | 1.86 | 0.31 |
| 东莞 | 176 | 2.0~14.3 | 5.17 | 0.29 | 5.0~60.4 | 19.76 | 0.36 | 0.38~3.06 | 2.22 | 0.30 |
| 江门 | 253 | 1.3~16.1 | 4.97 | 0.34 | 6.0~58.6 | 24.43 | 0.43 | 0.16~4.63 | 2.08 | 0.30 |
| 中山 | 426 | 1.9~12.5 | 4.91 | 0.34 | 9.6~88.3 | 26.05 | 0.59 | 0.21~5.41 | 2.04 | 0.30 |
| 珠海 | 328 | 1.6~23.0 | 5.08 | 0.50 | 3.6~98.0 | 31.64 | 0.54 | 0.18~5.22 | 2.39 | 0.35 |

X 为算术平均值,CV 为变异系数;引自中国科学院广州地球化学研究所。

## 5.2 土壤环境容量测算与分析

土壤环境容量又称土壤负载容量,是一定土壤环境单元在一定时限内遵循的环境质量标准,既维持

土壤生态系统的正常结构与功能,保证农产品的生物学产量与质量,又不使环境系统污染超过土壤环境所能容纳污染物的最大负荷量。不同土壤其环境容量是不同的,同一土壤对不同污染物的容量也是不同的,这涉及到土壤的净化能力。

## 5.2.1 土壤静态容量计算方法及结果分析

土壤环境容量可以从环境容量的定义延伸为:系指土壤环境单元所容许承纳的污染物质的最大数量或负荷量。由定义可知,土壤环境容量实际上是土壤污染起始值和最大负荷量的差值。若以土壤环境标准作为土壤环境容量的最大允许极限值,则该土壤的环境容量的计算值,便是土壤环境标准值(或本底值),即土壤环境的基本容量。但在尚未制订土壤标准的情况下,环境学工作者往往通过土壤环境污染的生态效应试验研究,以拟定土壤环境所允许容纳污染物的最大限值——土壤的环境基本含量,这个量值(即土壤环境基准减去背景值)有的称之为土壤环境的静容量,相当于土壤环境的基本容量。

### 5.2.1.1 土壤静态容量数学模型

当土壤环境标准确定后,根据土壤环境容量的概念,可由下式来计算土壤静容量:

$$C_S = 10^{-6} M (C_i - C_{Bi}) \tag{5-1}$$

式中:$C_S$ 为土壤静容量($10^{-4} \text{kg/m}^2$);$M$ 为每公顷耕作层土壤重($225 \text{kg/m}^2$);$C_i$ 为某污染物的土壤环境标准($\times 10^{-6}$);$C_{Bi}$ 为某污染物的土壤背景值($\times 10^{-6}$)。

该式的关键参数是污染物的土壤环境标准。根据国家土壤环境质量标准(GB 15618—1995)中规定的各种重金属的标准值和珠江三角洲各行政区土壤重金属的背景值计算静态容量。其中,$C_i$ 采用土壤环境质量标准中的二级标准,即为保障农业生产、维护人体健康的土壤限制值。土壤环境质量标准规定的三级标准值见表5-2-1。根据珠江三角洲地区土壤pH分布,执行《土壤环境质量标准》(GB 15618—1995)中二级标准pH<6.5的标准值,具体标准值见表5-2-2。

表5-2-1 土壤环境质量标准　　　　　　　　　　单位:$\times 10^{-6}$

| 项目 | | 级别 一级 自然背景 | 二级 <6.5 | 二级 6.5～7.5 | 二级 >7.5 | 三级 >6.5 |
|---|---|---|---|---|---|---|
| 镉≤ | | 0.2 | 0.3 | 0.6 | 1 | |
| 汞≤ | | 0.15 | 30 | 0.5 | 1 | 1.5 |
| 砷 | 水田≤ | 15 | 30 | 25 | 20 | 30 |
| | 旱地≤ | 15 | 40 | 30 | 25 | 40 |
| 铜 | 农田等≤ | 35 | 50 | 100 | 100 | 400 |
| | 果园≤ | — | 150 | 200 | 200 | 400 |
| 铅≤ | | 35 | 250 | 300 | 350 | 500 |
| 铬 | 水田≤ | 90 | 250 | 300 | 350 | 400 |
| | 旱地≤ | 90 | 150 | 200 | 250 | 300 |
| 锌≤ | | 100 | 200 | 250 | 300 | 500 |
| 镍S | | 40 | 40 | 50 | 60 | 200 |
| 六六六≤ | | 0.05 | 0.5 | | | 1 |
| 滴滴涕≤ | | 0.05 | 0.5 | | | 1 |

表 5-2-2 珠江三角洲地区土壤评价标准  单位：×10⁻⁶

| 评价因子 | 砷 | 镉 | 铬 | 铜 | 汞 | 镍 | 铅 | 锌 |
|---|---|---|---|---|---|---|---|---|
| 二级标准值(pH<6.5) | 40 | 0.3 | 150 | 50 | 30 | 40 | 250 | 200 |

#### 5.2.1.2 土壤静态容量分布

根据珠江三角洲经济区各行政区的土壤重金属元素的背景值和国家土壤环境质量标准，计算出其土壤环境静态容量，具体见表 5-2-3。

表 5-2-3 珠江三角洲经济区各市土壤重金属元素静态容量  单位：10⁻⁴ kg/m²

| 区域 | 重金属静态容量 | | | | | | | |
|---|---|---|---|---|---|---|---|---|
| | As | Cd | Cr | Cu | Hg | Ni | Pb | Zn |
| 东莞 | 70.42 | 0.458 | 238.50 | 69.98 | 67.316 | 62.78 | 474.75 | 328.50 |
| 佛山 | 58.05 | 0.205 | 207.00 | 49.05 | 67.205 | 47.92 | 470.25 | 261.00 |
| 广州 | 69.75 | 0.488 | 258.75 | 84.60 | 67.264 | 69.30 | 468.00 | 319.50 |
| 惠州 | 72.90 | 0.554 | 267.75 | 88.65 | 67.324 | 71.32 | 483.75 | 348.75 |
| 江门 | 73.80 | 0.524 | 256.50 | 87.98 | 67.331 | 72.45 | 486.00 | 362.25 |
| 深圳 | 81.22 | 0.488 | 265.50 | 81.00 | 67.381 | 69.75 | 474.75 | 319.50 |
| 肇庆 | 66.82 | 0.495 | 227.25 | 79.88 | 67.291 | 64.58 | 499.50 | 353.25 |
| 中山 | 58.50 | −0.119 | 189.00 | 4.95 | 67.248 | 17.78 | 465.75 | 195.75 |
| 珠海 | 61.20 | 0.209 | 207.00 | 27.90 | 67.268 | 33.30 | 463.50 | 229.50 |

由以上数据结合珠江三角洲经济区各市土地面积数据，则可计算出各市土壤所能容许的各种重金属的最大量，结果见表 5-2-4。

表 5-2-4 珠江三角洲经济区各市土壤对不同重金属的最大静态容许量  单位：t

| 区域 | 重金属最大容许量 | | | | | | | |
|---|---|---|---|---|---|---|---|---|
| | As | Cd | Cr | Cu | Hg | Ni | Pb | Zn |
| 东莞 | 17 409.06 | 0.458 | 238.50 | 69.98 | 67.316 | 62.78 | 474.75 | 328.50 |
| 佛山 | 22 337.64 | 0.205 | 207.00 | 49.05 | 67.205 | 47.92 | 470.25 | 261.00 |
| 广州 | 50 826.82 | 0.488 | 258.75 | 84.60 | 67.264 | 69.30 | 468.00 | 319.50 |
| 惠州 | 82 785.24 | 0.554 | 267.75 | 88.65 | 67.324 | 71.32 | 483.75 | 348.75 |
| 江门 | 70 412.58 | 0.524 | 256.50 | 87.98 | 67.331 | 72.45 | 486.00 | 362.25 |
| 深圳 | 15 863.24 | 0.488 | 265.50 | 81.00 | 67.381 | 69.75 | 474.75 | 319.50 |
| 肇庆 | 99 048.02 | 0.495 | 227.25 | 79.88 | 67.291 | 64.58 | 499.50 | 353.25 |
| 中山 | 10 530.00 | −0.119 | 189.00 | 4.95 | 67.248 | 17.78 | 465.75 | 195.75 |
| 珠海 | 10 122.48 | 0.209 | 207.00 | 27.90 | 67.268 | 33.30 | 463.50 | 229.50 |

由以上分析结果可看出:珠江三角洲经济区土壤重金属元素的静态容量顺序为砷>铅>锌>铬>汞>铜>镍>镉;同种重金属在不同地区的容量不同、同一地区不同种重金属的容量也不同,这与重金属的种类、背景值、土壤环境质量执行标准、不同地区土壤的性质有关。珠江三角洲经济区9个市中,珠海、中山、深圳、东莞、佛山的土壤重金属静态容量整体较小,这些地区土壤易发生污染超标的现象,应特别注意土壤环境的保护和治理。

## 5.2.2 土壤动态容量计算方法及结果分析

元素在土壤中实际上是处于一个动态的平衡过程中。一是土壤本身含有一定的量值,即土壤背景值。这一量值是土壤成土过程中自然形成的,虽处在人为的元素循环中,但它具有自然的、相对稳定的特征。二是元素的输入是多途径的、多次性的或者连续的过程。三是输入的元素将因地下渗漏、地表径流及作物吸收而损失。这些输出部分一方面影响了土壤元素的存在,另一方面这一存在量也影响着以后的输入。由于元素在土壤中处于这种动态平衡状态,因此目前的环境学界认为,土壤环境容量应是静容量加上这部分土壤的净化量,才是土壤的全部环境容量或土壤的动容量。

### 5.2.2.1 土壤动态容量数学模型

重金属元素在土壤中的平衡方程为:

$$W(n)=W(n-1)+W_{in}(n)-W_{out}(n) \quad (n\geqslant 1) \qquad (5-2)$$

式中:$W(n)$为某一区域土壤耕作层中,几年后预期某重金属元素的总量($10^{-4}\,kg/m^2$);$W_{in}(n)$为区域土壤第$n$年该元素的纳入量($10^{-4}\,kg/m^2$);$W_{out}(n)$为区域土壤第$n$年该元素的输出量($10^{-4}\,kg/m^2$)。

为简化计算,假设每年污染元素纳入量相等,假设土壤中的元素通过各种途径的迁出量可近似地正比于土壤的元素含量。

由于动态容量一般是要到一定年限后,土壤中重金属含量达到临界值的条件下,才能计算平均每年容许进入土壤的污染元素量,所以:

$$W_{in}(1)=W_{in}(2)=\cdots=W_{in}(n)=Q_n \qquad (5-3)$$

$Q_n$为平均动态年容量($10^4\,kg/m^2 \cdot a$)。

根据第2个假设有:

$$W_{out}(n)=(1-K)[W(n-1)+Q_n] \qquad (5-4)$$
$$K=W(n)/[W(n-1)+Q_n] \qquad (5-5)$$

式中:$K$称作残留率,表示经过一年耕作后,某元素在土壤中的含量与前一年含量和当年输入量之和的比率。$K$值可经试验测定,但因影响因素复杂,一般只能提出当地条件下的均值。根据已有资料,珠江三角洲经济区的$K$值取0.9。

根据上式可有:

$$W(n)=W(0) \cdot K^n + Q_n \cdot K \cdot \frac{1-K^n}{1-K} \qquad (5-6)$$

式中:$W(0)$为观察起始年时耕作层中该元素的总量($10^4\,kg/m^2$);$n$为控制年限(a)。

上式可演化为:

$$Q_n=[W(n)-W(0) \cdot K^n] \cdot \frac{1-K}{K \cdot (1-K^n)} \qquad (5-7)$$

当规定一定年限或某个目标时,可计算区域土壤的平均动态年容量$Q_n$。

若已知每年的平均输入量,即可用上述公式计算$n$年后土壤中重金属元素的含量值以及区域土壤第$n$年该元素的输出量,结合区域该元素的静态容量值,即可求得该元素的动态容量。

### 5.2.2.2 土壤动态容量计算

结合2014年珠江三角洲经济区土壤重金属元素背景值、土壤环境质量标准和广东省统计年鉴,根据上式可计算出 2028 年和 2038 年各市的土壤动态容量,其年限分别为 14 年和 24 年,结合各市面积可计算出各市土壤对不同重金属的动态容许量,计算结果见表 5-2-5、表 5-2-6。

表 5-2-5 珠江三角洲经济区各市土壤重金属元素动态容量　　　　单位:$10^{-4}$ kg/m$^2$

| 区域 | As | | Cd | | Cr | | Cu | |
|---|---|---|---|---|---|---|---|---|
| | 14a | 24a | 14a | 24a | 14a | 24a | 14a | 24a |
| 东莞 | 71.433 | 71.218 | 1.305 | 1.442 | 257.74 | 258.85 | 73.563 | 73.001 |
| 佛山 | 60.034 | 59.464 | 1.687 | 1.911 | 239.45 | 241.83 | 55.620 | 53.943 |
| 广州 | 71.787 | 71.254 | 2.238 | 2.520 | 296.97 | 300.80 | 89.921 | 89.037 |
| 惠州 | 75.292 | 74.608 | 2.343 | 2.639 | 306.08 | 310.67 | 93.931 | 93.875 |
| 江门 | 75.763 | 75.433 | 2.145 | 2.398 | 293.28 | 296.40 | 96.618 | 96.412 |
| 深圳 | 82.192 | 81.732 | 1.294 | 1.423 | 284.31 | 285.54 | 81.817 | 80.392 |
| 肇庆 | 68.515 | 68.280 | 1.902 | 2.125 | 257.55 | 260.30 | 87.014 | 86.798 |
| 中山 | 59.978 | 59.726 | 1.092 | 1.282 | 215.26 | 217.07 | 11.554 | 10.423 |
| 珠海 | 62.086 | 61.968 | 1.152 | 1.306 | 226.51 | 228.64 | 30.684 | 30.268 |
| 区域 | Hg | | Ni | | Pb | | Zn | |
| | 14a | 24a | 14a | 24a | 14a | 24a | 14a | 24a |
| 东莞 | 67.332 | 67.329 | 65.287 | 65.097 | 479.82 | 478.45 | 378.70 | 383.96 |
| 佛山 | 67.250 | 67.234 | 52.286 | 51.836 | 478.25 | 476.31 | 346.71 | 353.93 |
| 广州 | 67.302 | 67.291 | 73.874 | 73.709 | 476.30 | 474.66 | 417.85 | 428.69 |
| 惠州 | 67.352 | 67.350 | 75.738 | 75.925 | 491.62 | 490.45 | 452.55 | 466.01 |
| 江门 | 67.362 | 67.359 | 77.685 | 77.669 | 493.37 | 492.30 | 474.35 | 489.53 |
| 深圳 | 67.388 | 67.386 | 71.600 | 71.230 | 479.20 | 477.73 | 354.03 | 355.68 |
| 肇庆 | 67.320 | 67.317 | 68.930 | 68.836 | 506.02 | 505.16 | 445.74 | 456.41 |
| 中山 | 67.272 | 67.27 | 21.627 | 21.274 | 472.36 | 470.95 | 289.05 | 299.19 |
| 珠海 | 67.285 | 67.283 | 35.725 | 35.572 | 469.88 | 467.85 | 279.59 | 284.66 |

在其他条件一定的情况下,土壤形成的重金属元素背景值或现状值越小,其重金属元素静态容量和动态容量就越大;土壤环境质量执行的标准值越大,其重金属元素静态容量或动态容量就越大;土壤重金属元素的静态容量和动态容量相差很大,土壤静态容量未考虑土壤的输出和自净作用,研究土壤环境容量时仅考虑静态容量是不完整的,需要结合动态的观点和方法研究土壤环境容量。

各市土壤重金属元素含量均未超出土壤环境质量标准,珠江三角洲地区土壤环境质量整体较好。各市土壤重金属元素的平均动态容量大小排序与相应静态容量排序相同,其中广州、惠州、江门土壤重金属容量整体较大,肇庆、中山、珠海地区土壤重金属元素容量相对较小,应加大对这些地区土壤污染的监测和治理力度,同时可以考虑种植对砷、铅、锌、铬、镉等耐性较强的植物来减少土壤中重金属元素浓度。

表 5-2-6 珠江三角洲经济区各市土壤对不同重金属的年容许量　　　　单位：t

| 区域 | As | | Cd | | Cr | | Cu | |
|---|---|---|---|---|---|---|---|---|
| | 14a | 24a | 14a | 24a | 14a | 24a | 14a | 24a |
| 东莞 | 17 658.22 | 17 605.21 | 322.55 | 356.56 | 63 712.49 | 63 986.75 | 18 184.72 | 18 045.76 |
| 佛山 | 23 101.17 | 22 881.74 | 649.31 | 735.36 | 92 139.42 | 93 056.58 | 21 402.54 | 20 757.27 |
| 广州 | 52 311.38 | 51 922.88 | 1630.93 | 1836.35 | 216 399.90 | 219 195.40 | 65 525.54 | 64 881.41 |
| 惠州 | 85 501.59 | 84 724.45 | 2660.63 | 2996.33 | 347 584.50 | 352 798.90 | 106 667.90 | 106 604.60 |
| 江门 | 72 285.12 | 71 970.29 | 2046.65 | 2287.66 | 279 816.20 | 282 792.40 | 92 183.33 | 91 987.08 |
| 深圳 | 16 052.12 | 15 962.17 | 252.63 | 277.99 | 55 526.07 | 55 765.38 | 15 978.77 | 15 700.64 |
| 肇庆 | 101 553.60 | 101 204.90 | 2819.08 | 3149.00 | 381 733.40 | 385 812.00 | 128 971.60 | 128 651.80 |
| 中山 | 10 796.06 | 10 750.63 | 196.52 | 230.72 | 38 746.40 | 39 073.40 | 2079.75 | 1876.05 |
| 珠海 | 10 268.96 | 10 249.47 | 190.56 | 215.97 | 37 464.48 | 37 816.18 | 5075.14 | 5006.27 |
| 区域 | Hg | | Ni | | Pb | | Zn | |
| | 14a | 24a | 14a | 24a | 14a | 24a | 14a | 24a |
| 东莞 | 16 644.44 | 16 643.85 | 16 139.00 | 16 091.90 | 118 611.50 | 118 273.50 | 93 613.67 | 94 913.63 |
| 佛山 | 25 877.70 | 25 871.56 | 20 119.80 | 19 946.50 | 184 028.90 | 183 283.10 | 133 412.40 | 136 192.90 |
| 广州 | 49 042.83 | 49 035.21 | 53 832.20 | 53 711.50 | 347 083.00 | 345 886.40 | 304 484.20 | 312 388.60 |
| 惠州 | 76 485.09 | 76 482.40 | 86 008.00 | 86 220.30 | 558 283.20 | 556 953.10 | 513 910.70 | 529 202.30 |
| 江门 | 64 270.28 | 64 266.77 | 74 119.60 | 74 103.90 | 470 723.10 | 469 704.00 | 452 580.60 | 467 057.70 |
| 深圳 | 13 160.86 | 13 160.46 | 13 983.80 | 13 911.10 | 93 587.65 | 93 300.15 | 69 141.61 | 69 465.00 |
| 肇庆 | 99 780.99 | 99 777.06 | 102 168.00 | 102 028.00 | 750 022.80 | 748 748.50 | 660 681.90 | 676 491.00 |
| 中山 | 12 109.04 | 12 108.60 | 3892.93 | 3829.34 | 85 025.77 | 84 771.75 | 52 029.09 | 53 854.42 |
| 珠海 | 11 128.86 | 11 128.61 | 5908.98 | 5883.62 | 77 719.03 | 77 382.20 | 46 244.20 | 47 082.32 |

## 5.3 土壤环境承载力评价

土壤环境承载力的研究方法有多种，目前常用的定量研究方法包括自然植被净第一生产力估测法、生态足迹法、资源与需求差量法、综合评价法、状态空间法等，每种方法都有各自的特点和适用范围。

本专著采用土壤剩余容量数学模型来评价土壤环境承载力。该模型把土壤环境承载力表现为土壤环境剩余容量，它是指土壤最大负荷量与污染现状值的差值，即土壤环境承载力。

### 5.3.1 土壤环境承载力评价方法

随着现代化建设的发展，土壤中的污染物日益增多，当土壤中污染物的含量超过土壤临界值时，将对农作物、农产品和地下水等造成严重污染，并通过食物链危害人类健康。土壤剩余容量是指土壤最大负荷量与污染现状值的差值，与该地区土壤污染程度有关。

### 5.3.1.1 土壤剩余容量数学模型

根据土壤剩余环境容量的概念,可由下式来计算土壤剩余容量:

$$Q_i = M \cdot (C_{ic} - C_{ip}) \times 10^{-6} \tag{5-8}$$

式中:$Q_i$ 为土壤剩余容量($10^{-4} \mathrm{kg/m^2}$);$M$ 为每平方米耕作层土壤重($225 \mathrm{kg/m^2}$);$C_{ic}$ 为土壤中某元素 $i$ 的土壤环境标准值($\times 10^{-6}$);$C_{ip}$ 为土壤中某元素 $i$ 的现状实测值($\times 10^{-6}$)。

### 5.3.1.2 土壤剩余容量分布

根据《国家土壤环境质量标准》(GB 15618—1995)中规定的各种重金属的标准值确定珠江三角洲经济区土壤各种重金属的临界含量值,即评价标准值(表5-2-2),结合珠江三角洲经济区各县市土壤重金属的现状实测值,计算土壤剩余容量,具体结果如表5-3-1所示。

表5-3-1 珠江三角洲经济区各县市土壤重金属元素剩余容量 单位:$10^{-4} \mathrm{kg/m^2}$

| 城市 | 区域 | 重金属剩余容量 | | | | | | | |
|---|---|---|---|---|---|---|---|---|---|
| | | As | Cd | Cr | Cu | Hg | Ni | Pb | Zn |
| 广州 | 从化市区 | 14.18 | 0.27 | 240.08 | 72.45 | 66.94 | 58.95 | 449.33 | 251.33 |
| | 增城市区 | 62.10 | 0.23 | 206.33 | 49.73 | 67.16 | 50.40 | 456.75 | 247.73 |
| | 花都区 | 27.00 | 0.38 | 204.53 | 74.25 | 66.98 | 63.45 | 460.58 | 299.03 |
| | 主城区 | 52.20 | −0.09 | 223.88 | 14.40 | 66.44 | 45.00 | 396.45 | 110.48 |
| | 大石镇区 | 36.00 | 0.07 | 212.63 | 40.28 | 67.03 | 49.73 | 353.70 | 222.30 |
| | 市桥镇区 | 56.03 | 0.23 | 216.45 | 48.38 | 67.14 | 49.95 | 461.25 | 286.20 |
| | 横沥—南沙区 | 45.23 | −0.29 | 134.78 | −23.40 | 66.76 | 1.35 | 436.50 | 143.33 |
| | 大岗镇区 | 57.60 | 0.25 | 129.60 | 38.48 | 67.21 | 29.25 | 291.15 | 158.40 |
| 佛山 | 三水区 | 39.38 | −0.38 | 223.43 | 48.83 | 67.19 | 45.45 | 452.03 | 232.20 |
| | 大沥区 | 52.88 | −0.09 | 198.00 | −1.35 | 66.15 | 44.78 | 435.38 | 114.98 |
| | 主城区 | 53.10 | 0.02 | 204.08 | 32.40 | 65.70 | 47.93 | 431.55 | 135.45 |
| | 平洲镇区 | 50.63 | −0.43 | 180.45 | −801.00 | 66.42 | 24.08 | 289.58 | −592.40 |
| | 高明区 | −0.23 | −1.58 | 160.43 | −9.00 | 66.96 | 35.78 | −118.30 | −6.07 |
| | 南庄—九江镇 | 42.98 | −1.17 | 192.38 | −12.80 | 66.20 | 27.45 | 431.55 | 119.25 |
| | 顺德城镇带 | 52.88 | −0.27 | 169.65 | −3.60 | 66.92 | 25.43 | 420.53 | 120.15 |
| 深圳 | 沿海城镇带 | 74.70 | 0.36 | 247.28 | 22.05 | 67.34 | 54.23 | 451.13 | 231.75 |
| | 龙华城镇带 | 85.05 | 0.45 | 297.00 | 89.78 | 67.39 | 73.80 | 466.65 | 306.90 |
| | 凤岗城镇带 | 31.05 | 0.41 | 205.65 | 56.70 | 67.39 | 55.58 | 492.53 | 278.78 |
| | 龙岗城镇带 | −40.00 | 0.41 | 209.70 | 65.03 | 67.34 | 61.20 | 424.80 | 277.43 |
| 东莞 | 主城区 | 65.03 | 0.36 | 228.15 | 62.33 | 67.21 | 59.18 | 458.10 | 286.43 |
| | 石龙城镇带 | 68.63 | 0.32 | 233.78 | 33.75 | 67.19 | 54.68 | 462.60 | 266.63 |
| | 樟木头城镇带 | 73.13 | 0.41 | 232.65 | 61.20 | 67.32 | 63.68 | 453.60 | 326.70 |
| | 虎门城镇带 | 72.23 | 0.43 | 236.93 | 56.25 | 67.25 | 60.08 | 455.63 | 286.43 |

续表 5-3-1

| 城市 | 区域 | 重金属剩余容量 | | | | | | | |
|---|---|---|---|---|---|---|---|---|---|
| | | As | Cd | Cr | Cu | Hg | Ni | Pb | Zn |
| 惠州 | 主城区 | 58.05 | 0.32 | 231.98 | 58.05 | 67.14 | 56.70 | 447.08 | 224.33 |
| | 惠东市区 | −15.75 | 0.41 | 268.88 | 70.88 | 67.10 | 73.58 | 428.40 | 264.83 |
| | 惠阳县区 | 44.10 | 0.41 | 257.18 | 80.10 | 67.28 | 66.60 | 445.50 | 303.08 |
| 江门 | 鹤山市区 | 47.03 | 0.16 | 276.98 | 64.35 | 67.07 | 63.23 | 370.35 | 256.73 |
| | 主城区 | 63.68 | −1.42 | 183.60 | 7.88 | 67.23 | 37.35 | 431.55 | 247.05 |
| | 新会市区 | 39.83 | 0.11 | 141.30 | 25.20 | 67.16 | 31.28 | 466.20 | 245.70 |
| | 开平市区 | 65.25 | 0.27 | 210.60 | 37.80 | 66.53 | 57.38 | 450.00 | 268.43 |
| | 恩平市区 | 75.15 | 0.47 | 216.45 | 80.55 | 67.19 | 69.75 | 499.50 | 359.33 |
| | 台山市区 | 55.80 | 0.43 | 203.85 | 63.68 | 67.10 | 61.65 | 480.15 | 317.70 |
| 中山 | 东凤城镇带 | 60.98 | −0.36 | 183.83 | −60.10 | 67.23 | 26.10 | 453.38 | 117.68 |
| | 主城区 | 72.23 | 0.20 | 233.55 | 56.48 | 67.12 | 56.93 | 432.68 | 220.50 |
| | 三乡城镇带 | 63.23 | 0.25 | 231.08 | 43.65 | 67.21 | 45.23 | 431.10 | 243.90 |
| 珠海 | 主城区 | 77.40 | 0.43 | 283.28 | 71.33 | 67.32 | 63.90 | 419.40 | 286.88 |
| | 斗门区 | 76.28 | 0.25 | 272.70 | 63.45 | 67.16 | 58.05 | 382.28 | 289.35 |
| 肇庆 | 四会市区 | 70.88 | 0.41 | 264.38 | 77.18 | 67.32 | 61.88 | 472.28 | 315.00 |
| | 主城区 | 59.40 | −0.50 | 183.83 | 11.48 | 66.96 | 38.70 | 464.63 | 109.80 |

## 5.3.2 土壤环境承载力评价与分区

根据表5-3-1珠江三角洲经济区各县市土壤重金属元素剩余容量所得出的结果,结合每个区的地理位置坐标保存为"text"文件。经过Sufer软件的插值法得到等值线图,再利用GIS的编辑功能得出珠江三角洲经济区土壤环境承载力分布图。

珠江三角洲经济区土壤环境承载力分布如附图8至附图15所示。

由附图8分析可知,珠江三角洲经济区土壤环境As容量较高地区主要分布在江门恩平市、肇庆市、中山南部、深圳北部以及东莞南部等地区,这些地区以As为代表的土地环境承载力较强;而As土壤容量较低的地区主要分布在广州佛山一带、深圳东南以及惠州南部一带,这些地区As污染面临超标严重的威胁,土壤环境承载力较弱;其他地区土壤As容量一般。

由附图9分析可知,珠江三角洲经济区土壤环境Cd容量较高的地区主要分布在江门市西南部、肇庆东北部以及惠州、深圳的沿海一带,这些地区以Cd为代表的土地资源承载力较强;而Cd容量较低的地区主要集中在以广州、佛山、中山为中心的一带地区,呈辐射状向外逐渐增大,这些地区有的地方容量甚至出现负值,土壤环境承载力较弱甚至超载;其他地区土壤环境Cd容量一般,也即承载能力一般。

由附图10分析可知,珠江三角洲经济区土壤环境Cr容量较高的地区主要分布在肇庆市中部及东北部、珠海以及惠州东南部,这些地区以Cr为代表的土壤环境承载力较强;而环境Cr容量较低的地区主要分布在佛山西南部,以及中山市的顺德区和新会区一带,土壤环境承载力较弱;其他地区土壤环境Cr容量一般。

由附图11分析可知,珠江三角洲经济区土壤环境Cu容量普遍较高,分布较为广泛;而环境Cu容量较低的地区主要集中在中山市以及广州西南部,也即这些地区以Cu为代表的土壤环境承载力较低。

由附图12分析可知,珠江三角洲经济区土壤环境 Hg 容量较高的地区主要分布在肇庆东北部、深圳—惠州一带以及中山、珠海地区,这些地区以 Hg 为代表的土壤环境承载力较强;而环境 Hg 容量较低的地区分布在广州和佛山交界处,呈辐射状分布,土壤环境承载力较弱;其他地区土壤环境容量一般,承载力一般。

由附图13分析可知,珠江三角洲经济区土壤环境 Ni 容量较高的地区主要分布在江门市西南部、肇庆—广州北部以及东莞—惠州—深圳一带,这些地区以 Ni 为代表的土壤环境承载力较强;而环境 Ni 容量较低的地区主要分布在中山市,承载力较低;其他地区 Ni 容量一般。

由附图14分析可知,珠江三角洲经济区土壤环境 Pb 容量较高的地区主要分布在肇庆—广州北部、东莞市、深圳市以及惠州西部,这些地区以 Pb 为代表的土壤环境承载力较强;而 Pb 容量较低的地区主要分布在佛山本南部,呈辐射状分布,这些地区以 Pb 为代表的土壤环境承载力较弱;其他地区 Pb 容量一般。

由附图15分析可知,珠江三角洲经济区土壤环境 Zn 容量普遍较高,多在 $(225\sim325)\times10^{-4}\,kg/m^2$,研究区以 Zn 为代表的土壤环境承载力普遍较强;Zn 容量较低的地区主要分布在广州西南部,土壤环境承载力较弱;其他地区 Zn 容量一般。

利用 MapGIS 空间分析功能将这8种重金属元素进行叠加分析,对每个区进行取差原则,最后得出珠江三角洲经济区土壤环境承载力评价分区图(附图16)。

综上所述,以上的8种重金属元素的土壤环境容量分布中,肇庆市、惠州市、江门市以及珠海市等地的各种重金属环境容量普遍较高;而广州—佛山一带出现多种离子的土壤环境容量偏低,像 Cd、Hg、As 等,甚至出现负值情况,这些地区加强土壤环境保护,以防土壤质量退化。

## 5.4 本章小结

珠江三角洲经济区的土壤环境状况较为严峻,不仅对居民健康以及生态平衡造成威胁,同时抑制了珠江三角洲地区经济的健康发展。

珠江三角洲经济区的土壤环境承载力评价结果显示:珠江三角洲经济区土壤环境静态容量和动态容量普遍较大,但土壤环境剩余容量一般,尤其是 As、Cd、Cu 三类重金属剩余容量在部分地区出现负值,如广州横沥—南沙区、佛山高明区。说明这些地区重金属已属于超载状态,需加大治理力度,加强土壤环境保护,以防土壤污染进一步加重。

珠江三角洲经济区土壤环境承载力总体上较高,但对于不同区域不同重金属又有所差异,各市政区域主城区土壤环境承载力明显低于周边区域,原因在于主城区城市化水平较高,人口较为集中,城市生活垃圾排放量和城市生活污水排放量远高于周边地区,工业烟尘排放强度、废水排放强度、固体废弃物排放强度以及公路运输能源消耗强度和总的能源消耗强度也较高,这些因素给土壤环境承载力施加了很大压力。另外,在分析的8种重金属中,珠江三角洲地区对 Cd 的承载力最低,大部分区域为负值,说明珠江三角洲经济区 Cd 含量超标严重,对农业生产及人类健康有一定威胁,需加强治理。

### 6.3.1 地表水环境现状

珠江三角洲区域河网如织,纵横交错。现河网区主要水道百余条,长约 1700km,加上主要汊道河网密度为 $0.81\sim 0.88$km/km$^2$,河宽一般 $300\sim 500$m,最宽约 2000m,河道宽深比为 $1.8\sim 11.5$,弯曲系数为 $1.03\sim 1.46$,属深窄且微弯曲型河道,冲刷力强。河网年总泄水量约为 $3200\times 10^8$m$^3$,为黄河的 6 倍。

从河流水系分析,珠江三角洲区域评价河长为 2406.9km;其中Ⅰ类—Ⅲ类河长为 1427.4km,占评价河长的 59.3%;Ⅳ类—劣Ⅴ类河长 979.5km,占评价河长的 40.7%;水质较差的区域主要集中在水系下游,主要污染项目为氨氮、高锰酸盐指数、总磷和五日生化需氧量。三角洲上游河道的水质基本保持在国家地表水环境质量标准(GB 3838—2002)Ⅱ类—Ⅲ类水平,下游河道则维持在Ⅲ类—Ⅳ类,下游流经城市河段水体的 80% 已受到较严重的有机污染,水质已劣于Ⅳ类,满足不了饮用水水质要求。污染严重的河段有:广州市区主要河道及各河涌,江门市礼乐河、天沙河,佛山市汾江河、石岐水道、大良河,东莞市的东莞运河,深圳市的深圳河、茅洲河、观澜河等。

近年来,受人类活动的影响,工业"三废"的排放致使地表水体污染以有机污染为主,主要污染指标为 $BOD_5$、COD、DO、$NH_3-N$、TP、酚、石油类等。其中,广州市的东濠涌、深圳市的深圳河、佛山市的汾江、东莞市的东莞运河及许多城市内的河涌中,COD、DO 的超标率超过 100%,并出现严重黑臭现象。流经深圳、东莞和佛山中心城市河流的 $BOD_5$、COD、DO、$NH_3-N$ 和石油类均超过该河段水质功能规划中的标准。中山、广州、江门、肇庆和珠海等城市的河流均有不同指标超标,主干河流中石油类超标较严重,主要污染指标的平均年超标率正在增大。近几年来,随着工业的发展,河道内重金属超标严重,严重威胁到相关区域的地表和地下水资源安全。

区域水库、湖泊水质总体达到Ⅲ类水质比例较高,局部发生过藻类水华,但所占比例不大,主要污染项目为总磷、高锰酸盐指数和氨氮。

### 6.3.2 地下水环境现状

本区属南亚热带季风性湿润气候,雨量充沛,为地下水的补给提供了充足的来源。降水在年内分配不均,不同季节地下水获得补给量不同,丰水期获得补给量大,平水期次之,枯水期基本上无降水补给,而以排泄地下水为主。在区内各地段地下水补给程度随岩性、风化程度、地形地貌、岩石节理裂隙发育程度及植物覆盖率不同而变化。珠江三角洲平原区地下水动态变化的影响因素主要是降雨,其次为灌溉回归水入渗,另在河道两侧及沿海岸地带受河水的涨落及海水顶托的影响,地下水动态具季节性变化特征。

近年来受人为活动因素的影响,城市化和工业生产带来的问题日益突出。珠江三角洲经济区区域地下水Ⅰ类—Ⅲ类水所占比例较少,Ⅳ类—Ⅴ类水较多,从水质评价的结果来看,超标率大于 10% 的指标有 pH、Mn、Fe、Al、COD、$NH_4^+$ 六项,尤其是 pH 值的超标率最高,达 68.6%。超标率大于 10% 的指标中,对珠江三角洲区域地下水影响最大的毒理指标为 $NO_3^-$,其超标率为 7.2%。若去除 pH、Fe、Mn 三项背景指标,珠江三角洲区域地下水水质状况明显好转,大部分为能直接饮用的Ⅰ类—Ⅲ类水(7%~55%),显示地下水质受背景含量影响明显。有机污染物中,检出频率较高的组分为邻苯二甲酸二正丁酯和邻苯二甲酸双(2-乙基己基)酯,检出率分别为 23.7% 和 20.1%,其余检出组分的检出率均低于 3%。另外,区域地下水指标之一的 pH 值的影响普遍要高于其他指标对Ⅳ类、Ⅴ类水的影响。

## 6.4 地表水环境承载力评价

本书对珠江三角洲经济区水环境容量计算,是依据《广东省地表水环境功能区划》制订的水质目标和现有参数,对比流域水质现状,以 COD 和氨氮作为总量控制的主要目标,测算珠江三角洲经济区地表水环境容量。

### 6.4.1 污染排放情况分析

珠江三角洲经济区经济发展迅速,人口密度大,无论是用水量(总用水量、生活用水量和工业用水量)还是污水排放量(生活污水和工业污水)都很大。食品加工业、造纸和纸制品业、纺织业、化工原料和化学制品业等都是工业废水的主要来源。珠江全流域 2013 年废污水排放量已达 $172.33 \times 10^8$ t,河道水体皆遭受不同程度的污染。珠江三角洲是珠江流域的主要排放区域,流域面积仅占珠江流域总面积的 5.9%,废污水排放总量却达 $100.91 \times 10^8$ t,所占比例高达 58.6%。

珠江三角洲经济区工业废水、生活污水分别占全省排放总量的 64% 和 74%,图 6-4-1、图 6-4-2 分别为珠江三角洲经济区各地市 2013 年工业和生活废水排放量及工业废水排放达标率。目前全省 7000 多家镇、村二级污染型企业中有 6000 多家分布于该区。这些企业规模小,布局分散,普遍缺乏有效的污水处理设施,大量污水大多就近排入江河。特别指出的是部分工厂甚至偷排废水,在河网发育的平原区,这种现象较为普遍,工业废水的排放沿排污河渠形成线状污染。2013 年珠江三角洲各市废水排放总量以及废水中 COD 和氨氮排放总量如表 6-4-1 所示。

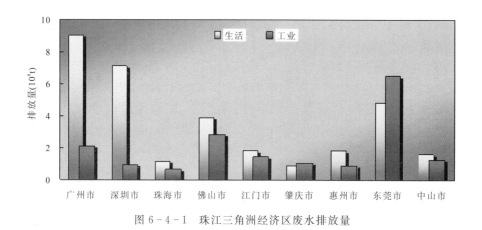

图 6-4-1 珠江三角洲经济区废水排放量

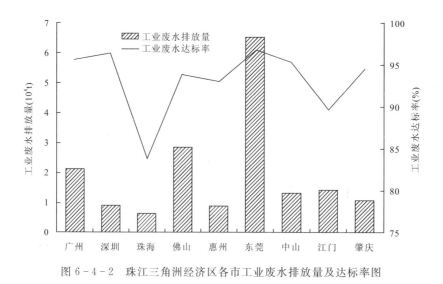

图 6-4-2 珠江三角洲经济区各市工业废水排放量及达标率图

表 6-4-1  珠江三角洲经济区 2013 年各市废水、COD、氨氮排放总量

| 行政区 | 污水排放总量($10^8$ t/a) | COD 排放量($10^4$ t/a) | 氨氮排放量(t/a) |
| --- | --- | --- | --- |
| 广州市 | 11.28 | 13.68 | 6832.45 |
| 深圳市 | 7.46 | 5.93 | 2642.42 |
| 珠海市 | 1.37 | 2.98 | 2476.83 |
| 佛山市 | 6.83 | 8.14 | 3632.69 |
| 江门市 | 3.74 | 13.69 | 3426.13 |
| 肇庆市 | 2.07 | 4.08 | 3857.49 |
| 惠州市 | 3.12 | 5.73 | 2258.38 |
| 东莞市 | 11.33 | 3.02 | 19 836.46 |
| 中山市 | 3.85 | 7785.67 | 1557.51 |

## 6.4.2  地表水水质情况分析

《广东省环境质量状况》报告显示,主要大江大河干流和干流水道水质总体良好,部分支流和城市江段受到重度污染。珠江三角洲内河段特别是径流小的河涌、小溪流,大部分由于水体有机污染物超过了水体的自净能力而出现黑臭现象。近岸海域水质以良好为主,大部分功能区水质达标;全省 57.6% 的江河监测断面水质优良,52.2% 达到功能区水质标准。111 个省控断面中,35.1% 的断面水质优,为 Ⅰ 类—Ⅱ 类水质;22.5% 水质良好,为 Ⅲ 类水质;16.2% 受轻度污染,为 Ⅳ 类水质;6.3% 受中度污染,为 Ⅴ 类水质;19.8% 劣于 Ⅴ 类,受重度污染。其中,流经城市江段 27.3% 的断面水质为 Ⅱ 类—Ⅲ 类,36.4% 为 Ⅳ 类—Ⅴ 类,36.4% 水质劣于 Ⅴ 类。

根据《广东省环境状况公报》(1995—2013),全省地表水属 Ⅴ 类—劣 Ⅴ 类水质的城市江段主要集中在珠江三角洲经济区。珠江三角洲经济区流经城市的中、小河流以有机污染为主,主要污染物有氨氮、石油类以及其他耗氧有机物等。近年来,粪大肠菌群和氮磷营养性物质成为新的主要污染物。虽然珠江三角洲主、干流水道水质基本维持在 Ⅱ 类、Ⅲ 类水平,但由于生活废水排放量大、工业排污集中、畜禽养殖污染严重,大部分城市附近江段、河涌水质污染严重,局部河段水质劣于 Ⅴ 类,沿岸居民生活受到影响。区域供水排水交错,部分城市饮用水源地水质受到影响。

污染严重地表水主要分布在:新东江三角洲河网发育冲积平原区东莞幅东部近东莞市地表水,厚街幅河网区东部靠近丘陵地区河涌至西部近狮子洋河流污染状况由重变轻;西北江三角洲冲积平原区老三角洲平原区中佛山幅、顺德幅工业污染源较多,地表水污染严重;广州幅受生活废水排放,地表水水质较差;海积平原区沙井幅为深圳主要工业企业集中地区,地表水质较差。严重污染的水体呈现多种颜色。

参照新的生活饮用水卫生标准(无标准的不参与评价),显示 Fe、COD、Al、Mn、$NH_4^+$、挥发性酚、Ni、$F^-$、多环芳烃、$Cl^-$、TDS、Pb、$Na^+$、$SO_4^{2-}$、As、$NO_2^-$、总硬度、$NO_3^-$、Se、Zn、Ba、pH、Be、Hg、Mo 等指标影响珠江三角洲城市周边的地表水体,尤其是 Fe、COD、Al、Mn 等指标(均超标 80% 以上)对水质影响显著。属于毒理指标的有 Ni、$F^-$、Pb、As、$NO_3^-$、Se、Ba、Hg、Mo、苯等,其中,Ni 和 $F^-$ 的污染最为明显,Pb、As 等重金属指标也在地表水中存在一定的污染。水质评价结果显示珠江三角洲城市周边地表水水质均超饮用水卫生标准(仅一个水库水样未超标)。垃圾场周边地表水体的水质状况更为恶劣,多数无机常规指标超标 10 倍以上,部分常规指标如 $NH_4^+$、挥发性酚、COD 等大多超标 100 倍以上。

## 6.4.3 水环境容量评估方法

水环境容量理论与研究方法是研究容量总量控制体系的重要工具,其主要包括水质模型理论、水环境容量计算方法及容量计算步骤等。研究河流水环境容量的关键在于建立比较准确的描述河流主要特征和污染物特征的水质数学模型以及选用适合具体所研究河流水文特点的容量计算方法。本章在分析珠江三角洲经济区污染排放情况和地表水水质情况的条件下,主要从河流水环境容量的基本理论出发,阐述地表水环境容量计算、核定、分析的主要研究方法。

### 6.4.3.1 设计条件

水环境容量计算单元的划分往往采用节点划分法,即从保证重要水域水体功能角度出发,把河道划分为若干较小的计算单元进行水环境容量计算。本次水环境容量核定,原则上以水环境功能区为基本单元,以水环境功能区上、下界面或常规监测断面作为节点。在水环境容量计算时,可以以整条河流作为一个整体进行计算,将各水环境功能区作为水质约束的节点条件出现,将排入各功能区划河段的污染源作为输入条件,进行模拟演算。

珠江三角洲经济区河流由于枯水月流量太小或可能断流,设计流量取 90% 保证率年最枯月流量。河流的设计流速为对应设计流量条件下的流速。对于断面设计流速,可以采用实际测量数据,但需要转化为设计条件下的流速。参考上游水环境功能区标准,以对应国家环境质量标准的上限值为本底浓度(来水浓度),以水环境功能区相应环境质量标准类别的上限值为水质目标值。水环境功能区相应环境质量标准具体落实于相应的监控断面,断面达标即意味着水环境功能区水质达标。计算单位时间为一年。

### 6.4.3.2 水质模型的选择与计算方法

污染物进入水体后,在水体的平流输移、纵向离散和横向混合作用,同时与水体发生物理、化学和生物作用,使水体中污染物浓度逐渐降低。河流水质模型是用数学模型的方法来描述污染物质进入天然河流后所产生的稀释、扩散、自净的规律。严格地说,河流、水库、湖泊、河口等水体的污染问题都是三维问题。但实际上,往往可以根据污染物的混合情况,将某些水体的水质计算简化为二维、一维乃至零维来处理。最常用的地表水环境容量计算模型主要有零维模型、一维模型和湖库模型等,并且都有各自的应用范围。

**1. 零维模型**

设有一河段 $i$,如下图所示:

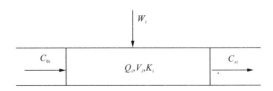

$$W_{稀释} = Q_i(C_{si} - C_{0i}) \tag{6-1}$$

$$W_{自净} = K_i \cdot V_i \cdot C_{si} \tag{6-2}$$

即:

$$W_i = Q_i(C_{si} - C_{0i}) + K_i \cdot V_i \cdot C_{si} \tag{6-3}$$

调整量纲,整理成:

$$W_i = 86.4 Q_i(C_{si} - C_{0i}) + 0.001 K_i \cdot V_i \cdot C_{si} \tag{6-4}$$

其中：当上方河段水质目标要求低于本河段时，$C_{0i}=C_{si}$；当上方河段水质目标要求高于或等于本河段时，$C_{0i}=C_{0i}$。以上各式中：$W_i$ 为第 $i$ 河段水环境容量（kg/d）；$Q_i$ 为第 $i$ 河段设计流量（m³/s）；$V_i$ 为第 $i$ 河段设计水体积（m³）；$K_i$ 为第 $i$ 河段污染物降解系数（d$^{-1}$）；$C_{si}$ 为第 $i$ 河段所在水功能区水质目标值（mg/L）；$C_{0i}$ 为第 $i$ 河段上方河段所在功能区水质目标值（mg/L）。

若所在的水功能区被划分为 $n$ 河段，则该水功能区的水环境容量是 $n$ 个河段水环境容量的叠加，即：

$$W = \sum_{i=1}^{n} W_i \tag{6-5}$$

**2. 一维模型**

对宽比不大的河流，污染物在较短的河段内，基本上能在断面内均匀混合，污染物浓度在断面上的横向变化不大，可用一维水质模型模拟污染物沿河流纵向的迁移过程。

由此可得一维河流环境容量计算公式如下：

$$W_i = 86.4\left[Q_i \cdot C_{si} \cdot \exp\left(\frac{K_i \cdot L_i}{86\,400 u_i}\right) - C_{0i} \cdot Q_i\right] \tag{6-6}$$

式中：当上方河段水质目标要求低于本河段时，$C_{0i}=C_{si}$；当上方河段水质目标要求高于或等于本河段时，$C_{0i}=C_{0i}$；$W_i$ 为第 $i$ 河段水环境容量（kg/d）；$Q_i$ 为第 $i$ 河段设计流量（m³/s）；$u_i$ 为第 $i$ 河段设计平均流速（m/s）；$L_i$ 为第 $i$ 河段长度（m）；$K_i$ 为第 $i$ 河段污染物降解系数（d$^{-1}$）；$C_{si}$ 为第 $i$ 河段所在水功能区水质目标值（mg/L）；$C_{0i}$ 为第 $i$ 河段上方河段所在功能区水质目标值（mg/L）。

**3. 湖库模型**

当以年为时间尺度来研究湖泊、水库的富营养化过程时，往往可以把湖泊看作一个完全混合反应器。这样的基本方程为：

$$\frac{V\mathrm{d}C}{\mathrm{d}t} = QC_E - QC + \gamma(c)V \tag{6-7}$$

当所考虑的水质组分在反应器内的反应符合一级反应动力学时：

$$\gamma(c) = -KC \tag{6-8}$$

上式变为以下形式：

$$\frac{V\mathrm{d}C}{\mathrm{d}t} = QC_E - QC - KCV \tag{6-9}$$

当反应处于稳定状态时，$\mathrm{d}C/\mathrm{d}t=0$，则：

$$C = \frac{QC_E}{Q+KV} \tag{6-10}$$

当 $C$ 为湖泊功能区要求浓度标准 $C_s$ 时，则上式变为：

$$W_c = 31.54 \cdot (QC_s + K \cdot C_s V/86\,400) \tag{6-11}$$

式中：$W_c$ 为水环境容量（t/a）；$V$ 为湖泊中水的体积（m³）；$Q$ 为平衡时流入与流出湖泊的流量（m³/s）；$C_E$ 为流入湖泊的水量中水质组分浓度（mg/L）；$C$ 为湖泊中水质组分浓度（mg/L）。

选择水质模型的技术要点主要包括有：

（1）分析确定河流系统的重要特性。在选择水质数学模型时，首先针对所研究的河流系统，搜集和分析有关水文、水质资料，找出所研究的水质问题产生重要影响和因素的过程。

（2）评价现有的模型功能。近几十年来，国内外已经有大量的水质模型研究成果，了解这些模型的功能是很重要的。在模拟物理过程方面，考虑非恒定流动比考虑恒定流动要复杂得多。这是因为前者必须求解水动力学方程，而后者只需求解连续方程；在模拟生化过程方面，模型的复杂程度与所包括的反应过程（如光合作用、消化作用）有关，同时与反应程度的具体数学描述有关。

（3）比较河流系统和模型的重要特性。模型选择的一个重要步骤是比较河流系统和数学模型的重要特性，以助于选择具有反映河流系统特性的能力数学模型。

一般的做法是选择包含河流系统中所有重要特性的最简单的模型。选择过于复杂的模型往往是不经济的，因为这种情况对数据信息的要求和计算费用都会迅速增加。本书根据珠江三角洲各河段的不同特征，分别采用不同的水质模型进行评价。

### 6.4.3.3 水环境容量计算因子

本次水环境容量的研究范围主要是珠江三角洲经济区内各行政区（广州市、深圳市、中山市、珠海市、肇庆市、江门市、东莞市、佛山市、惠州市）内主要河流以及水库，以各行政区内主要河流的环境容量代表该行政区的地表水环境容量。

结合污染源排放情况和水质评价结果，对于水环境容量的计算因子只选取典型的污染物进行计算分析。COD和氨氮是污染最普遍、最严重的两个因子，所以选取COD和氨氮两项作为有机污染的水环境容量计算的主要因子。

化学氧化剂氧化水中有机污染物时所需氧量。化学需氧量越高，表示水中有机污染物越多。水体中有机污染物含量过高可降低水中溶解氧的含量，当水中溶解氧的含量，当水中溶解氧消耗殆尽时，水质则腐败变臭，导致水生生物缺氧，以至死亡。

氨氮是指以氨或铵离子形式存在的化合氨。氨氮主要来源于人和动物的排泄物、生活污水、雨水径流以及农用化肥的流失。另外，氨氮还来自化工、冶金、石油化工、油漆颜料、煤气、炼焦、鞣革、化肥等工业废水中。氨氮是水体中的营养素，可导致水富营养化现象产生，是水体中的主要耗氧污染物，对鱼类及某些水生生物有毒害。

### 6.4.3.4 综合降解系数的确定

水质模型的参数是污染物质在河流和湖泊中所发出的物理的、化学的、生物的反应的变化过程参数。国内外的环境科学家们进行了大量的野外和室内实验，深入地进行了污染物反应动力学特征的研究、模型参数求解方法的研究等，由于实验条件和经济时间所限，不能对每条河流进行降解系数的率定，本书主要参考前人的研究成果确定本书的综合降解系数值。

1994年孙勤芳、贺昭和等以无锡河网为例，运用最小二乘法和斜率法得出的COD综合降解系数为$0.253 \sim 0.26 d^{-1}$；1997年林轩等运用正交优化法测定佛山汾江河段的COD综合降解系数为$0.31 d^{-1}$；2002年窦明、谢平等在综合水质模型参数识别研究一文中运用美国环境保护局提出的WASP综合水质模型，得出汉江武汉段COD综合降解系数为$0.36 d^{-1}$。参考以上研究成果取平均值，确定本书的COD综合降解系数为$0.308 d^{-1}$。

河海大学在对湛江市的水环境容量测算过程中，率定得出$NH_3-N$水质降解系数为$0.05 \sim 0.20 d^{-1}$，本研究参考其研究成果确定本书的$NH_3-N$综合降解系数为$0.15 d^{-1}$。

### 6.4.3.5 河流水环境容量测算方法

按照污染物降解机理，水环境容量$W$由稀释容量$W_{稀释}$和自净容量$W_{自净}$两部分组成。稀释容量是指在给定水域的来水污染物浓度低于出水质目标时，依靠稀释作用达到水质目标所能承纳的污染物量。自净容量是指由于沉降、生化、吸附等物理、化学和生物作用，给定水域达到水质目标所能自净的污染物量。前者表征的是水体的自然环境特性，后者则反映了污染物本身的特性。

假设水体的污染物不发生任何降解转化情况下，其理论水环境容量为：

$$W_1 = Q_0(C_s - C_0) \tag{6-12}$$

由于水体中的污染物在水体中不断发生物理、化学或生物降解等自然净化过程，使得水体潜在增加的水环境容量为：

$$W_2 = Q_0(C_s - C_0)K \tag{6-13}$$

综上，水体的实际水环境容量为：

$$W = W_{稀释} + W_{自净} = W_1 + W_2 \tag{6-14}$$

式中：$W$ 为水体的水环境容量值；$Q_0$ 为河涌水体体积；$C_s$ 为水质标准；$C_0$ 为河流水体本底值；$K$ 为综合降解系数。

### 6.4.4 地表水环境容量分析

各河流水体体积 $Q_0$ 依据珠江三角洲各行政区境内各主要河流水文状况计算得出。各河流水质执行标准依据 2007 年珠江三角洲各河流检测项目超标项目和综合污染指数执行标准；COD 及氨氮在地表水各类水中的标准浓度限值依据《地表水环境质量标准》(GB 3838—2002)（表 6-4-2）。结合本章介绍的测算公式得出各行政区内主要河流中的 COD 及氨氮的环境容量，即各行政区的地表水环境容量（表 6-4-3）。

表 6-4-2　地表水中 COD 及氨氮的环境质量标准　　　　　　　　　　　单位：mg/L

| 水质类型　　　　分类 | Ⅰ类 | Ⅱ类 | Ⅲ类 | Ⅳ类 | Ⅴ类 |
| --- | --- | --- | --- | --- | --- |
| 化学需氧(COD) | 15 | 15 | 20 | 30 | 40 |
| 氨氮($NH_3-N$) | 0.15 | 0.5 | 1.0 | 1.5 | 2.0 |

表 6-4-3　地表水中部分污染物的水环境容量

| 行政区 | COD(t/a) | 氨氮(t/a) | 水环境容量强度(t/a·km²) |
| --- | --- | --- | --- |
| 深圳市 | 195 405.0 | 6570.4 | 61.75 |
| 惠州市 | 36 043.0 | 2298.0 | 2.09 |
| 中山市 | 108 348.3 | 3800.0 | 40.23 |
| 珠海市 | 143 194.7 | 9800.0 | 56.74 |
| 广州市 | 87 566.9 | 3547.8 | 7.82 |
| 佛山市 | 75 425.2 | 9042.3 | 13.46 |
| 肇庆市 | 1 006 732.0 | 23 121.0 | 44.16 |
| 江门市 | 4376.2 | 2000.7 | 0.37 |
| 东莞市 | 5202.2 | 2047.6 | 4.93 |

地表水环境强度就是指单位面积上地表水水体污染物排放量大小，单位为 t/a·km²。其二级因子包括 COD 容量、氨氮容量、单位 COD 排放量的工业产值、工业废水达标排放量与废水排放量之比、工业回用水与废水排放量总量之比。但限于资料，本书只将各地级市的水域 COD 容量、氨氮容量作为二级因子。在实际应用过程中，水环境容量更多地强调 COD 的容量，氨氮排放量未做明确要求。所以，在本次计算中地表水环境容量和地表水环境容量强度采用下式计算：

$$地表水环境容量 = COD 容量 \times 0.65 + 氨氮容量 \times 0.35 \tag{6-15}$$

$$水环境容量强度 = (COD 容量 \times 0.65 + 氨氮容量 \times 0.35)/面积 \tag{6-16}$$

珠江三角洲各行政区水环境容量如附图 17 所示，各行政区水环境容量强度见表 6-4-3。从附图 17 中可以看出肇庆市地表水环境承载力最高，表示其对于 COD 以及氨氮的纳污能力强；深圳市地表水环境承载力较高；地表水环境承载力低和较低的区域则分布于珠江三角洲的其他市，包括江门市、东莞市和惠州市,佛山市地表水环境承载力则表现为中等。

## 6.5 地下水环境承载力评价

地下水环境承载力的概念是在水资源承载力、环境承载力、水环境承载力等相关领域研究的基础上逐渐发展形成。水资源承载力是在区域最大可利用水资源支持条件下获得综合效益最大的社会经济与环境发展模式。地下水资源承载力的综合评价模型、地下水资源承载力综合评价的投影寻踪模型、水资源承载力多目标分析模型等的提出,推动了地下水资源承载力的研究。环境承载力包含了资源、环境和社会系统对人类发展的支持能力,目前环境承载力仍没有形成统一的理论体系。水环境承载力是近年提出的一个新概念,用以定量描述水资源和水污染及其有关参数。一般认为,水环境承载力是指在某一时期,一定的自然环境条件和特定的社会经济发展模式下,某一区域水环境对其社会经济发展和人类活动支撑能力的阈值。

地下水环境承载力是水环境承载力研究的重要组成部分,是衡量人类社会经济发展与区域水环境协调程度的判别依据。目前,此领域的研究主要集中在地下水环境风险评价和地下水环境脆弱性评价,专门针对地下水环境承载力的研究较少。因此,本研究采用指标体系评价与层次分析(AHP)相结合的方法,对珠江三角洲经济区地下水环境承载力进行评价,提出水资源利用和水环境保护对策及建议,为该地区的社会经济发展及地下水资源可持续利用提供科学的依据。项目在对国内外地下水环境承载力评价方法进行分析的基础上,结合珠江三角洲经济区的水文地质条件,探讨了珠江三角洲经济区浅层地下水环境承载力的评价方法,完成了珠江三角洲经济区的地下水环境承载力的初步评价。

### 6.5.1 地下水环境承载力影响因素分析

地下水环境承载力的指标选取原则是:实用、简明、易量化、信息集成度高、反映系统本质等。对不同地下水系统指标选取应有所不同,但对同一地下水系统应尽量保持指标的时空连续性,以对其承载力随时空的变化进行监测。

根据相关研究,现有的评价地下水环境承载力的研究中,影响地下环境承载力的主要因素有地下水埋深、净补给量、含水层介质、土壤类型、地形、包气带影响以及含水层水力传导系数等。

首先,就净补给量而言,补给量越大,地下水污染的潜势就越大这一看法比较片面。当补给量足够大以至使污染物被稀释时,地下水污染的潜势不再增大而是减小,净补给没有反映污染物稀释这一因素。对于珠江三角洲经济区而言这一情况更是如此,因为珠江三角洲平原区河网水系发育,在丰水期和涨潮时期河水侧向补给地下水,而这些主干河流的水质往往好于附近的地下水水质。所以补给量越大,地下水污染的潜势就越大这一推论不适用于评价珠江三角洲经济区的地下水环境承载力。

另外,包气带是指潜水位以上的非饱水带,它应该包括土壤层。而且根据珠江三角洲经济区水文地质特征表明其地下水位埋藏普遍较浅,包气带厚度较薄,特别是有些河网密集地区的潜水位就处于土壤层中。这些情况表明珠江三角洲经济区浅层地下水环境承载力评价中如果采用土壤介质类别和包气带影响这两个因子就显得有所重叠,应该把这两个因子合并成一个用于评价浅层地下水的环境承载力才比较合理。此外,包气带影响这一因子涉及范围较广,很难把握,因此对珠江三角洲经济区地下水的环境承载力评价可以选取包气带介质来替代包气带影响。

对于含水层介质和含水层水力传导系数这两个因子来说,就如中国地质大学钟佐燊教授所评论的那样:含水层介质和含水层水力传导系数实际上是两个重复的因子,它们主要影响污染物在含水层迁移的难易程度,且都是双向因子;因为含水介质颗粒越细,污染物越难进入,而一旦进入就越难稀释、去除,反之,含水介质颗粒越粗,污染物越容易进入,但容易被稀释,因而对珠江三角洲地区的地下水环境承载力评价,这两个因子均不需要。

综上,水体的实际水环境容量为:
$$W = W_{稀释} + W_{自净} = W_1 + W_2 \tag{6-14}$$
式中:$W$ 为水体的水环境容量值;$Q_0$ 为河涌水体体积;$C_s$ 为水质标准;$C_0$ 为河流水体本底值;$K$ 为综合降解系数。

### 6.4.4 地表水环境容量分析

各河流水体体积 $Q_0$ 依据珠江三角洲各行政区境内各主要河流水文状况计算得出。各河流水质执行标准依据 2007 年珠江三角洲各河流检测项目超标项目和综合污染指数执行标准;COD 及氨氮在地表水各类水中的标准浓度限值依据《地表水环境质量标准》(GB 3838—2002)(表 6-4-2)。结合本章介绍的测算公式得出各行政区内主要河流中的 COD 及氨氮的环境容量,即各行政区的地表水环境容量(表 6-4-3)。

表 6-4-2 地表水中 COD 及氨氮的环境质量标准　　　　　　　　单位:mg/L

| 水质类型＼分类 | Ⅰ类 | Ⅱ类 | Ⅲ类 | Ⅳ类 | Ⅴ类 |
|---|---|---|---|---|---|
| 化学需氧(COD) | 15 | 15 | 20 | 30 | 40 |
| 氨氮($NH_3$-N) | 0.15 | 0.5 | 1.0 | 1.5 | 2.0 |

表 6-4-3 地表水中部分污染物的水环境容量

| 行政区 | COD(t/a) | 氨氮(t/a) | 水环境容量强度(t/a·km²) |
|---|---|---|---|
| 深圳市 | 195 405.0 | 6570.4 | 61.75 |
| 惠州市 | 36 043.0 | 2298.0 | 2.09 |
| 中山市 | 108 348.3 | 3800.0 | 40.23 |
| 珠海市 | 143 194.7 | 9800.0 | 56.74 |
| 广州市 | 87 566.9 | 3547.8 | 7.82 |
| 佛山市 | 75 425.2 | 9042.3 | 13.46 |
| 肇庆市 | 1 006 732.0 | 23 121.0 | 44.16 |
| 江门市 | 4376.2 | 2000.7 | 0.37 |
| 东莞市 | 5202.2 | 2047.6 | 4.93 |

地表水环境强度就是指单位面积上地表水水体污染物排放量大小,单位为 t/a·km²。其二级因子包括 COD 容量、氨氮容量、单位 COD 排放量的工业产值、工业废水达标排放量与废水排放量之比、工业回用水与废水排放量总量之比。但限于资料,本书只将各地级市的水域 COD 容量、氨氮容量作为二级因子。在实际应用过程中,水环境容量更多地强调 COD 的容量,氨氮排放量未做明确要求。所以,在本次计算中地表水环境容量和地表水环境容量强度采用下式计算:

$$\text{地表水环境容量} = \text{COD 容量} \times 0.65 + \text{氨氮容量} \times 0.35 \tag{6-15}$$
$$\text{水环境容量强度} = (\text{COD 容量} \times 0.65 + \text{氨氮容量} \times 0.35)/\text{面积} \tag{6-16}$$

珠江三角洲各行政区水环境容量如附图 17 所示,各行政区水环境容量强度见表 6-4-3。从附图 17 中可以看出肇庆市地表水环境承载力最高,表示其对于 COD 以及氨氮的纳污能力强;深圳市地表水环境承载力较高;地表水环境承载力低和较低的区域则分布于珠江三角洲的其他市,包括江门市、东莞市和惠州市,佛山市地表水环境承载力则表现为中等。

## 6.5 地下水环境承载力评价

地下水环境承载力的概念是在水资源承载力、环境承载力、水环境承载力等相关领域研究的基础上逐渐发展形成。水资源承载力是在区域最大可利用水资源支持条件下获得综合效益最大的社会经济与环境发展模式。地下水资源承载力的综合评价模型、地下水资源承载力综合评价的投影寻踪模型、水资源承载力多目标分析模型等的提出,推动了地下水资源承载力的研究。环境承载力包含了资源、环境和社会系统对人类发展的支持能力,目前环境承载力仍没有形成统一的理论体系。水环境承载力是近年提出的一个新概念,用以定量描述水资源和水污染及其有关参数。一般认为,水环境承载力是指在某一时期,一定的自然环境条件和特定的社会经济发展模式下,某一区域水环境对其社会经济发展和人类活动支撑能力的阈值。

地下水环境承载力是水环境承载力研究的重要组成部分,是衡量人类社会经济发展与区域水环境协调程度的判别依据。目前,此领域的研究主要集中在地下水环境风险评价和地下水环境脆弱性评价,专门针对地下水环境承载力的研究较少。因此,本研究采用指标体系评价与层次分析(AHP)相结合的方法,对珠江三角洲经济区地下水环境承载力进行评价,提出水资源利用和水环境保护对策及建议,为该地区的社会经济发展及地下水资源可持续利用提供科学的依据。项目在对国内外地下水环境承载力评价方法进行分析的基础上,结合珠江三角洲经济区的水文地质条件,探讨了珠江三角洲经济区浅层地下水环境承载力的评价方法,完成了珠江三角洲经济区的地下水环境承载力的初步评价。

### 6.5.1 地下水环境承载力影响因素分析

地下水环境承载力的指标选取原则是:实用、简明、易量化、信息集成度高、反映系统本质等。对不同地下水系统指标选取应有所不同,但对同一地下水系统应尽量保持指标的时空连续性,以对其承载力随时空的变化进行监测。

根据相关研究,现有的评价地下水环境承载力的研究中,影响地下环境承载力的主要因素有地下水埋深、净补给量、含水层介质、土壤类型、地形、包气带影响以及含水层水力传导系数等。

首先,就净补给量而言,补给量越大,地下水污染的潜势就越大这一看法比较片面。当补给量足够大以至使污染物被稀释时,地下水污染的潜势不再增大而是减小,净补给没有反映污染物稀释这一因素。对于珠江三角洲经济区而言这一情况更是如此,因为珠江三角洲平原区河网水系发育,在丰水期和涨潮时期河水侧向补给地下水,而这些主干河流的水质往往好于附近的地下水水质。所以补给量越大,地下水污染的潜势就越大这一推论不适用于评价珠江三角洲经济区的地下水环境承载力。

另外,包气带是指潜水位以上的非饱水带,它应该包括土壤层。而且根据珠江三角洲经济区水文地质特征表明其地下水位埋藏普遍较浅,包气带厚度较薄,特别是有些河网密集地区的潜水位就处于土壤层中。这些情况表明珠江三角洲经济区浅层地下水环境承载力评价中如果采用土壤介质类别和包气带影响这两个因子就显得有所重叠,应该把这两个因子合并成一个用于评价浅层地下水的环境承载力才比较合理。此外,包气带影响这一因子涉及范围较广,很难把握,因此对珠江三角洲经济区地下水的环境承载力评价可以选取包气带介质来替代包气带影响。

对于含水层介质和含水层水力传导系数这两个因子来说,就如中国地质大学钟佐燊教授所评论的那样:含水层介质和含水层水力传导系数实际上是两个重复的因子,它们主要影响污染物在含水层迁移的难易程度,且都是双向因子;因为含水介质颗粒越细,污染物越难进入,而一旦进入就越难稀释、去除,反之,含水介质颗粒越粗,污染物越容易进入,但容易被稀释,因而对珠江三角洲地区的地下水环境承载力评价,这两个因子均不需要。

根据珠江三角洲平原区的水文地质条件表明,平原区河网密集、水系发育,珠江三角洲河网区的浅层地下水不但受到上层地表水体下渗的影响而且也受到侧向河流相互补排的影响,说明珠江三角洲经济区浅层地下水环境承载力的评价不但要考虑上层地表水体对河网区浅层水的影响,更要考虑侧向河流对它的影响。因此,对珠江三角洲经济区地下水的环境承载力评价需要增加河网密度这一因子。

## 6.5.2 评价方法

### 6.5.2.1 基本原则

根据上述珠江三角洲经济区地质-水文地质条件的分析结果,认为浅层地下水环境承载力评价的基本原则应主要从下列几个方面考虑:①选择对污染物迁移影响最大,且资料又容易获得的水文地质条件作为评价因子;②针对珠江三角洲经济区的水文地质条件,突出河网区与其他区域不同的地下水环境承载力特征。

### 6.5.2.2 评价因子

根据上述原则,结合珠江三角洲经济区地质-水文地质条件的分析结果,认为地下水埋深、包气带介质、河网密度以及地形地貌这4个参数是珠江三角洲地区浅层地下水的环境承载力评价的主要影响因子。下面对这些影响因子分别进行阐述。

**1. 地下水埋深(D)**

地下水埋深是对地下水环境容量承载力影响最大的因子之一。地下水埋深越大,污染物与包气带介质接触的时间就越长,污染物经历的各种反应(物理吸附、化学反应、生物降解等)越充分,污染物衰减越显著,地下水环境承载力就越好,反之则相反。

**2. 包气带介质(M)**

包气带介质是对浅层地下水环境承载力影响最大的因子之一。包气带介质对环境容量承载力的影响主要表现在其颗粒的粗细和裂隙发育程度上。如包气带介质颗粒越细或裂隙越不发育,则污染物迁移越慢,被吸附容量越大,污染物经历的各种反应(物理吸附、化学反应、生物降解等)越充分,污染物到达含水层的时间越久,故其地下水环境容量承载力越好,反之则相反。由于包气带介质较难获取,因而本次评价采用第四纪沉积地层的地表岩性代替。

**3. 河网密度(R)**

珠江三角洲平原区的河网密集区水系发育,其浅层地下水体在丰水期、枯水期、涨潮期、落潮期受河流侧向补、排影响较大。一般情况下,距离河流越近,其浅层地下水体越容易受到侧向河流的影响。而越容易受影响的地下水体,其环境容量承载力越差。

**4. 地形地貌(T)**

地形地貌决定着地形坡度,而地形坡度则有助于决定污染物是随地表径流被冲走还是留在一定的地表区域内最终渗入地下。如地形坡度小于2%的地区,因为产生地表径流相对较少,污染物入渗的机会多,地下水受污染的可能性大;相反,地形坡度大于18%的地区,地表径流大,入渗小,地下水受污染的可能性也小。

### 6.5.2.3 各因子的权重值

按因子对环境承载力影响的大小给予权重值,参照相关研究,影响最大的因子给予权重值5,而影响最小的因子给予权重值1。这里考虑到评价的范围是浅层地下水,认为包气带介质和地下水埋深对于珠江三角洲经济区浅层地下水的天然环境容量承载力的影响最大,所以给予地下水埋深和包气带介质的权重值分别为 5 和 4。其余,如河网密度的权重值为 3,地形地貌的权重值为 1。

#### 6.5.2.4 各因子的评分及公式计算

各因子的评分范围均为 1~10,环境承载力越差,分值越高,反之越低。根据珠江三角洲平原区地下水位普遍埋藏较浅等水文地质特征,对各个因子进行了详细地评分,详见表 6-5-1、表 6-5-2。环境承载力指数($I$)计算公式为:

$$I = 5 \times D + 4 \times M + 3 \times R + 1 \times T \tag{6-17}$$

式中:$D$、$M$、$R$、$T$ 分别为各因子的评分值。

表 6-5-1 各影响因子的类别及评分

| 包气带介质(地表岩性第四纪沉积)($M$) | | 河网密度($R$) | |
|---|---|---|---|
| 介质 | 评分 | 密度 | 评分 |
| 砾石 | 10 | 密集 | 10 |
| 粗砂 | 9 | 较密 | 7 |
| 中砂 | 8 | 一般 | 5 |
| 细砂 | 7 | 较疏 | 3 |
| 黏土质砂 | 6 | 稀疏 | 1 |
| 砂质黏土 | 5 | — | — |
| 亚砂土 | 4 | — | — |
| 亚黏土 | 3 | — | — |
| 黏土、淤泥 | 2 | — | — |
| 水泥(城镇区) | 1 | — | — |

表中括弧内的数字为典型评分值。

表 6-5-2 各影响因子的类别及评分

| 地形地貌($T$) | | 地下水埋深($D$) | |
|---|---|---|---|
| 高程(m) | 评分 | 埋深(m) | 评分 |
| $0 < T \leqslant 50$ | 10 | $0 < D \leqslant 2$ | 10 |
| $50 < T \leqslant 200$ | 5 | $2 < D \leqslant 20$ | 5 |
| $T > 200$ | 1 | $D > 20$ | 1 |

表中括弧内的数字为典型评分值。

#### 6.5.2.5 地下水环境承载力分级

根据上述计算公式,$I$ 值的范围为 13~130。$DI$ 值越高,环境容量承载力越差,反之环境容量承载力越好。环境容量承载力共分 5 级:Ⅰ级,$I \leqslant 35$,环境容量承载力很好;Ⅱ级,$35 < I \leqslant 55$,环境容量承载力较好;Ⅲ级,$55 < I \leqslant 75$,环境容量承载力中等;Ⅳ级,$75 < I \leqslant 100$,环境容量承载力较差;Ⅴ级,$I > 100$,环境容量承载力很差。

### 6.5.3 评价结果及分析

结果显示地下水环境承载力好的区块主要分布于丘陵区以及部分城市区,具体为惠州东部和西北部、广州北部及其城区、肇庆西北部和西南部、江门西部和南部以及深圳大部;地下水环境承载力中等的区块主要分布于地台地区以及丘陵与平原的过渡带,具体为肇庆东部、佛山西北部、江门中部、珠海西部、东莞南部以及惠州的西南部;环境容量承载力差的区块主要分布于平原区,尤其是河网密集、地下水位埋深浅的区域,如东莞的西北部、佛山中部和东南部(附图18)。珠江三角洲经济区地下水硝酸盐含量分布图很好地验证了环境容量承载力分布图是基本合理的,硝酸盐浓度较高的区块往往是环境承载力较差的区块,如东莞西北部和佛山中部硝酸盐含量较高,与此对应的环境容量承载力为Ⅴ级和Ⅳ级,即环境承载力最差和较差。

地下水环境承载力评价分区是地下水资源规划和保护的重要依据。报告在详细分析珠江三角洲经济区的水文地质条件基础上,结合相关研究,并考虑了参数资料获取的可行性,选取地下水位埋深、包气带介质、河网密度以及地形地貌4个要素为评价因子,突出珠江三角洲平原区河网密布这一特点,提出了珠江三角洲经济区地下水环境承载力评价的理想模型,完成了调查研究区的地下水环境承载力评价,得到珠江三角洲经济区地下水环境承载力评价分区图(附图18)。

## 6.6 水环境承载力综合评价

水环境承载力综合评价是以地表水环境容量和地下水环境容量为评价指标,并对该两项指标采用专家打分法进行等级划分(5分制),具体结果见表6-6-1。

表6-6-1 评价指标等级划分

| 分值 | 5分 | 4分 | 3分 | 2分 | 1分 |
| --- | --- | --- | --- | --- | --- |
| 地表水环境容量(t/a) | $>50 \times 10^4$ | $(10 \sim 50) \times 10^4$ | $(5 \sim 10) \times 10^4$ | $(1 \sim 5) \times 10^4$ | $<1 \times 10^4$ |
| 地下水环境容量 | 高 | 较高 | 中等 | 较低 | 低 |

对于两个指标的权重,根据构造的判断矩阵,采用AHP模型计算(即求解判断矩阵的最大特征向量)。由于珠江三角洲为北江、西江、东江入海时冲击沉淀而成的一个三角洲,其河网密集,水系发达,水库较多,其居民的生活用水、工业、农业用水以地表水为主,所以在构造判断矩阵时,地表水要比地下水稍微重要。通过层次分析法得出地表水环境容量和地下水环境容量的权重分别为0.6和0.4。

利用MapGIS平台,将地表水环境容量和地下水环境容量进行叠加分析,采用综合指数法计算水环境综合承载力,综合指数模型如下:

$$W_i = \sum_{j=1}^{p} a_j \times b_i \tag{6-18}$$

式中:$W_i$为第$i$单元的水环境综合承载力指数;$j$为评价因子;$a_j$为第$j$单元评价因子在第$i$评价单元的分值;$b_i$为第$j$个评价因子的权重;$p$为评价因子的个数。

将综合评分结果按表6-6-2所示标准划分为水环境承载力高、水环境承载力较高、水环境承载力中等、水环境承载力较低和水环境承载力低5个级别。根据计算结果,对照承载力评价分区标准,基于MapGIS平台得到珠江三角洲经济区水环境综合承载力分区图(附图19)。

表 6-6-2 水环境综合承载力评价分区标准

| 承载力分区 | 低 | 较低 | 中等 | 较高 | 高 |
| --- | --- | --- | --- | --- | --- |
| 评分 | <0.2 | 0.2~0.4 | 0.4~0.6 | 0.6~0.8 | 0.8~0.9 |

从附图 19 中可以看出,水环境综合承载力高的区域仅分布于肇庆市西部,肇庆市的其他区域则为水环境综合承载力较高区。另外,深圳市则全部为水环境综合承载力较高区,该区还分布于从化市的北部及东西部周边、萝岗区的中部,中山市也有零星分布。江门市的东部区域以及东莞市的西北部水环境综合承载力低,该市其他大部分区域则表现为水环境综合承载力较低。佛山市的顺德区、禅城区以及东莞市的大面积区域同样为水环境综合承载力较低区。珠海市、佛山市的大部分区域以及惠阳区、惠东县、博罗县表现为水环境综合承载力中等。

总体上来说,珠江三角洲经济区水环境承载能力不容乐观,大部分区域水环境承载力中等或较低。

## 6.7 本章小结

珠江三角洲经济区环境承载力评价主要结合了地表水环境容量和地下水环境容量两方面进行评估。对于地表水环境容量,主要是从狭义的角度研究其所能容纳污染物的能力,以定量评价为主。依据珠江三角洲经济区各流域的水质现状,选取了 COD 和氨氮作为总量控制的主要目标,依据相关规范所制订的水质目标和现有参数,选取了合适的水质模型及测算方法估算地表水环境容量。对于地下水环境容量,由于资料的支撑程度有限,则主要是通过选取地下水埋深、包气带介质、河网密度、地形地貌等指标进行定性评价,最终将地下水环境承载力划分为Ⅰ、Ⅱ、Ⅲ、Ⅳ、Ⅴ五级,分别代表环境容量承载力高、较高、中等、较低和低。最后,将地表水环境容量和地下水环境容量作为评价指标进行珠江三角洲经济区水环境综合承载力评价,依据一定的分区标准,将综合承载力划分为高、较高、中等、较低和低 5 个等级。评价结果表明,珠江三角洲经济区水环境承载能力不容乐观,大部分区域水环境承载力处于中等或较低水平。

# §7 珠江三角洲经济区地质灾害风险性评价

## 7.1 前言

### 7.1.1 概念

#### 7.1.1.1 地质灾害

《地质灾害防治条例》(中华人民共和国国务院令第 394 号)所指的地质灾害包括自然因素或者人为活动引发的危害人民生命和财产安全的山体崩塌、滑坡、泥石流、地面塌陷、地裂缝、地面沉降等与地质作用有关的灾害。

地质灾害内涵应该包括以下两方面内容。

第一,强调致灾的动力条件。即因地质作用或人类活动形成的灾害事件才是地质灾害。地质作用是促使组成地壳的物质组分、构造和表面形态等不断变化和发展的各种作用。除自然地质作用外,随着人类工程-经济活动的规模和范围迅速扩展,人类对地球表面形态和物质组成产生越来越大的影响。因此,由内动力地质作用、外动力地质作用和人类活动导致地质环境变化形成的灾害称为地质灾害。

第二,强调灾害事件的后果。即对人类生命财产和生存环境产生毁损的地质事件称为地质灾害,而那些仅仅是地质环境恶化,但并没有直接破坏人类生命财产和生产、生活环境的地质事件,则只是一种变异,尚未构成灾害。对此,我们习惯地称其为环境地质问题。

#### 7.1.1.2 地质灾害风险

基于自然灾害风险的普遍意义和地质灾害减灾需要,普遍将地质灾害风险定义为:地质灾害活动及其对人类造成破坏损失的可能性。它所反映的是发生地质灾害的可能机会与破坏损失程度。地质灾害风险具有客观性和不确定性。

**1. 客观性**

地质灾害风险是客观存在的,不以人们的意志为转移,是由地质灾害的形成、发展、运动过程中各种不确定性因素的客观存在而决定的,人们只能认识这些不确定性因素,但却无法根本消除这些不确定性因素。这些不确定性因素的运动具有随机性,人类采取预防措施,即有可能削弱或减少一些不确定因素,人类不合理的工程-经济活动则有可能诱发和加大这些不确定因素,使灾害风险增大。

**2. 不确定性**

地质灾害风险是地质灾害发生并造成一定损失的不确定性。因为地质灾害的发生是由很多因素促成的,这些因素的变化受地形地貌条件、地质构造、岩性条件、水文气象条件、人类工程-经济活动条件制约,这些条件的变化具有不确定性。同样强度的灾害造成的可能损失也有很多不确定性,受险对象的类型、时空分布、价值和易损性等都是不确定性因素。

这种不确定性在短期内也许是无规律可循的,概率是用来测度不确定性程度的有效数学工具,地质灾害的发生概率可以通过历史灾害发生数据进行估算地质灾害风险的不确定性,反映了自然界本身固有的不确定性与人类对自然界的认识能力之间的关系。可以说,这一特性的两方面是互为消长的,随着科学技术的进步,灾害科学研究的发展,灾害发生的不确定性必将趋于减小。然而,由于自然界以及社会经济的复杂多变,加之未来人口发展,经济-资源环境受随机现象的影响而难以预测,灾害发生的不确定性依然存在,不可能因人为的防灾工程和预警预报系统的完善而降为零,即灾害发生的不确定性所带来的成灾风险是自然界本身固有的,很难完全避免。

## 7.1.2 工作目的及意义

城市建设的规划设计主要是围绕安全与经济两个方面进行的,其中安全是首要因素,在安全的基础上,寻求功能区的配置与地质环境相适应,以获得最佳的经济效果。不进行必要的地质论证,盲目地将城址及重要基础设施选在潜在的地质灾害体之上,会给城市及重要设施建设带来永久性的隐患。若不进行风险性评价,不算经济账,盲目地进行投资,有可能在建设过程中面临很大的经济风险,大量增加地质灾害处置的投入。

地质灾害风险性评价的主要目标是:为珠江三角洲经济区地质环境风险性评价和资源环境承载力评价提供支撑,并可为城市土地的合理规划提供科学依据,从而为城市规划、建设、管理提供相应的地质环境信息方面的决策支持,最大限度实现城市建设与地质资源环境的优化配置,达到城市建设安全、经济的目的。对于城市的发展和规划具有十分重要的指导意义。

地质灾害风险评价是一项极具现实意义的重要研究课题和减轻灾害损失的非工程性重要措施,其研究成果具有广泛的应用价值,主要体现在:为区域发展及中长远规划提供基础资料;为评价建设用地的适宜性、国土资源规划、重大工程选址以及地质灾害治理、监测、预报及制订救灾应急措施和保护环境等提供科学依据;为受灾害威胁的地区制订应急措施以及为保障生命及财产安全提供工作基础;直接为科学而经济地组织实施防灾、减灾工程服务;为灾害保险及发生次生灾害的可能性及损失提供参考依据。

地质灾害风险评价为深入认识地质灾害灾情、制定防灾政策、规划防治区域、实施防治措施以及优选防灾项目、进行项目管理奠定了坚实基础。因此,开展地质灾害风险性评价,是进行地质环境风险性评价的基础工作,具有十分重要的理论和实际意义,对国土资源综合整治的科学合理进行也具有战略指导意义。

# 7.2 评价思路及方法

## 7.2.1 评价思路

目前在城市地区,由于地质构造或人类活动的影响,导致地质灾害的频繁发生,地质灾害的规模大小、破坏损失和潜在危险程度,决定着风险事件的发生概率和承灾体的受损程度。地质灾害的风险性在某些情况下受人类活动的影响很大,在对地质灾害风险性评价的过程中要考虑人类活动的影响程度。

地质灾害风险性评价可以看作是地质灾害灾情评价内容的一部分。地质灾害的灾情评价包括4个方面的内容:地质灾害危险性评价、社会经济易损性评价、地质灾害破坏损失评价和地质灾害防治工程评价。地质灾害的危险性和经济易损性是决定地质灾害风险性的两个基础条件。因此,地质灾害的风险性评价主要包括地质灾害的危险性评价和社会经济易损性评价。

因此,地质灾害风险性评价的总体思路是:基于GIS空间分析方法,从地质环境条件、诱发因素和地质灾害隐患点分布3个方面,评价地质灾害危险性;以多年地质灾害所造成的人员伤亡和直接经济损失情况为基础,综合考虑各地区人口与GDP的空间分布,进行区域社会经济易损性程度评价;通过地质灾害危险性和承灾体的社会经济易损性进行综合叠加分析,完成地质灾害风险评价,确定地质灾害综合风险等级,从而得到地质灾害的风险性评价图。根据各评价的结果,根据工作区历史地质灾害点、人口分布、产业分布等特征对各分区进行验证,分析各评价结果的可靠程度。

综上所述,地质灾害风险性评价技术路线见图7-2-1,首先建立基于MapGIS的评价基础数据库,确定地质灾害危险性评价和社会经济易损性评价的评价指标体系;结合本次工作的精度要求,根据对评价城市的地质环境条件进行分析,地质灾害危险性评价是按地形地貌、区域地质、构造等地质环境条件将工作区按不规则单元格进行评价单元划分;社会经济易损性评价则根据人口密度、产值、工业等社会经济条件按不规则单元格进行评价单元划分。对于每一个分区,提取评价因子;然后利用MapGIS的空间分析功能分别进行地质灾害危险性评价和社会经济易损性评价,做出地质灾害危险性分区图和社会经济易损性分区评价图;再对两张图进行叠加分析,得到地质灾害风险性评价图,为城市土地的合理规划利用提供科学依据。

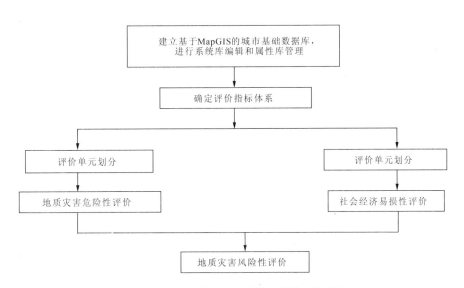

图7-2-1 地质灾害风险性评价技术路线图

## 7.2.2 研究方法

地质灾害风险程度主要取决于两方面条件:一是地质灾害活动的动力条件,主要包括地质条件、地貌条件、气象条件、人类活动。通常情况下,地质灾害活动的动力条件越充分,地质灾害活动越强烈,所造成的破坏损失越严重,灾害风险越高。二是人类社会经济易损性,即承灾区生命财产和各项经济活动对地质灾害的抵御能力与可恢复能力,主要包括人口密度及人居环境、财产价值密度与财产类型等。通常情况下,承灾区(地质灾害影响区)的人口密度与工程、财产密度越高,人居环境和工程、财产对地质灾害的抗御能力以及灾后重建的可恢复性越差,生态环境越脆弱,遭受地质灾害的破坏越严重,所造成的损失越大,地质灾害的风险越高。上述两方面条件分别称为危险性和易损性,它们共同决定了地质灾害的风险程度。

总体的研究方法是:鉴于我国的不少研究者在地质灾害危险性、社会经济易损性和地质灾害风险性评价方面已经做了较多的研究和实践工作,某些方面已经在全国的区域地质灾害调查与区划工作中应用,本次工作将在充分分析已有研究的基础上,尽量借鉴其合理内容。

因珠江三角洲经济区涉及9个地级市,工作区面积达41 698km²,地质环境条件较为复杂,资料收集难度较大,在满足工作精度需求的情况下,为减少工作量,本次评价的数学方法主要采用较简单的综合指数法。

## 7.3 地质灾害现状及分布

### 7.3.1 地质环境条件

珠江三角洲地区的基底由多断块组成。该区地质活动主要以大面积间歇性升降和断块差异活动为特点,其周界均以断裂为界,内部还发育不同方向相互交切的次级断裂。

珠江三角洲地区从第四纪晚期开始,沉积相可分为:下部更新世三角洲沉积前的古河流相砂砾层,该层直接覆盖在基岩风化壳之上,其上有一层花斑状黏土,代表一种沉积间断的风化作用;中部,早-中全新世陆相过渡带到三角洲浅海相薄层中细砂、粉砂及厚层灰黑色淤泥层;上部晚全新世泛滥平原和三角洲相砂质黏土、粉砂层。

该区内的地壳运动继续着以前断块运动的特征,除表现为边缘断块及五桂山断块的隆起和三角洲腹心的下沉外,还有由东、西两侧向三角洲中心的挠曲,导致地震集中在西江断裂以东的断裂和断陷区内。

地质灾害的形成和发育与气候条件密切相关,珠江三角洲地区气候温暖潮湿,属南亚热带季风气候,夏长闷热,冬季不寒,温暖潮湿,多年平均气温 21.9℃。受季风影响,该区具有雨量、雨强大、雨日多,降水季节性强,分布不均等气候特点,年均降水量 1800~2200mm。每年 4~9 月为汛期,占总降水量的 80% 以上。10 月至次年 3 月为枯水期。多年平均径流深为 800~1200mm。沿海每年 7~9 月常遭台风、风暴潮侵扰,易形成风灾、洪灾。

### 7.3.2 地质灾害影响因素

#### 7.3.2.1 地层岩性

地质灾害的发生与地层岩性密切相关。首先,珠江三角洲地区广泛分布有松散冲洪积层、残坡积层、胀缩土和崩坡积土层,这些松散岩类岩性软弱、抗剪强度低,在降水及人类工程活动影响下容易产生斜坡变形,从而引发崩塌、滑坡等地质灾害;其次,隐伏岩溶较为发育,尤其是深圳市龙岗—坑梓—坪地一带、广花盆地、增城市派潭、肇庆市区、江门台山等地岩溶发育,在重力和连续降水作用下,地下水采排等人类活动容易引发地面塌陷;最后,软土层主要分布在珠江三角洲平原前缘和中部,软土层天然含水量大、压缩性高、孔隙比大、抗剪强度低、承载力低、容易产生地面沉降和软土地基沉降。

#### 7.3.2.2 断裂构造

珠江三角洲地区主要发育有北东方向断裂(莲花山断裂、新丰-恩平断裂、博罗-紫金断裂、东莞-河源断裂等)、北西方向断裂(白坭-沙湾断裂、北江断裂等)和东西方向断裂(瘦狗岭断裂、佛冈-丰良断裂、珠江口断裂等)。地震的发生和分布往往与某条活动断裂符合或接近,尤其是在构造交会的地方更为频繁,比如顺德、番禺、中山及广州、南海一带,受罗浮山断裂、沙湾断裂和西江断裂交会控制,地震活动较多。

#### 7.3.2.3 气候

珠江三角洲地区属亚热带季风气候区,高温多雨,年平均降水量 1800~2200mm。降水量时空分布不均,台风季节常发生强降水过程,地质灾害高发期与强降水的高发期基本吻合,地质灾害常发生在降水过程开始后的1~2天内,反复降水及高温使得坡体的内部结构逐渐变化,滑裂带的土壤反复风化,并被地下水和渗入的雨水带走形成孔隙,降低了土体的抗剪能力,使斜坡极易失稳破坏。雨量充沛,暴雨、洪水、风暴是珠江三角洲地区地质灾害形成与发育的重要影响因素。

#### 7.3.2.4 人类活动

不合理的人类活动是造成崩塌、滑坡、地面塌陷、地面沉降等地质灾害频发的重要因素,比如开挖坡脚、削坡等极易改变山体斜坡原来平衡的应力状态,从而引发崩塌或滑坡地质灾害。大规模的高层建筑施工、地下空间开拓和其他重大工程施加的静荷载改变了工程地基的应力平衡状态,使地基土体发生蠕变,引起土体的压密变形,从而诱发滑坡、地面塌陷和地面沉降。大面积分布的欠固结海陆交互相沉积软土受自重影响,产生自重固结,从而引发地面沉降等地质灾害。

#### 7.3.2.5 承灾体易损性

承灾体易损性越高,对灾害的抵抗能力越差,灾害的危害也就越严重。珠江三角洲地区虽然仅占广东省土地总面积的30.7%,但常住人口却占全省人口的53.7%,财产分布也相对集中,珠江三角洲地区生产总值占全省的85.4%,人均地区生产总值是全省人均地区生产总值的1.6倍。珠江三角洲第二、第三产业发展快速,城市化进程不断加快,无序开发现象随处可见,使承灾体易损性增强,一旦发生地质灾害,将可能造成严重的人员伤亡和经济财产损失。

### 7.3.3 地质灾害概况

珠江三角洲地区范围包括珠江沿岸的广州、深圳、佛山、东莞、珠海、中山、江门、惠州(惠城区、惠阳区、惠东区、博罗县)、肇庆(端州区、鼎湖区、高要市、四会市)9个城市组成的区域。珠江三角洲地区地质灾害种类多、突发性强、破坏性大,危害人们生命财产安全,严重破坏生态环境,从而对人类生存及社会经济发展造成了长远影响。根据《广东省防灾减灾年鉴》,1994—2009年珠江三角洲地区共发生地质灾害367次,包括崩塌、滑坡、泥石流、地面沉降、地面塌陷等,共造成276人死亡,534人受伤,经济损失186 665万元。

珠江三角洲地区区域上位于广东省珠江三角洲平原台地以软基沉陷、地面塌陷为主的地质环境区。其中地面沉降地质灾害主要分布在珠江三角洲南沙—中山—新会—珠海一带;地面塌陷主要分布在珠江三角洲的广花盆地、肇庆市区、高明富湾、深圳龙岗一带。崩塌及滑坡、泥石流主要发生在三角洲西部边缘、西北部边缘、近岸岛屿及五桂山、珠海断隆等地带。

### 7.3.4 地质灾害现状及分布

珠江三角洲经济区地质灾害的形成与分布主要受地质环境的制约,珠江三角洲范围内地形地貌序列完整,地层岩性、构造形迹发育齐全,人类工程-经济活动强烈,使地质灾害呈现多样性。

根据《2007年广东省地质灾害防治规划》《广东省2015年度地质灾害防治方案》《广东省地质灾害及防治》,以及广州、深圳、佛山、东莞、珠海、中山、江门、惠州(惠城区、惠阳区、惠东区、博罗县)、肇庆(端州区、鼎湖区、高要市、四会市)9个市县的地质灾害防治规划及地质灾害防治方案等资料,珠江三角洲经济区发育的主要地质灾害类型包括崩塌、滑坡、泥石流、地面塌陷、地面沉降,未发现有地裂缝地质灾害。各灾种发育历史详见表7-3-1和图7-3-1。

受地质环境条件和人类工程活动控制,区内地质灾害的发生规律体现在两个方面。

地形地貌规律:地质灾害的发育程度与地形地貌关系密切,不同的地貌部位,地质灾害的发育程度差异较大。突发性地质灾害崩塌、滑坡、泥石流多发生在山区;地面沉降则多发生在冲积平原区;地面塌陷则主要发生在石灰岩分布的盆地、山前地带等。

表 7-3-1 珠江三角洲经济区地质灾害点统计表 单位：处

| 市县 | 灾种 | | | | | 合计 |
|---|---|---|---|---|---|---|
| | 崩塌 | 滑坡 | 泥石流 | 岩溶塌陷 | 地面沉降 | |
| 广州 | 23 | 8 | 3 | 61 | 12 | 107 |
| 深圳 | 5 | 4 | 0 | 4 | 2 | 15 |
| 肇庆 | 10 | 6 | 1 | 26 | 4 | 47 |
| 佛山 | 9 | 2 | 0 | 29 | 14 | 54 |
| 惠州 | 3 | 5 | 1 | 4 | 0 | 13 |
| 东莞 | 1 | 2 | 0 | 0 | 5 | 8 |
| 江门 | 1 | 7 | 0 | 5 | 7 | 20 |
| 中山 | 0 | 1 | 0 | 0 | 15 | 16 |
| 珠海 | 0 | 0 | 0 | 0 | 17 | 17 |
| 合计 | 52 | 35 | 5 | 129 | 76 | 297 |

①资料主要来源于广东省国土资源厅 2007 年编制的《广东省地质灾害防治规划(2001—2015 年)》及 2015 年编制的《广东省 2015 年度地质灾害防治方案》，并根据广东省地质环境监测总站实时监测地灾隐患点数据等资料进行增补修正。

②表中所列崩塌、滑坡和泥石流个数为威胁人数 100 人(含)以上或规模为大型(含)以上的地质灾害点；岩溶塌陷为发生的灾害点个数；地面沉降为观测到累计沉降量大于 10cm 的灾害点个数。

**集中性和密集性规律**：地质灾害多因人类工程经济活动引起。崩塌、滑坡多沿交通设施沿线分布；地面塌陷多见于覆盖型岩溶发育区和矿山坑道采空区，珠江三角洲地区较常见的是隐伏岩溶塌陷，特别是广州以北的广花盆地、肇庆市区、深圳龙岗等地隐伏岩溶区；泥石流多发生在区内的丘陵和台地地区，多为小型泥石流，如区内的从化鳌头、花都梯面镇、肇庆高要等地，均具备泥石流形成条件。

至 2014 年，珠江三角洲经济区共发生威胁 100 人(含)以上或规模为大型(含)以上的历史崩塌灾害点 52 处，滑坡灾害点 35 处，泥石流灾害点 5 处。另外，根据相关资料，珠江三角洲经济区岩溶地面塌陷灾害点共计 129 处，累计沉降量大于 10cm 的地面沉降灾害点 76 处。

现根据区内各灾种分布的差异性分述如下。

### 7.3.4.1 崩塌、滑坡

珠江三角洲经济区崩塌、滑坡数量较多，分布几乎遍及各市，规模大小不一，具有面广、量多、活动性强、破坏性大的特点；多发生在低山、丘陵区的铁路、公路、矿山、采石场、建筑施工场地边坡、河道(水库、码头)边岸、新建村镇、工业园区等近期人类活动频繁区。从地质环境条件而言，崩塌、滑坡主要发生在三角洲西部边缘、西北部边缘、近岸岛屿及五桂山断隆、珠海断隆等地带。滑坡几乎均出现在降水高峰期后，主要发生于人工切坡、爆破及地震活动区。其原因是在暴雨或持续性降水期间，形成的地表水入渗斜坡土体后，往往降低了土体的抗剪强度，引起斜坡失稳破坏。滑坡往往破坏性大，多为高速剧冲式，个别呈现多期滑动的特点。崩塌、滑坡分布范围较广，珠江三角洲经济区 9 个市县的分布情况如下所述。

广州市：崩塌、滑坡主要分布于广州的花都区、从化市及增城市的中低山丘陵区。其均为小型崩塌、滑坡，人为诱发占 74.5%，自然因素诱发占 25.5%，因崩塌、滑坡造成 28 人死亡，11 人受伤，直接经济损失 3000 万元。至 2014 年，发生威胁 100 人(含)以上或规模为大型(含)以上的地质灾害点共 34 处，

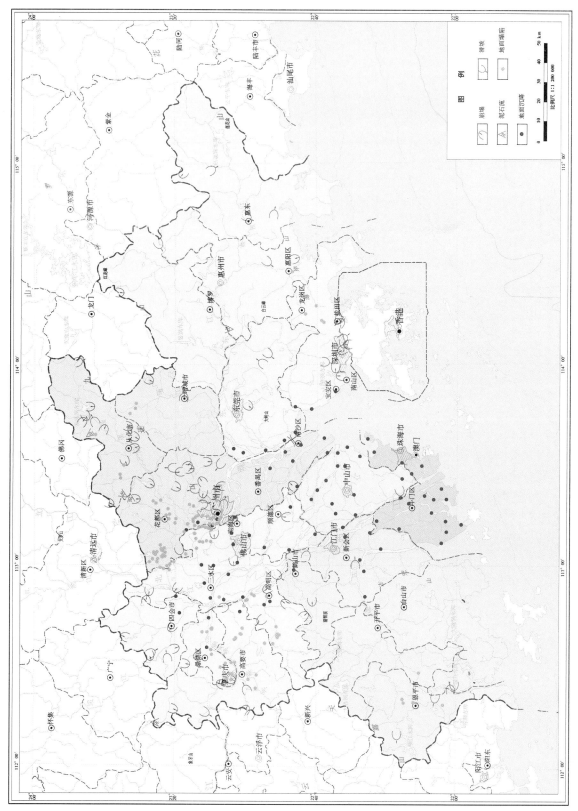

图 7-3-1 珠江三角洲经济区地质灾害现状分布图

其中崩塌灾害点23处,滑坡灾害点8处,泥石流3处。

深圳市:崩塌地质灾害主要分布于宝安、龙岗两区,局部分布于罗湖、南山、福田、盐田及光明新区。崩塌地质灾害的灾情多为小型,少量中型或大型。滑坡则以龙岗区分布最多,零星分布于福田、盐田、南山、宝安、光明新区,滑坡规模以小型为主。至2014年,深圳市发生威胁100人(含)以上或规模为大型(含)以上的崩塌、滑坡地质灾害点共9处,其中崩塌灾害点5处,滑坡灾害点4处。

佛山市:崩塌、滑坡主要分布于南海区西樵山、高明区皂幕山、禅城区石湾一带。崩塌、滑坡地质灾害的灾情多为小型,少量中型或大型。至2014年,佛山市发生威胁100人(含)以上或规模为大型(含)以上的崩塌、滑坡地质灾害点共11处,其中崩塌灾害点9处,滑坡灾害点2处。

珠海市:崩塌、滑坡主要分布于金湾区南水镇和三灶镇、香洲区的东部和南部、斗门区的井岸镇和白蕉镇城区附近及万山海洋开发试验区一带。

东莞市:崩塌主要分布于长安和横沥镇,滑坡主要分布于虎门、长安、樟木头、凤岗和塘厦一带,主要的滑坡地质灾害点为龙背岭滑坡、凤德岭滑坡、樟洋长山头滑坡。至2014年,东莞市发生威胁100人(含)以上或规模为大型(含)以上的崩塌、滑坡地质灾害点共3处,其中崩塌灾害点1处,滑坡灾害点2处。

中山市:崩塌、滑坡主要分布于黄圃镇、三角镇、阜沙镇、火炬区、南蓢镇、五桂山镇、板芙镇和神湾镇,局部分布在东区、沙溪镇、坦洲镇。崩塌、滑坡规模以小型为主,少量中型或大型。至2014年,中山市发生威胁100人(含)以上或规模为大型(含)以上的滑坡地质灾害点共1处。

惠州市:崩塌、滑坡主要分布于在惠城区潼湖—惠环—龙丰—桥西—马安及大岚—横沥、惠阳区永湖—淡水及新圩、惠东县平山—稔山及松坑—安墩—新庵、宝口—马山、博罗县龙溪—罗阳—汤泉及公庄—杨村—麻陂及麻榨、永汉、大亚湾澳头等地低丘陵区,其中崩塌302处,滑坡228处。规模以小型为主,少量中型或大型。其中人为因素引发的崩塌、滑坡450处,占84.9%;自然因素引发的崩塌、滑坡80处,占15.1%。至2014年,惠州市发生威胁100人(含)以上或规模为大型(含)以上的崩塌、滑坡地质灾害点共9处,其中崩塌灾害点3处,滑坡灾害点5处。

江门市:崩塌、滑坡主要分布于江门市东部西江大堤沿岸,包括鹤山市古劳镇的东部、蓬江区、江海区以及新会、台山市川岛镇、恩平市北西部、开平市的蚬冈、百合和台山白沙一带。至2014年,江门市发生威胁100人(含)以上或规模为大型(含)以上的崩塌、滑坡地质灾害点共8处,其中崩塌灾害点1处,滑坡灾害点7处。

肇庆市:崩塌、滑坡分布几乎遍及肇庆市的各县(市、区),是该市最普遍、最常见的地质灾害,具有突发性强、分布范围广、数量多、危害大、规模小和复活性强等特点。据统计,肇庆市崩塌、滑坡共有2505处,其中崩塌2105处,滑坡400处。其中人为诱发占72.4%,自然因素诱发占27.6%,全市因崩塌、滑坡造成64人死亡,26人受伤,直接经济损失3570.31亿元。肇庆市发生威胁100人(含)以上或规模为大型(含)以上的崩滑流地质灾害点共17处,其中崩塌灾害点10处,滑坡灾害点6处。

#### 7.3.4.2 泥石流

根据《广东省地质灾害防治规划》及《广东省地质灾害及防治》,根据全省地质环境和成灾特点,泥石流主要位于粤北中低山地区,而珠江三角洲经济区的泥石流主要发生在区内的丘陵和地台地区,从泥石流灾害的规模看,中、大型泥石流灾害较少,小型泥石流占多数。区内的广州从化鳌头、花都梯面镇、肇庆高要、惠州等地,均具备泥石流形成条件。珠江三角洲经济区典型泥石流灾害特征统计情况见表7-3-2。

珠江三角洲经济区各市、县泥石流主要分布情况如下所述。

广州市:泥石流主要分布在花都区梯面镇—从化市鳌头镇一带的丘陵地貌区,共有7处,虽然数量不多,但突发性强,波及范围广,危害性极大,仅1995年以来,因泥石流造成78人死亡,10人失踪,415人受伤,直接经济损失5亿元。至2014年,广州市发生威胁100人(含)以上或规模为大型(含)以上的泥石流地质灾害点 3 处。

表 7-3-2 珠江三角洲经济区典型泥石流灾害特征统计表

| 泥石流灾害地点 | 发生时间（年.月.日） | 泥石流灾害特征 | 泥石流类型 |
| --- | --- | --- | --- |
| 广州市花都区梯面镇五联村、联民村及联丰村一带 | 1997.5.8 | 死亡 16 人，受伤 265 人，经济损失约 1.2 亿元 | 降雨型泥石流 |
| 从化鳌头镇黄茅村、竹洞村、石咀村及高脊村等地 | 1997.5.8 | 死亡 62 人，失踪 10 人，受伤 150 人，经济损失约 3.5 亿元 | 降雨型泥石流 |
| 佛山市南海区西樵山 | 2006.8.3 | 死亡 8 人，毁房 51 间，受灾人口约 1 万人，直接经济损失超过 1.85 亿元 | 降雨型坡面泥石流 |
| 深圳市南山区深欧石场 | 2007.8.1~15 | 冲毁采石场道路 300m 左右 | 降雨型坡面泥石流 |
| 深圳市布吉街道办水径石场 | 2008.6.29 | 死亡 3 人，毁坏矿山采石设备 | 降雨型泥石流 |

该资料来源于《广东省地质灾害及防治》。

珠海市：珠海市查明泥石流 1 处，位于香洲区湾仔镇。目前尚未造成人员伤亡，但已造成直接经济损失 2 万元，受威胁人口 12 人，威胁资产 5 万元。

中山市：目前尚未有上报或记录的泥石流地质灾害。

惠州市：已发泥石流有 19 处，成因主要为建筑用的采石场开采碎石而形成的弃土，在有利的地形条件下受强降水而引发，主要分布在惠阳区、博罗县等。泥石流共造成了 4 人死亡，8 人受伤，直接经济损失 601 万元。至 2014 年，惠州市发生威胁 100 人（含）以上或规模为大型（含）以上的泥石流地质灾害点 1 处。

江门市：目前尚未有上报或记录的泥石流地质灾害。

肇庆市：泥石流主要零散分布在高要市境内低山丘陵地貌区，该市已发泥石流 8 处，均由暴雨、特大暴雨诱发，造成 29 人死亡，17 人受伤，直接经济损失 900 多万元。至 2014 年，肇庆市发生威胁 100 人（含）以上或规模为大型（含）以上的泥石流地质灾害点 1 处。

#### 7.3.4.3 地面沉降

珠江三角洲经济区软土分布广泛，厚度较大，是广东省软土沉积厚度最大、分布最广的地区，是东南沿海软土地面沉降最典型的区域，广泛分布于广州、深圳、珠海、江门、中山、佛山、东莞等地，尤其是广州市番禺区南部、中山市北东部及珠海市西南部最具代表性。地面沉降因过度开采地下水以及沉积压缩导致，形成蝶形洼地，使得交通路面凹凸不平，严重影响地面建筑工程、堤围水利工程、地下水电管网等基础设施的正常使用，严重影响投资竞争力和城市环境。

根据由广东省地质测绘院牵头，广东省地质局第四地质大队、广东省水文地质大队、深圳市地质局协作，于 2014 年完成的 1∶25 万《珠江三角洲及周边地区地面沉降地质灾害监测项目》的相关资料，珠江三角洲经济区已发生地面沉降的地区主要分布于广州市以南及珠江口各大出海口门的广大平原区和河口沉积区，分布面积约为 5969km²（该项目工作区面积约为 11 681km²）。

根据珠江三角洲经济区地质环境综合图件成果，珠江三角洲经济区存在地面沉降风险的面积达 12 095km²，主要分布于北江、西江、东江、潭江下游的广（州）佛（山）肇（庆）、江（门）鹤（山）高（明）、东莞、开平、新会等沿岸和珠江三角洲八大口门地区。

珠江三角洲经济区地面沉降主要威胁对象为工业与民用建筑物以及城镇和乡村人员。受影响的重要基础设施主要是区内的重要城镇基础设施、港口、输气和输油管道、深圳及佛山机场、地铁（轻轨）、公路(含高速公路)、铁路(含高铁)等。

至2014年,珠江三角洲经济区观测到累计沉降量大于10cm的地面沉降地质灾害点共76处,其中广州12处,深圳2处,佛山14处,东莞5处,珠海17处,中山15处,江门7处,肇庆4处。

#### 7.3.4.4 地面塌陷

本次地质灾害风险评价未将岩溶地面塌陷地质灾害列入评价范围,其单独作为岩溶地质灾害风险评价(详见本章7.7节岩溶地面塌陷灾害风险评价),此处仅对珠江三角洲经济区岩溶地面塌陷地质灾害做简单陈述。

地面塌陷多见于覆盖型岩溶发育区和矿山坑道采空区。珠江三角洲经济区较常发生的是隐伏岩溶塌陷,特别是广州以北的广花盆地、深圳龙岗等地隐伏岩溶区。其中广花盆地为大片石炭系灰岩分布区,石灰岩一般埋藏较浅,约10m,广花盆地中部灰岩溶洞发育,又是地下水集中开采区,导致地面沉降、地裂缝及地表塌陷。地表水、孔隙水与溶洞水相通,造成水资源严重污染。近年来已发生多处隐伏岩溶塌陷,并伴生周围民房开裂、水井干涸及其他环境地质问题。1994—2009年,珠江三角洲经济区共发生地面塌陷98次(特大型3次,中型19次),较典型且危害较严重的是广花岩溶盆地江村、肖岗、新华等地。1959—1995年,因抽水试验或开采抽水先后产生岩溶地面塌陷多处,致使白云区江高、蚌湖、神山三镇238间房屋开裂。

至2014年,珠江三角洲经济区共发生岩溶地面塌陷地质灾害点共129处,其中广州61处,深圳4处,佛山29处,江门5处,肇庆26处,惠州4处。

#### 7.3.4.5 地裂缝

地裂缝的形成过程复杂性程度高,常常同地震、滑坡、崩塌、地面塌陷、地面沉降、胀缩土变形及断层蠕动等地质灾害相互伴生,构成地质灾害链;长期的抽排地下水、矿山开采、人工开挖边坡、地表水渗漏、暴雨及长期的干旱等都能诱发或加剧地裂缝灾害的活动。根据《广东省地质灾害防治规划(2007年)》资料,胀缩土地裂缝主要分布在雷州半岛,珠江三角洲经济区地裂缝发育较为罕见,大多根据其发生的类型计入该类型地质灾害中(表7-3-3)。

表7-3-3 珠江三角洲经济区典型地裂缝特征统计表

| 地裂缝位置 | 地裂缝类型 | 形成时间 | 规模特征 | 灾情特征 | 诱发因素 |
| --- | --- | --- | --- | --- | --- |
| 佛山市三水区乐平镇一带 | 地震地裂缝 | 1997.9.23和9.26日三水市地震 | 地裂缝总长度达数百米 | 导致1639间房屋受损,648间房屋变成危房 | 地震(地震烈度Ⅵ,震级3.7/4.4) |
| 佛山市顺德区大良飞鹅山 | 滑塌地裂缝 | 2008.6.17 | 两条弧形展布的裂缝,裂缝局部交叉、扩展长120m和180m,可见宽度0~0.13m和0~0.1m | — | 滑坡蠕动变形引起 |
| 广州市白云区人和镇矮岗村 | 塌陷地裂缝 | 1995.6.28 1995.7.11 | 两条地裂缝带,长分别为5.8m及9.5m,宽4.5m及13m,裂缝宽3~5cm | 农田蓄水沿地裂缝流失 | 人工大量抽取地下水引起 |
| 广州市花都区赤坭镇荷塘村 | 塌陷地裂缝 | 1997—1998 | 北东向展布,长度可达几十米,最大宽度约5cm | 荷塘村大量的单层房屋开裂 | 采石场过量抽排地下水引发 |
| 广州市江高、蚌湖及神山一带 | 胀缩土地裂缝 | 1987 | 地裂缝分布较广,长度多为3~58m,宽为0.1~0.5m | 500余间房屋受损开裂 | — |

该资料来源于《广东省地质灾害及防治》。

## 7.4 地质灾害危险性评价

### 7.4.1 地质灾害危险性评价单元划分

珠江三角洲经济区地质灾害危险性评价单元划分应以地质图为基础,依据地质环境条件和地质环境问题的差异,按"区内相似,区际相异"的原则进行单元划分。

评价单元是具有相同特性的最小地域单元。考虑到珠江三角洲经济区地质环境条件差异性相对较大,因此确定其地质灾害危险性评价采用不规则多边形网格单元划分。在不规则网格单元划分中,可以根据各区域不同的使用功能,把相同功能的地区划分在一起,而不必过多考虑划分单元的大小等因素的限制。

不规则单元的划分以地质环境条件和地质环境问题为依据,根据以下因素进行划分:①不同微地貌、岩土体类型、地质构造、地质资源等地质环境条件;②滑坡、崩塌、泥石流、岩溶塌陷、不稳定斜坡和不良岩土体等环境地质问题;③岩性突变边界等。

### 7.4.2 地质灾害危险性分级

根据工作区地质环境条件以及地质灾害成灾特点,参照《广东省地质灾害危险性评估实施细则》(2013年11月)及前人研究成果,从地质环境条件、诱发因素和地质灾害隐患点分布等方面评价地质灾害危险性。基于GIS空间分析法,将调查取得的地质灾害分布图与各主要影响因素进行叠加,采用概率比率模型,计算得到概率比率值,根据概率比率值大小划分为高危险、中等危险和低危险3个等级。

### 7.4.3 地质灾害危险性评价体系

根据珠江三角洲经济区的特点,将其地质灾害分为三大类型:崩滑流突发性地质灾害、岩溶地面塌陷地质灾害和地面沉降地质灾害。因上述3种主要地质灾害在珠江三角洲经济区的分布区域重叠较少,故根据该特点,参考各类型地质灾害的主要致灾因素,选择可量化的致灾因素作为评价因子,分别对各类型地质灾害所在区域的地质灾害危险性进行评价,再对3种类型的评价结果进行汇总,得到工作区的地质灾害危险性评价分区图。

#### 7.4.3.1 崩滑流突发性地质灾害

**1. 崩塌的形成条件及诱发因素**

地质环境条件:地形、地层岩性、构造。

自然因素:地震、降水、地表水浸泡与冲刷、植物根劈作用。

人类活动:采矿、边坡开挖、水库蓄水与渠道渗漏、堆(弃)渣填土、强烈机械振动。

**2. 滑坡的形成条件及诱发因素**

地质环境条件:地形、地层岩性、岩层组合特征及倾角、构造。

自然因素:降水、地震、地下水水位变动。

人类活动:采矿、边坡开挖、蓄水排水。

**3. 泥石流的形成条件及诱发因素**

地质环境条件:地形、地层岩性。

自然因素:降水、地震。

人类活动：采矿、工程建设、植被破坏。

参照《广东省地质灾害危险性评估实施细则》（2013 年）及前人研究成果，根据地质环境条件的差异性和潜在地质灾害隐患的分布情况、危害程度、受灾对象以及社会经济属性等，确定判别危险性的量化指标。根据"区内相似、区级相异"的原则，采用定性和半定量分析法，进行工作区地质灾害危险性等级分区。

选取地形坡度等 6 个指标，对珠江三角洲经济区的崩滑流地质灾害危险性进行分级，见表 7-4-1。

表 7-4-1 崩滑流地质灾害危险性评价分级指标

| 指标＼等级 | 高危险 | 中等危险 | 低危险 |
| --- | --- | --- | --- |
| 地形坡度（°） | >40 | 20～40 | <20 |
| 活动断裂两侧距离（km） | <1 | 1～2 | >2 |
| *24 小时降水量（mm） | >250 | 100～250 | <100 |
| *平均暴雨日数（天） | >7 | 3～7 | <3 |
| 植被覆盖率（%） | <10 | 10～30 | 30～60 |
| 矿山分布密度（个/平方千米） | <3 | 0.3～3 | <0.3 |

* 根据广东省气象局统计数据，珠江三角洲经济区降水较为频繁，多年平均降水量较为接近。其中珠江三角洲 9 个地级市日最大降水量为 216.3（肇庆）～620.3mm（珠海），多为 280～400mm；** 平均暴雨日数为 5.7（肇庆）～10.8 天（珠海），多为 7～9 天，均不利于进行分级。但降水是珠江三角洲经济区崩滑流的主要致灾因素之一，在分级评价过程中需充分考虑该因素的影响。

#### 7.4.3.2 岩溶地面塌陷

岩溶地面塌陷的形成条件及诱发因素主要如下。

地质环境条件：地层岩性、岩溶发育强度。

自然因素：地震、降水、地下水位变动、暴雨冲刷、重力分布变化。

人类活动：矿山排水、工程建设、振动、抽水。

参照《广东省地质灾害危险性评估实施细则》（2013 年）及前人研究成果，选取可溶岩条件等 4 个指标，对珠江三角洲经济区的崩滑流地质灾害危险性进行分级，见表 7-4-2。

表 7-4-2 岩溶地面塌陷地质灾害危险性评价分级指标

| 指标＼等级 | 高危险 | 中等危险 | 低危险 |
| --- | --- | --- | --- |
| 可溶岩条件 | 纯碳酸盐岩 | 碳酸盐岩夹碎屑岩 | 碎屑岩夹碳酸盐岩 |
| 覆盖层厚度（m） | <10 | 10～30 | >30 |
| 水位年变幅（m） | >5 | 2～5 | <2 |
| 地下水富水性 | 丰富 | 中等 | 贫乏 |

#### 7.4.3.3 地面沉降

地面沉降的形成条件及诱发因素主要如下。

地质环境条件：地层岩性。

自然因素：地震、地下水位变动、自重固结、构造运动。

人类活动：排水（抽水）固结、加荷固结、采矿（液体矿产）、地下工程施工。

参照《广东省地质灾害危险性评估实施细则》（2013年）及前人研究成果，选取岩性条件等3个指标，对珠江三角洲经济区的崩滑流地质灾害危险性进行分级，见表7-4-3。

表7-4-3　地面沉降地质灾害危险性评价分级指标

| 指标 \ 等级 | 高危险 | 中等危险 | 低危险 |
| --- | --- | --- | --- |
| 岩性条件 | 淤泥、淤泥质土、粉土等黏性土为主 | 砂砾、黏性土相间 | 以砂砾为主 |
| 黏土层厚度(m) | >15 | 8~15 | <8 |
| 最大沉降速率(mm/a) | >50 | 10~50 | <10 |

为便于进行后续的地质灾害风险性分析，将上述各指标进行量化，对单个指标按由高到低危险性进行赋值，分别为3、2、1，即高危险区赋值为3，中等危险区赋值为2，低危险区赋值则为1。

根据取差原则将上述各类型地质灾害评价分级指标进行信息叠加，即只要有一种指标为高危险区时，该单元格则视为高危险区，并赋值为3。据此对工作区所属单元进行地质灾害信息的提取和数字化。

通过评价指标进行危险性评价，分析各指标对地质灾害危险性的贡献大小，然后利用GIS空间分析平台，按不规则多边形网格单元进行数据处理，依据地质灾害危险性评价分级表进行判别，评判出每个评价单元的地质灾害危险程度，并将其划分为3级：地质灾害高危险区、地质灾害中危险区、地质灾害低危险区。

## 7.4.4　地质灾害危险评价结果

根据评价指标，对珠江三角洲经济区的地质灾害危险性进行了评价，结果见表7-4-4和图7-4-1。

珠江三角洲经济区地质灾害危险性各级情况如下。

表7-4-4　珠江三角洲经济区地质灾害危险性分区结果表

| 项目 \ 等级 | 高危险 | 中等危险 | 低危险 |
| --- | --- | --- | --- |
| 危险性评价面积(km²) | 7846 | 12 511 | 21 341 |
| 占全区比例(%) | 18.8 | 30.0 | 51.2 |

### 7.4.4.1　地质灾害高危险区

珠江三角洲经济区范围内地质灾害高危险区主要分布于广州（广州北部白云、花都区、从化市一带，增城零星分布）、深圳（龙岗区、盐田区一带）、佛山（南海一带，三水、高明、芦苞、官窑一带零星分布）、东莞（虎门镇一带）、中山（零星分布于中山市东部及南部一带）、江门（新会、恩平、开平、鹤山等地）、

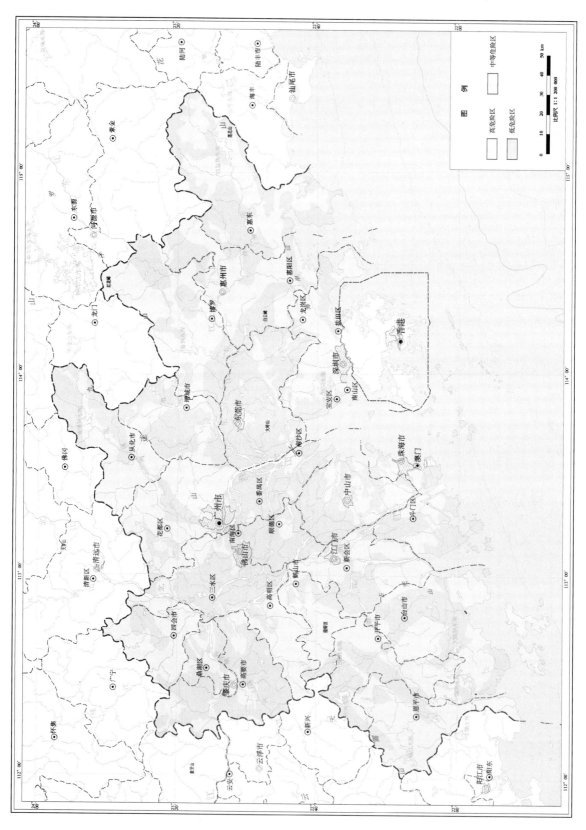

图 7-4-1 珠江三角洲经济区地质灾害危险性分区图

惠州（惠城区、惠阳区、惠东县、博罗县）、肇庆（鼎湖区、高要市、四会市）。该区主要位于岩溶发育强烈地区、厚层软土分布区、活动断裂分布区等。区内崩塌、滑坡、泥石流及地面塌陷、地面沉降等地质灾害点分布多，危险性和危害性大，威胁人数多，潜在经济损失大。比如广州以北的广花盆地、深圳龙岗等地隐伏岩溶区，岩溶发育，岩溶地面塌陷强烈发育，危险性大。

#### 7.4.4.2 地质灾害中等危险区

珠江三角洲经济区范围内地质灾害中等危险区各市均有分布，主要分布于广州（广州中部、东部增城区及北部从化区一带）、深圳（龙华、平湖、盐田区一带）、佛山（主城区、顺德城区及北部山区一带）、东莞（主城区、大岭山—常平—谢岗一带）、珠海（城区、斗门区等）、中山（城区、横门一带）、江门（新会、恩平、开平、鹤山、台山等均有分布）、惠州（城区、博罗县北部、惠东东部及南部等）、肇庆（端州区、鼎湖区、高要市、四会市）。该区主要位于低山丘陵区、软土分布区等。区内崩塌、滑坡、泥石流及地面塌陷、地面沉降地质灾害点分布较多，危险性和危害性较大，区内人类活动强烈，威胁人数较多，潜在经济损失较大。

#### 7.4.4.3 地质灾害低危险区

工作区内除地质灾害高危险区和中等危险区以外的其他区域，占工作区面积的51.2%，主要为珠江三角洲平原区以及山区丘陵地区。

### 7.4.5 评价结果验证

地质灾害危险性的评价结果合理性可通过对不同危险等级的区域已经发生的地质灾害点进行对比，并根据《广东省2015年度地质灾害防治方案》附表2，对广东省2015年地质灾害重要危险地区（段）与本次评价的危险性大区进行对比。

已经发生的威胁人数大于100人（含）或规模为大型（含）以上的地质灾害点，以及主要的岩溶地面塌陷点、地面沉降灾害点等，主要分布于广花盆地，广州市东北部太和、从化区、肇庆市城区、高要市、四会市、深圳市龙岗区等地，大多位于本次评价的危险性大区范围之内，部分危险性大区所在区域未发生威胁人数大于100人（含）或规模为大型（含）以上的地质灾害点，其原因主要是人口密度相对较低，或地质灾害点个数多但规模较小。因此，已发地质灾害点与本次评价的高危险区对应关系较好。

广东省2015年地质灾害重要危险地区（段）包括珠江三角洲经济区的高要市、从化区、惠东县、深圳市的罗湖区插花地、龙岗区，广州市的广花盆地等地，广州市、佛山市、深圳市、东莞市、惠州市地铁沿线及轨道交通线网等。本次评价的地质灾害高危险区主要位于广州市北部及东北部、从化市、惠州市（惠城区、博罗县、惠东县东北部）、深圳市龙岗区、高要市、四会市、恩平市、鹤山市等地。两者对应关系较好。

综上所述，已发地质灾害点以及《广东省2015年度地质灾害防治方案》所划重要危险地区（段）与本次评价的地质灾害高危险区对应关系较好，评价结果较为合理。

## 7.5 社会经济易损性评价

易损性是指承灾体遭受地质灾害破坏机会的多少与发生损毁的难易程度，表现为社会经济系统对地质灾害的响应，是以承灾体对灾害活动的敏感程度与承受能力来度量的。社会经济易损性由承灾体自身条件和社会经济条件决定，前者主要包括承灾体类型、数量和分布情况等，后者包括人口分布、城镇布局、厂矿企业分布和交通通讯设施等。

## 7.5.1 破坏效应及承灾体类型划分

### 7.5.1.1 破坏效应

分析地质灾害破坏效应是界定承灾体范围、划分承灾体类型、分析承灾体易损性的基础。珠江三角洲经济区地质灾害的破坏效应主要有以下几方面。

(1) 威胁人类生命健康，造成人员伤亡。
(2) 破坏城镇、企业、工厂及房屋等工程设施。
(3) 破坏铁路、公路、机场、航道、码头、地铁、轻轨、高铁、海底隧道等交通设施，威胁交通安全。
(4) 破坏生命线工程。生命线工程主要包括供水排水系统、供电系统、通信系统和供气系统。
(5) 破坏水利工程设施。
(6) 破坏农作物以及森林、林木。
(7) 破坏水资源、土地资源和矿产资源。
(8) 破坏机械、设备和各种室内财产。
(9) 破坏输油输气管线。
(10) 破坏水井、地热井等。
(11) 破坏堤坝、水闸等防洪防潮设施。

### 7.5.1.2 地质灾害承灾体类型划分

由于地质灾害承灾体特别繁杂，所以在易损性评价中，不可能逐一核算它们的损失，只能将承灾体划分为若干类型。划分地质灾害承灾体类型的依据和原则主要是：符合地质灾害特点，根据地质灾害破坏效应，界定承灾体范围；充分考虑承灾体的共性和个性特征，同类型承灾体的性能、功能、破坏方式以及价值属性和核算方法基本相同或相似。

根据上述划分的依据和原则，将珠江三角洲经济区地质灾害承灾体大致划分为如下几类：人、房屋建筑、工厂企业、交通设施、生命线工程、输油输气管道、水利工程、生活与生产构筑物、室内设备及物品、农作物、林木、水资源、土地资源、矿产资源、水井、地热井、堤防工程。

## 7.5.2 易损性评价体系

一般使用易损性指数作为宏观量度区域灾害承灾水平的指标。根据地质灾害的主要危害对象，选取人口密度、大中型企业及工程建设密度、铁路及公路密度、耕地密度、产值密度等为基本要素。根据这些要素在评价区的分布情况划分等级，并赋予相应的标度分值，结合它们对灾害经济损失的影响程度，给予不同的作用权重。

得到易损性指数的分析模型：

$$y = k \sum_{i=1}^{n} Q_i y_i \tag{7-1}$$

式中：$y$ 为评价区易损性指数；$k$ 为修正系数或调整系数；$Q_i$ 和 $y_i$ 分别为影响易损性的第 $i$ 类要素的作用权重和该要素的得分值；$n$ 为地质灾害危害范围内单元总个数。

以上模型适用于区域地质灾害易损性分析，由于每一个评价单元易损性值的影响因素不同。因此，其易损性值的计算也不能笼统地使用区域分析模型，而应该充分考虑不同因子的影响，使计算出来的易损性指标与实际状况更为相符。

珠江三角洲经济区社会经济易损性评价指标体系主要由生命损失、经济损失、社会损失和资源与环境损失构成。地质灾害的社会经济易损程度，用易损性指数来度量，指数越大，则社会经济易损程度越高。

**1. 易损性值的计算**

根据前人的研究成果,分区单元的易损性值用下列公式计算:

$$y_i = \sum_{j=1}^{4} a_{ij} \cdot x_{ij} \tag{7-2}$$

式中:$y_i$ 为 $i$ 单元的易损性值;$a_{ij}$ 为 $x_{ij}$ 的损失率(表 7-5-1);$x_{i1}$ 为 $i$ 单元的人口密度(人/km²);$x_{i2}$ 为 $i$ 单元的财产密度(万元/km²);$x_{i3}$ 为社会损失指标(表 7-5-2);$x_{i4}$ 为资源与环境损失指标(表 7-5-2)。

表 7-5-1 损失率查值表

| 损失率 \ 条件 | 高危险区 | 中危险区 | 低危险区 |
|---|---|---|---|
| $a_{i1}$ | >0.7 | 0.4~0.7 | <0.4 |
| $a_{i2}$ | >0.7 | 0.4~0.7 | <0.4 |
| $a_{i3}$ | >0.7 | 0.4~0.7 | <0.4 |
| $a_{i4}$ | >0.7 | 0.4~0.7 | <0.4 |

表 7-5-2 社会损失和资源与环境损失严重程度划分表

| 严重程度(赋值) | 社会损失 | 资源与环境损失 |
|---|---|---|
| 严重(20) | 救灾资金投入大,各产业部门产值减少量大于 60% | 环境严重恶化或自然资源严重破坏 |
| 较严重(10) | 救灾资金投入较大,各产业部门产值减少量 20%~60% | 环境较严重恶化或自然资源较严重破坏 |
| 不严重(5) | 救灾资金投入小,各产业部门产值减少量小于 20% | 环境轻微恶化或自然资源轻微破坏 |

**2. 易损性值归一化指数计算**

分区单元的易损性值归一化指数用下列公式计算:

$$y_{损ij} = \frac{y_{ij}}{y_{j\max}} \tag{7-3}$$

式中:$y_{j\max}$ 为 $j$ 因素损失最大值。

根据 $y_{损ij}$ 的大小将 $i$ 单元 $j$ 因素易损程度分为 3 级:$y_{损ij} > 0.75$,高易损;$y_{损ij} = 0.45 \sim 0.75$,中易损;$y_{损ij} < 0.45$,低易损。

**3. 易损性程度 $y_{损}$ 的取值**

将 4 种因素社会经济易损性进行叠加,当有 2 种以上因素高易损重叠时,则取值为 4。根据表 7-5-3,对工作区所属单元进行社会经济易损性信息的提取和数字化。

**4. 社会经济易损性指数计算**

承灾体的易损性指数 $E_{损}$ 用下列公式计算:

$$E_{损} = \frac{y_{损}}{5} \tag{7-4}$$

表 7-5-3　社会经济易损性程度取值表

| 因素 | 易损性程度划分 | | |
|---|---|---|---|
| | 高易损区 | 中易损区 | 低易损区 |
| 人口 | 3 | 2 | 1 |
| 财产 | 3 | 2 | 1 |
| 社会 | 3 | 2 | 1 |
| 资源与环境 | 3 | 2 | 1 |

**5. 社会经济易损性分区**

将上述综合信息叠加结果用数值表示，根据表 7-5-4 所示的取值，在计算机上用 MapGIS 等软件自动生成分区，可定量化地综合反映承灾体的社会经济易损程度（即地质灾害的破坏损失程度）。

表 7-5-4　社会经济易损性指数取值表

| 易损程度指标 \ 等级 | 高易损区 | 中等易损区 | 低易损区 |
|---|---|---|---|
| 易损程度 $y_{损}$ | >2.5 | 1.5～2.5 | <1.5 |
| 易损性指数 $E_{损}$ | >0.5 | 0.3～0.5 | <0.3 |

## 7.5.3　易损性评价单元划分

以人口密度、产值、建筑物及重要基础设施的分布、自然保护区等为主要依据，采用不规则多边形网格单元的划分方法。

这种方法适用于对人口相对集中、经济发达的地区进行社会经济易损性评价。在这些地区，由于人口密度和社会经济发展变化大，评价指标离散性大，若仍采用正方形网格单元划分法，就会把评价因子性状相对不均一的区段划分在同一评价单元内，而把均一性较好的区段可能人为地割离开。因此，宜采用不规则多边形网格单元划分法。

在不规则网格单元划分中，可以根据各区域不同的使用功能，把相同功能的地区划分在一起，而不必过多考虑划分单元的大小等因素的限制。

## 7.5.4　易损性评价基础数据

珠江三角洲经济区是中国改革开放的先行地区，是广东省乃至全国重要的经济中心区域，在全国经济社会发展和改革开放大局中具有突出的带动作用和举足轻重的战略地位，是仅次于长三角都市经济圈、京津冀都市经济圈的中国第三大经济总量的都市经济圈。

近年来，珠江三角洲经济区发展迅速，在广东省的经济地位十分突出，各项经济指标均遥遥领先于全省乃至全国大部分地区，珠江三角洲经济区各地级市主要社会经济统计数据及主要经济指标见表 7-5-5、表 7-5-6。

表 7-5-5 珠江三角洲经济区各市社会经济基础统计资料表

| 市别 | 地区生产总值（亿元） | 产业单位数（个） | 固定资产投资（亿元） | 常住人口（万人） | 人均地区生产总值（元） | 土地面积（km²） | 人口密度（人/km²） |
| --- | --- | --- | --- | --- | --- | --- | --- |
| 全省总计 | 62 163.97 | 1 276 885 | 22 828.65 | 10 644 | 58 540 | 179 692.69 | 592 |
| 广　州 | 15 420.14 | 230 937 | 4447.30 | 1292.68 | 119 695 | 7248.86 | 1783 |
| 深　圳 | 14 500.23 | 269 607 | 2490.20 | 1062.89 | 136 948 | 1996.78 | 5323 |
| 珠　海 | 1662.38 | 45 432 | 960.89 | 159.03 | 104 786 | 1724.32 | 922 |
| 佛　山 | 7010.17 | 112 279 | 2375.60 | 729.57 | 96 310 | 3797.73 | 1921 |
| 惠　州 | 2678.35 | 56 419 | 1401.30 | 470.00 | 57 144 | 11 346.14 | 414 |
| 东　莞 | 5490.02 | 121 677 | 1383.94 | 831.66 | 66 109 | 2460.01 | 3381 |
| 中　山 | 2638.93 | 71 243 | 962.93 | 317.39 | 83 393 | 1783.67 | 1779 |
| 江　门 | 2000.18 | 46 220 | 1000.84 | 449.76 | 44 546 | 9505.42 | 473 |
| 肇　庆 | 1660.07 | 26 088 | 1007.78 | 402.21 | 41 479 | 14 891.23 | 270 |
| 珠三角 | 53 060.48 | 979 902 | 16 030.78 | 5715.19 | 93 114 | 55 136 | 1037 |
| 珠江三角洲占比重 | 85.4% | 76.7% | 70.2% | 53.7% | 1.6 倍 | 30.7% | 1.8 倍 |

①佛山市统计数据包含顺德区；②本表中珠江三角洲指珠江三角洲经济区全域规划的范围，包含广州等9个地级市的全部。

表 7-5-6 珠江三角洲经济区主要经济指标统计表

| 经济指标类型 | 单位 | 数值 |
| --- | --- | --- |
| 年末常住人口 | 万人 | 5715.19 |
| 年末从业人员 | 万人 | 3784.09 |
| 地区生产总值 | 亿元 | 53 060.48 |
| 人均生产总值 | 元 | 93 114 |
| 公路通车里程 | km | 59 555 |
| 固定资产投资额 | 亿元 | 16 030.78 |
| 社会消费品零售总额 | 亿元 | 18 933.00 |
| 出口总额 | 亿美元 | 6070.93 |
| 进口总额 | 亿美元 | 4403.38 |

本表中珠江三角洲指珠江三角洲经济区全域规划的范围，包含广州等9个地级市的全部。

## 7.5.5 易损性评价结果

根据各单元易损性指数评价结果，综合考虑珠江三角洲经济区人口密度及社会经济发展状况等，将珠江三角洲经济区承灾体社会经济易损性评价分为3级，并绘制了珠江三角洲经济区社会经济易损性分区图，见图7-5-1。各分区情况统计见表7-5-7。从评价结果图中可以看出，珠江三角洲经济区社会经济易损性分区分布情况如下。

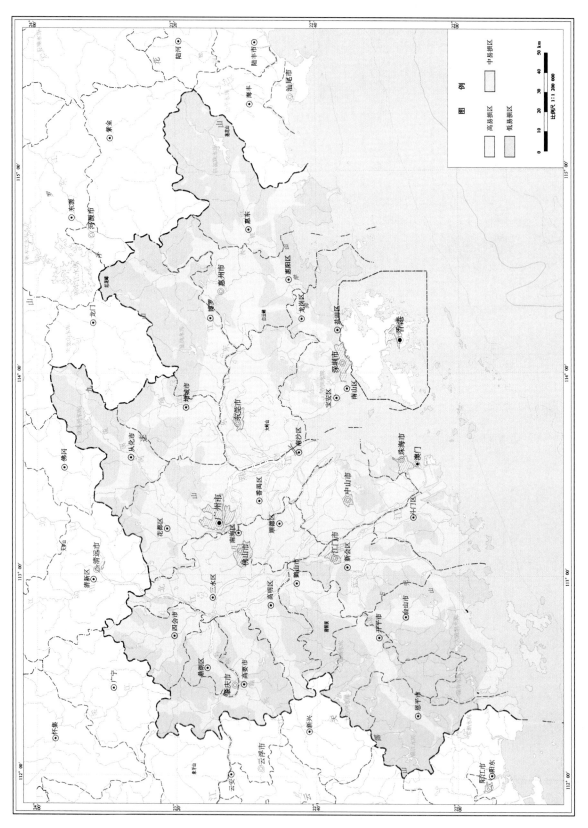

图 7-5-1 珠江三角洲经济区承灾体社会经济易损性评价分区图

表 7-5-7 承灾体社会经济易损性评价分区结果表

| 等级<br>项目 | 高易损区 | 中易损区 | 低易损区 |
| --- | --- | --- | --- |
| 易损性评价面积(km$^2$) | 3906 | 18 623 | 19 169 |
| 占全区比例(%) | 9.3 | 44.7 | 46.0 |

#### 7.5.5.1 高易损区

社会经济高易损区均为人口密度大、经济发达、工厂企业密布、港口码头机场等交通枢纽分布的区域。承灾体主要为人口、工厂企业、建筑物、交通枢纽等。

主要分布于广州市主城区、花都、番禺区、南沙区、黄浦区等城区；佛山市主城区、顺德、三水、高明区等城区；肇庆市主城区、鼎湖区城区及四会市城区；江门市主城区、台山市、恩平市、开平市等城区；中山市主城区；珠海市主城区、斗门区；深圳市主城区、宝安区、盐田港、光明新区、龙岗区等城区；惠州市主城区、惠东县、博罗县等城区；东莞市主城区、厚街、虎门等各镇区工业园等。

#### 7.5.5.2 中易损区

社会经济中易损区主要为经济较为发达、人口密度较大、工厂企业较多、交通干线等分布的区域。承灾体主要为人口、工厂企业、交通干线、堤防工程等。

大面积分布于珠江三角洲平原区以及高速公路等交通干线沿线。其中以珠江三角洲平原区为主，该区域经济发展较快，中小型企业、工厂分布较多，人口密度较大。

#### 7.5.5.3 低易损区

社会经济低易损区主要为人口密度较小的乡村、农田、山区、林区等。承灾体主要为农作物、林木、森林、土地资源等。

主要分布于江门市西部、肇庆市西部、广州市东北部、惠州市东部及北部等山区，零星分布于各主要城市城区的公园、自然保护区等。

### 7.5.6 评价结果验证

承灾体的社会经济易损性评价结果合理性可通过城镇及建筑物的分布情况进行对比。

从图 7-5-1 可以看出，社会经济高易损区主要分布于各主要城市的主城区、经济较为发达的二线城市主城区、主要的工业区等，与本次评价的结果对应关系较好，评价结果较为合理。

## 7.6 地质灾害风险性评价与区划

地质灾害风险评价是对风险区发生不同强度地质灾害活动的可能性及其可能造成的损失进行的定量化分析与评价。地质灾害风险评价的目的是清晰地反映评价区地质灾害总体风险水平与地区差异，为指导国土资源开发、保护环境、规划与实施地质灾害防治工程提供科学依据。

根据地质灾害风险构成，地质灾害风险评价主要包括以下 3 个方面。

**1. 地质灾害危险性分析**

通过对历史地质灾害活动程度以及对地质灾害各种活动条件的综合分析，评价地质灾害活动的危险程度,确定地质灾害活动的密度、强度(规模)、发生概率(发展速率)以及可能造成的危害区的位置、范围。

**2. 易损性分析**

通过对风险区内各类承灾体数量、价值以及对不同种类、不同强度地质灾害的抵御能力进行综合分析,评价承灾区社会经济易损性,确定可能遭受地质灾害危害的人口、工程、财产以及国土资源的数量(或密度)及其破坏损失率。

**3. 期望损失分析**

在危险性分析和易损性分析的基础上,计算评价地质灾害的期望损失(未来一定时期内地质灾害可能造成的人口伤亡与经济损失的平均值)与损失极值(未来一定时期内可能造成的人口伤亡与经济损失的最高值)。

在上述三方面分析中,危险性分析和易损性分析是地质灾害风险评价的基础,通过这两方面分析,确定风险区位置、范围以及地质灾害活动的分布密度与时间概率,进而确定可能遭受地质灾害的人口、工程、财产,以及资源、环境的空间分布与破坏损失率;期望损失分析是地质灾害风险评价的核心,其目标是预测地质灾害可能造成的人口伤亡、经济损失,以及资源、环境的破坏损失程度,综合反映地质灾害的风险水平。这三方面分析相互联系,形成具有层次特点的地质灾害风险评价系统。

根据珠江三角洲经济区地质灾害的形成条件和风险构成,将地质灾害风险要素归结为危险性要素和易损性要素两个方面。

## 7.6.1 评价方法

通过叠加地质灾害危险性、社会经济易损性评价结果,进行地质灾害风险区划。按照表7-6-1的分级标准和组合判定原则,将地质灾害风险划分为高、中、低3个等级。因地面沉降属于渐变式的地质灾害,发育时间跨度大,在灾害发生过程中,仍可以经人为干预有效降低其造成的经济损失,相对于崩滑流、岩溶塌陷等突发性地质灾害而言,其风险性相对较低。因此,根据珠江三角洲经济区地质环境条件以及地质灾害的发育特点,将软土分布区域的地质灾害风险区划进行人工干预修正。经计算机自动成图及人工干预修正后,绘制珠江三角洲经济区地质灾害风险性评价区划图。

表 7-6-1  地质灾害风险组合判定原则

| 地质灾害风险 | | 社会经济易损性 | | |
|---|---|---|---|---|
| | | 高易损区 | 中易损区 | 低易损区 |
| 地质灾害危险性 | 高危险 | 高 | 高 | 中等 |
| | 中等危险 | 高 | 中等 | 中等 |
| | 低危险 | 中等 | 中等 | 低 |

## 7.6.2 风险性评价结果及区划

在地质灾害危险性评价和社会经济易损性评价的基础上,根据地质灾害危险性和社会经济易损性评价结果的叠加,经人工干预修正后,绘制出珠江三角洲经济区地质灾害风险性评价分区图。各分区情况统计见表7-6-2。从评价结果图中可以看出,珠江三角洲经济区社会经济易损性分区分布情况如下。

表 7-6-2 地质灾害风险性评价分区结果表

| 项目 \ 分区 | 高风险区 | 中等风险区 | 低风险区 |
|---|---|---|---|
| 风险性评价面积（km²） | 5054 | 10 891 | 25 753 |
| 占全区比例（%） | 12.1 | 26.1 | 61.8 |

#### 7.6.2.1 高风险区

地质灾害高风险区均为人口密度大、经济发达且地质灾害发育强烈等危险性大的区域。主要分布于广州市主城区北部、广花盆地、从化区城区；佛山市主城区、顺德、高明区等城区；肇庆市主城区、鼎湖区城区及四会市城区西北部；江门市主城区、恩平市、开平市等城区；中山市主城区；珠海市主城区及北部地区；深圳市主城区、龙岗区等城区；惠州市主城区、惠东县、博罗县等城区；东莞市主城区等。

#### 7.6.2.2 中等风险区

地质灾害中等风险区分布于各主城区外围、二级城市城区、高等级公路等交通线沿线、乡镇人口相对集中区、工业区、旅游区等。

#### 7.6.2.3 低风险区

地质灾害低风险区大面积分布于工作区内，包括珠江三角洲平原区以农业为主的区域、以林地及农田为主的区域，人口较为稀少的山区等。

### 7.6.3 评价结果验证

地质灾害风险性评价结果的合理性，可通过对不同风险分区内的已发地质灾害点、人口密度、产值、工厂分布、交通干线等的分布情况进行验证。

对比图 7-4-1 和图 7-6-1 可知，已经发生的威胁人数大于 100 人（含）或规模为大型（含）以上的地质灾害点以及主要的岩溶地面塌陷点等，均位于地质灾害风险性评价的高风险区域内，部分高风险区所在区域未发生威胁人数大于 100 人（含）或规模为大型（含）以上的地质灾害点，其原因主要是人口密度相对较低，或地质灾害点个数多但规模较小。因此，已发地质灾害点与本次评价的高风险区对应关系较好。

地质灾害高风险区主要分布于各地级市主城区，城区为人口密集、经济发达的地区。地区生产总值和人均地区生产总值等经济指标均较高，承灾体的易损性程度高，因此风险也高；两者对应关系良好。

综上所述，本次地质灾害风险性评价结果较为合理。

## 7.7 岩溶塌陷灾害风险评价

### 7.7.1 岩溶塌陷现状及特征

珠江三角洲经济区，简称珠江三角洲，包括广州、深圳、珠海、佛山、江门、东莞、中山、惠州市和肇庆市，常住人口大于 6000 万，土地面积 41 698 km²，是一个经济发达、地质灾害繁多、环境类型复杂的区域。

区内的碳酸盐岩主要分布在广花盆地和佛山、肇庆等地，多为覆盖型，面积约 2640.34 km²。

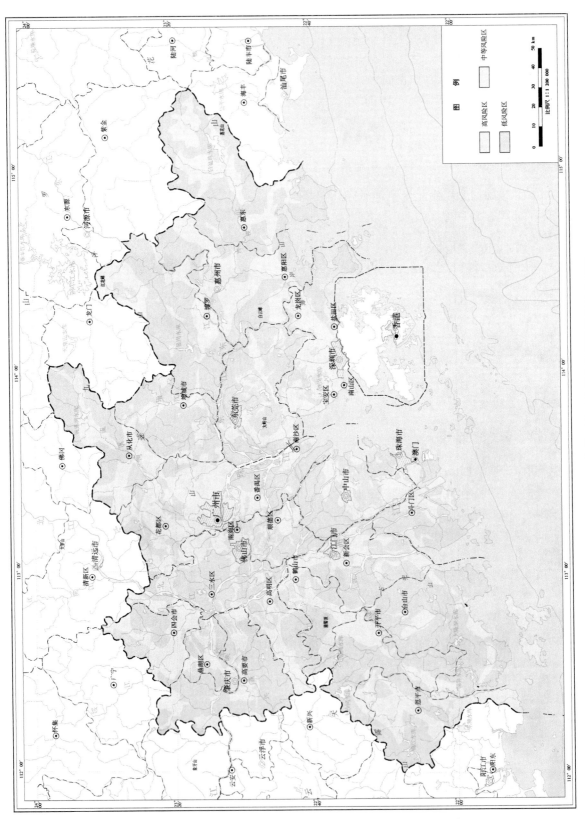

图 7-6-1 珠江三角洲经济区地质灾害风险性评价分区图

最近几年,随着《珠江三角洲改革发展规划纲要》和《国家创新改革先行试验区》等国家战略的实施,珠江三角洲经济一体化建设的步伐明显加快,各地区土地利用格局已发生极大变化,土地资源紧缺、人地矛盾已成为制约地方经济和社会和谐发展的主要因素之一。在寸土寸金的珠江三角洲,随着产业结构的转型升级,向岩溶区要土地、要资源已成为一种必然,由此也引发了岩溶塌陷、地面沉降、水土污染等一系列岩溶地质环境问题。其中岩溶塌陷经济损失、社会影响最大,危害最强,为当前地方政府和工程建设部门迫切需要解决的主要地质环境问题之一。

为此,在前期地质调查工作的基础上,开展岩溶塌陷风险区划工作,将在极大程度上满足岩溶区国土规划布局、重大工程建设和防灾减灾的需要,将有效保护岩溶地质环境,实现岩溶区经济、社会可持续发展。同时,岩溶塌陷地质灾害作为岩溶区资源环境承载力的限制条件,也可为岩溶区环境综合承载力评估提供判断依据和检验标准。

#### 7.7.1.1 岩溶塌陷发育现状

珠江三角洲经济区的岩溶塌陷多为覆盖型岩溶塌陷,规模以中—大型为主,绝大部分都与人类活动有关,经济损失非常严重,社会影响恶劣。空间上主要分布在广花盆地,时间上分为3个阶段:第一阶段是20世纪60~80年代以水源地开采为代表的抽水塌陷;第二阶段是20世纪末至21世纪初以石灰石矿开采为代表的采矿塌陷;第三阶段是21世纪初至今以地下工程拓展和基础工程施工为代表的工程塌陷。

**1. 空间分布**

行政分布:从行政区域分布上,珠江三角洲经济区的岩溶塌陷主要分布在广花盆地,行政区域包括广州市的花都区、白云区、荔湾区和佛山市的南海区;其次分布在三水—高要盆地,行政区域包括佛山市三水区、高明区和肇庆市鼎湖区、高要市;另外,在珠江三角洲东北部的从化—增城、龙门县以及南部的深圳龙岗地区也有塌陷零星分布(图7-7-1)。

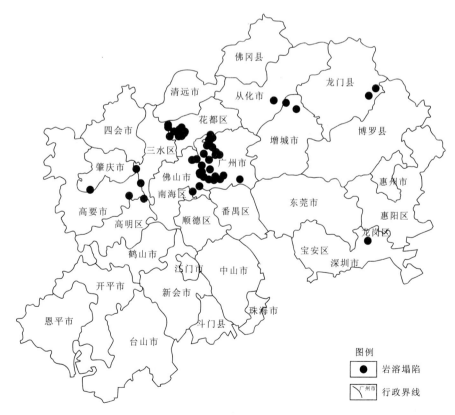

图7-7-1 珠江三角洲主要岩溶塌陷分布图

数量分布:据不完全统计,珠江三角洲经济区共发生岩溶塌陷385处,其中广州市花都区93处,白云区173处(含江村—新华水源地148处,因年代久远未核实),荔湾区25处,天河区6处,海珠区3处;佛山市南海区8处,禅城区3处,高明区28处,三水区3处;肇庆市鼎湖区30处,其他地区塌陷未做详细调查(表7-7-1)。

表 7-7-1 岩溶塌陷行政区域分布表

| 市 | 区 | 塌陷类型 | 塌陷数量(处) | 诱发原因 |
|---|---|---|---|---|
| 广州市 | 花都区 | 自然型/工程活动 | 93 | 自然因素,露天凹陷采矿抽水、供水井抽水 |
| | 白云区 | 煤矿采、空,岩溶型,工程活动 | 173 | 人为地下采矿抽排水,工程施工,地下隧道开挖,桩基施工,少部分自然水位波动诱发 |
| | 荔湾区 | 岩溶型,工程活动 | 25 | 地铁、基坑、桩基或勘探,桩基施工,管道漏水淘蚀 |
| | 越秀区 | 工程活动 | 6 | 管道、排水沟漏水,基坑施工 |
| | 天河区 | 工程活动 | 6 | 管道、排水沟漏水 |
| | 海珠区 | 工程活动 | 3 | 桩基施工抽水 |
| | 黄埔区 | 工程活动 | 1 | 工程活动 |
| | 小计 | | 307 | |
| 佛山市 | 南海区 | 工程活动 | 8 | 机井抽水、工程施工,少部分自然塌陷 |
| | 禅城区 | 工程活动 | 3 | 露天采矿、地下采矿、机井抽水 |
| | 桂城区 | 工程活动 | 2 | 工程施工 |
| | 高明区 | 自然型/工程活动 | 28 | 采矿、自然塌陷 |
| | 三水区 | 自然型 | 3 | 采矿、自然塌陷 |
| | 小计 | | 44 | |
| 肇庆市 | 鼎湖区 | 自然型/工程活动 | 16 | 工程活动/自然塌陷 |
| | 高要区 | 自然型/工程活动 | 13 | 工程活动/自然塌陷 |
| | 广利镇 | 自然型/工程活动 | 1 | 工程活动/自然塌陷 |
| | 小计 | | 30 | |
| 其他 | 惠州、江门、深圳 | | | |
| 合计 | | | 381 | |

## 2. 时间分布

对21世纪以来珠江三角洲经济区发生的岩溶塌陷进行时间统计分析发现,塌陷主要集中发生在2005—2009年,其中2006年数量最多(图7-7-2)。这一时期气候异常,多暴雨和洪水,易于诱发岩溶塌陷灾害。同时由于高速铁路、城市地铁等地下工程建设、石灰矿开采、基础工程桩基施工等因素,造成地下水过量开采,致使岩土体发生变形破坏、岩溶含水层结构改变,诱发大量岩溶塌陷。

从年内分布情况来看,各月均有出现,但是6~9月份最为严重(图7-7-3),因为这一时期降水丰沛,地下水位变幅较大,成为岩溶塌陷发生的主要诱因,所以岩溶塌陷尤为严重。

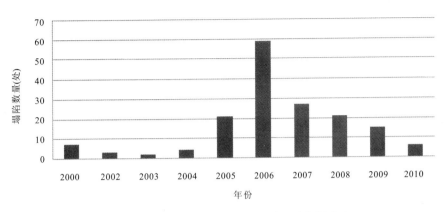

图 7-7-2 珠江三角洲经济区岩溶塌陷年际分布

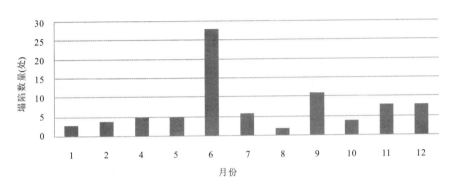

图 7-7-3 珠江三角洲经济区岩溶塌陷年内分布

### 7.7.1.2 岩溶塌陷属性特征

**1. 塌陷分类**

根据《1:5万岩溶塌陷地质灾害调查规范》的岩溶塌陷分类标准(表7-7-2),调查区岩溶塌陷均为现代发生,属新塌陷;根据塌陷发生地的可溶岩类型可划分为碳酸盐岩岩溶塌陷和红层岩溶塌陷两类;按成因类型可划分为自然塌陷(暴雨和重力)和人为塌陷(矿山、抽水、振动和荷载)两类,其中人为塌陷约占塌陷总数的90%以上;调查区的塌陷均为土层塌陷。

表 7-7-2 珠江三角洲经济区岩溶塌陷综合分类一览表

| 分类标志 | 按形成时期 | 按可溶岩类型 | 按成因(诱发因素)类型 | | 塌陷体岩性 |
|---|---|---|---|---|---|
| | | | 自然塌陷 | 人为塌陷 | |
| 类型 | 新塌陷(现代)<br>老塌陷(第四纪) | 碳酸盐岩岩溶塌陷<br>红层岩溶塌陷 | 暴雨塌陷<br>重力塌陷 | 矿山岩溶塌陷<br>抽水岩溶塌陷<br>振动岩溶塌陷<br>荷载岩溶塌陷 | 土层塌陷 |

## 2. 塌陷规模

调查区岩溶塌陷地质灾害规模不大,但大部分发生于城镇地区,危害性相对较大。按照《1∶5万岩溶塌陷地质灾害调查规范》的岩溶塌陷规模分类标准(表7-7-3),珠江三角洲地区共发生中—大型岩溶塌陷8处,分别是金沙洲塌陷、黄岐二中塌陷、大坦沙塌陷、赤坭塌陷、夏茅塌陷、富湾塌陷、沙浦江肇高速塌陷和江村水源地塌陷,其余均为小型塌陷。

表7-7-3 岩溶塌陷规模分级

| 分级依据 \ 规模等级 | 大型 | 中型 | 小型 |
|---|---|---|---|
| 塌陷坑直径(m) | >50 | 10～50 | ≤10 |
| 塌陷坑数量(个) | >20 | 5～20 | ≤5 |
| 影响范围(km²) | >10 | 1～5 | ≤1 |
| 统计(处) | 6 | 2 | 19 |

广州金沙洲岩溶塌陷

佛山黄岐二中岩溶塌陷

广州大坦沙岩溶塌陷

广州花都区赤坭岩溶塌陷

广州市白云区夏茅村塌陷

佛山高明区岩溶塌陷

肇庆市鼎湖区岩溶塌陷

### 3. 触发因素

调查区岩溶塌陷按成因类型分为自然塌陷、人为塌陷。自然塌陷受地下水动态演变特征的控制，多发生在旱涝交替强烈的年份，主要是由潜蚀作用形成的，常在隐伏岩溶发育地带形成。在暴雨、洪水、地震、重力等因素作用下，地下水位变幅增大，水动力条件急剧变化，使上覆土层的自然状态被破坏而导致塌陷的发生。大多数自然塌陷的规模以单个及数个塌陷坑为主。

人为塌陷是在岩溶洞穴的基础上由于人类工程活动而引起的塌陷，其中矿山排水诱发的岩溶塌陷占30.45%，基础施工诱发的岩溶塌陷占12.60%，地下工程施工诱发的岩溶塌陷占8.14%，爆破振动诱发的岩溶塌陷占3.67%，人工抽水诱发的岩溶塌陷占40.94%，降水等自然因素诱发的岩溶塌陷占4.20%（图7-7-4）。

### 4. 危害损失

调查区的岩溶塌陷多发生于城市区，灾害经济损失和社会影响相对严重，无人员伤亡。塌陷危害的对象包括居民建筑、道路工程、农田、鱼塘等。单个塌陷坑的灾害损失以小于10万元为主，其中损失小于0.1万元的塌坑数量占32.6%；损失1万元至5万元的塌坑数量占24%；损失5万元至10万元的塌坑数量占28.7%；损失10万元至50万元的塌坑数量占7.8%；损失（50~500）万元的塌陷数量占5.4%；损失大于500万元的塌坑数量占1.6%（图7-7-5），主要包括金沙洲塌陷、大坦沙塌陷和夏茅塌陷,单处直接经济损失超过1亿元。

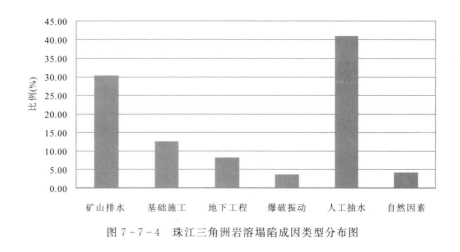

图 7-7-4 珠江三角洲岩溶塌陷成因类型分布图

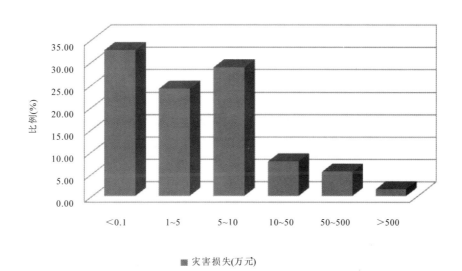

图 7-7-5 珠江三角洲经济区岩溶塌陷损失分布图

## 7.7.2 岩溶塌陷地质灾害风险区划

### 7.7.2.1 工作范围

本次工作以珠江三角洲经济区的广佛肇经济圈为研究对象,进行危险性评价、易损性评价、风险评价。

广佛肇地区已核实可溶岩(含红层岩溶)面积2261.3km²(图测面积),涵盖广州、佛山、肇庆3个市级行政区。评价基础地理底图为广佛肇行政区划图(2014年版),评价区域全部为可溶岩,坐标范围:东经111°21′19″—114°3′22″,北纬22°35′59″—24°24′15″(图7-7-6)。

评价软件为MapInfo、MapGIS和ArcGIS,以光栅格式进行分析计算。依据本次工作的目的任务和评价精度要求,按1km×1km网格划分工作区获取评判单元。

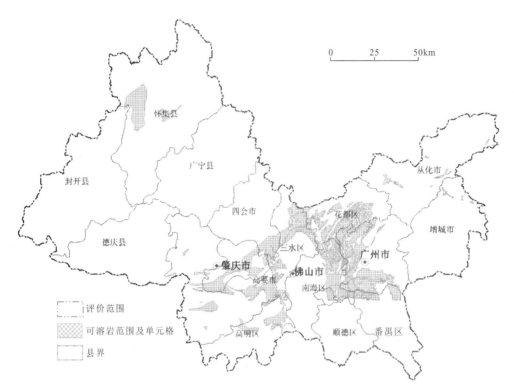

图 7-7-6 广佛肇岩溶塌陷风险评价范围及单元网格

### 7.7.2.2 危险性评价

**1. 评价方法**

对于大区域的地质灾害评估,危险性分区的原则是"类似原则",即类似的地质、自然环境具有类似的灾害问题。本次任务遵循此原则开展岩溶塌陷危险性评价区划工作,首先通过对已有工作和搜集资料的系统整理分析,确定用于评价的指标因子和参数,系统研究分析各个因素对岩溶塌陷形成的作用和各个因素之间的相互关系,在此基础上,运用 GIS 技术和多元统计方法-层次分析法,建立岩溶塌陷发育的多因素判别模型,进而对整个研究区潜在岩溶塌陷危险性进行定量评价。

目前岩溶塌陷危险性评价多采用多项式形式来综合考虑各种地质因素对岩溶塌陷形成的影响,进而建立危险性评价模型,即:

$$H = A_1 \cdot X_1 + A_2 \cdot X_2 + \cdots + A_n \cdot X_n \quad (7-5)$$

式中:$H$ 为岩溶塌陷危险性;$X_i$ 为各影响因子;$A_i$ 为权重。

模型中各影响因素权重的确定,是岩溶塌陷危险性评价的关键,考虑到资料的精度及评价尺度,采用层次分析法(The Analytic Hierarchy Process,AHP)来确定各影响因素的权重。

层次分析法是美国运筹学家 Saaty 于 20 世纪 70 年代提出的,在各领域已得到广泛的应用,一些 GIS 软件决策分析模块中也包含此方法。层次分析法是系统工程中对非定量事件做定量分析的一种简便方法。它是根据问题的性质和要达到的总目标,将问题分解为不同的组成因素,并按照因素间的相互影响关系及隶属关系将因素按不同层次组合,形成一个多层次的分析结构模型,最终把系统分析归结为最底层(供决策的方案、措施等),相对于最高层(总目标)的相对重要性权值的确定或相对优劣次序的排序问题。

层次分析法中,每一层次的因素相对于上一层次某一因素的相对重要性权值的确定可简化为一系列成对因素的判断比较,为了将比较判断定量化,引入 9-1-9 比率标度法(表 7-7-4)。

表 7-7-4 判断矩阵标度及其含义

| 标度 | 含义 |
| --- | --- |
| 1 | 两个因素相比,具有同样重要性 |
| 3 | 两个因素相比,一个因素比另一个因素稍微重要 |
| 5 | 两个因素相比,一个因素比另一个因素明显重要 |
| 7 | 两个因素相比,一个因素比另一个因素强烈重要 |
| 9 | 两个因素相比,一个因素比另一个因素极端重要 |
| 2、4、6、8 | 上述两相邻判断的中值 |
| 倒数 | 若因素 $i$ 与因素 $j$ 比较得判断 $b_{ij}$,则因素 $j$ 与因素 $i$ 比较的判断 $b_{ji}=1/b_{ij}$ |

层次分析法的基本步骤:

(1)建立层次结构模型。

如:

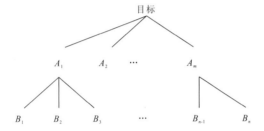

(2)构造判断矩阵。

假定 $A$ 层因素中 $A_k$ 与下一层次中 $B_1,B_2,\cdots,B_n$ 有联系,则判断矩阵形式如下。

| $A_k$ | $B_1$ | $B_2$ | ... | $B_n$ |
| --- | --- | --- | --- | --- |
| $B_1$ | $b_{11}$ | $b_{12}$ | ... | $b_{1n}$ |
| ... | ... | ... | ... | ... |
| $B_n$ | $b_{n1}$ | $b_{n2}$ | ... | $b_{nn}$ |

(3)层次单排序及其一致性检验。

计算判断矩阵最大特征根及其对应特征向量的和积法,步骤如下。

将判断矩阵每一列正规化:

$$\bar{b}_{ij} = \frac{b_{ij}}{\sum_{k=1}^{n} b_{kj}}; i,j = 1,2,\cdots,n \tag{7-6}$$

每一列经正规化后的判断矩阵按行相加,得到:

$$\overline{W}_i = \sum_{j=1}^{n} \bar{b}_{ij}; i = 1,2,\cdots,n \tag{7-7}$$

对向量 $\overline{W}=[\overline{W}_1,\overline{W}_2,\cdots,\overline{W}_n]^T$ $\overline{W}_i$ 正规化,即得到:

$$W_i = \frac{\overline{W}_i}{\sum_{j=1}^{n} \overline{W}_j}; i = 1,2,\cdots,n \tag{7-8}$$

所得到的 $W=[W_1,W_2,\cdots,W_n]^T$，即为所求特征向量。

计算判断矩阵最大特征根 $\lambda_{max}$：

$$\lambda_{max}=\sum_{i=1}^{n}\frac{(AW)_i}{nW_i};i=1,2,\cdots,n \tag{7-9}$$

式中：$(AW)_i$ 同样表示向量 $AW$ 的第 $i$ 个元素。

判断矩阵 $A$ 的特征根问题 $AW=\lambda_{max}W$ 的解 $W$，经归一化后即为同一层次相应因素对于上一层次某因素相对重要性的排序权值，这一过程称为层次单排序。为进行判断矩阵的一致性检验，需计算一致性指标 $CI$ 与平均随机一致性指标 $RI$。当随机一致性比率 $CR<0.10$ 时，认为层次单排序的结果有满意的一致性，否则需要调整判断矩阵的元素取值。

其中： 
$$CI=\frac{\lambda_{max}}{n-1} \tag{7-10}$$

对于 1~9 阶判断矩阵，$RI$ 分别为：

1　　2　　3　　4　　5　　6　　7　　8　　9
0.00　0.00　0.58　0.90　1.12　1.24　1.32　1.41　1.45

$$CR=\frac{CI}{RI}$$

(4) 层次总排序及其一致性检验。

计算同一层次所有因素对于最高层相对重要性的排序权值，称为层次总排序。这一过程是最高层次到最低层次逐层进行的。若层次 A 包含 $m$ 个因素 $A_1,A_2,\cdots,A_m$，其层次总排序权值分别为 $a_1,a_2,\cdots,a_n$，下一层次 B 包含 $n$ 个因素 $B_1,B_2,\cdots,B_n$，它们对于因素 $A_j$ 的层次单排序权值分别为 $b_{1j},b_{2j},\cdots,b_{nj}$（当 $B_k$ 与 $A_j$ 无联系时，$b_{kj}=0$），此时 B 层次总排序权值 $CW(i)=\sum_{j=1}^{m}a_jb_{ij};i=1,2,\cdots,n$；若层次总排序随机一致性比率 $CR<0.10$ 时，认为层次总排序的结果有满意的一致性，否则需要重新调整判断矩阵的元素取值。一致性比率 $CR$ 按以下公式计算：

$$CR=\frac{\sum_{j=1}^{m}a_jCI_j}{\sum_{j=1}^{m}a_jRI_j} \tag{7-11}$$

**2. 评价因子及权重**

岩溶塌陷的形成是地质环境和诱发因素综合作用的结果。地质环境主要包括地形地貌、地层岩性、覆盖层、地质构造、水文地质、工程地质和现有灾害情况等。诱发因素主要为人类工程活动。依据工作区岩溶塌陷发育特点和现有地质资料情况，选择可溶岩条件、覆盖层特征、地质构造、水文地质条件、岩溶塌陷密度和土地利用类型 6 个评价因子进行危险性评价。其中岩溶塌陷密度和土地利用类型为间接诱发因素因子，其他为地质环境因子。

1) 可溶岩条件

可溶岩是岩溶发育的物质基础，是岩溶洞穴和塌陷形成的基本要素之一。广佛肇地区可溶岩主要是石炭系、二叠系、白垩系灰岩、白云质灰岩、白云岩和灰质砾岩等。

(1) 层组类型：广佛肇经济圈地区的可溶岩按层组类型可分为纯碳酸盐岩组合（非可溶岩夹层含量<5%）、夹层组合（非碳酸盐岩夹层含量 5%~40%）、互层组合（非碳酸盐岩夹层含量 40%~60%）和间层组合（非碳酸盐岩夹层含量 60%~90%）4 种。其中纯碳酸盐组合包括壶天组（$C_{2+3}ht$）、石磴子组（$C_1sd$）和天子岭组（$D_3t$）；夹层组合包括大冶组（$T_1d$）和栖霞组（$P_1q$）；互层组合包括土布心组（$E_2b$）和莘庄村组（$E_1x$）；间层组合包括大塱山组（$K_2dl$）、三水组（$K_2s$）、白鹤洞组（$K_1bh$）、童子岩组（$P_2t$）、孤峰组（$P_2g$）和曲江组（$C_1q$）。

岩石成分越纯越容易溶蚀形成溶洞，如灰岩、白云岩、白云质灰岩、大理岩化灰岩可溶性强，而泥灰岩、钙质泥岩等可溶性相对较差。岩石组成结构越不均一越容易被溶蚀,如灰岩砾岩、大理岩化灰岩、生物碎屑灰岩等岩溶相对发育。据此对广佛肇经济圈可溶岩按层组类型进行岩溶塌陷危险程度分级赋值,分为高危险、中等危险和低危险3个级别,分别对应纯碳酸盐岩组合、夹层组合、互层组合、间层组合(表7-7-5)。

**表7-7-5 可溶岩层组类型单因子分级属性表**

| 层组类型 | 组 | 代号 | 岩性概述 | 危险性分级 | 赋值 |
|---|---|---|---|---|---|
| 纯碳酸盐岩组合 | 壶天组 | $C_{2+3}ht$ | 主要岩性是灰白色夹多层肉红色、暗红色灰岩;下部与含燧石结核(或条带)灰岩互层,中部夹有含灰岩、粉砂岩及黏土岩等角砾的砾状灰岩,底部灰岩整合于曲江组之上 | 高危险 | 3 |
| | 石磴子组 | $C_1sd$ | 主要岩性为灰、深灰色灰岩,下部与白云质灰岩互层,夹生物灰岩,底部及顶部常含泥质,并夹砂岩、页岩薄层 | | |
| | 天子岭组 | $D_3t$ | 主要岩性为浅灰、深灰色灰岩,中厚层块状,底常以泥灰岩整合于春湾组粉砂质页岩之上 | | |
| 夹层组合 | 大冶组 | $T_1d$ | 主要岩性为一套浅灰、灰色灰岩、泥灰岩、砂质灰岩夹钙质泥岩 | 中等危险 | 2 |
| | 栖霞组 | $P_1q$ | 主要岩性是灰岩,夹粉砂岩及碳质页岩 | | |
| 互层组合 | 布心组 | $E_2b$ | 为一套由钙质泥岩、泥灰岩、油页岩、粉砂岩和砂岩组成的深灰色岩层,以含油气、膏盐等矿产为主要特征 | | |
| | 莘庄村组 | $E_1x$ | 由砾岩、砂砾岩、含砾砂岩、泥质粉砂岩、粉砂质泥岩与泥灰岩、泥岩、钙质粉砂岩等组成的下粗上细的红色地层 | | |
| 间层组合 | 大塱山组 | $K_2dl$ | 为一套由灰紫或暗紫红色粉砂岩、细砂岩夹砂砾岩和灰黑、深灰色钙质泥岩及泥灰岩 | 低危险 | 1 |
| | 三水组 | $K_2s$ | 为一套位于大塱山组之下的下粗上细的碎屑岩夹碳酸盐岩 | | |
| | 白鹤洞组 | $K_1bh$ | 为一套碎屑岩,上部夹泥灰岩和灰岩,普遍含薄层或团块状石膏,并见有次英安岩和次流纹岩 | | |
| | 童子岩组 | $P_2t$ | 主要岩性为砂岩、粉砂岩及页岩,夹泥灰岩、碳质页岩、煤层及铝土质岩 | | |

孤峰组主要岩性为硅质岩、硅质页岩、粉砂质泥岩,碳质页岩,下部页岩含锰及磷结核。曲汇组上部底为砂岩,往上为深灰色灰岩、泥灰岩夹硅质岩;中部以碎屑岩为立夹灰岩;下部为深灰色灰岩夹硅质岩。

(2)平均线岩溶率:岩溶率是反映岩溶发育程度的指标,岩溶率越高,发生岩溶塌陷的可能性越大。根据统计方法不同,岩溶率可分为线岩溶率、面积岩溶率和体积岩溶率3种。对于大区域岩溶塌陷评价而言,由于受调查和钻探精度等因素限制,多以钻孔线岩溶率来衡量地层的岩溶发育程度,进而评价地层的岩溶塌陷危险等级。根据塌陷地段不同岩溶率对应的塌陷密度,将平均线岩溶率大于40%定为高危险,2%~40%定为中等危险,小于2%定为低危险(表7-7-6)。

表 7-7-6 可溶岩地层岩溶率单因子分级属性表

| 组 | 代号 | 典型塌陷区 | 平均线岩溶率(%) | 塌陷密度(个/km²) | 危险性分级 | 赋值 |
|---|---|---|---|---|---|---|
| 壶天组 | $C_{2+3}ht$ | 夏茅、江村水源地、金沙洲、赤坭 | 44.33 | 2.1 | 高危险 | 3 |
| 石磴子组 | $C_1sd$ | 金沙洲、大坦沙、江村水源地、肇庆鼎湖区、高明富湾、明城明西村 | 44.04 | 4 | 高危险 | 3 |
| 大塱山组 | $K_2dl$ | 大坦沙、金沙洲黄岐、高明富湾 | 44.04 | 2.1 | 高危险 | 3 |
| 天子岭组 | $D_3t$ | 花都区长岗—狮岭 | 20.8 | 1 | 中等危险 | 2 |
| 莘庄村组 | $E_1x$ | 广州龙归 | 17.46 | 0.7 | 中等危险 | 2 |
| 栖霞组 | $P_1q$ | 广州三元里—嘉禾 | 25.18 | 0.4 | 中等危险 | 2 |
| 大冶组 | $T_1d$ | 无塌陷 |  | 0 | 低危险 | 1 |
| 布心组 | $E_2b$ | 无塌陷 |  | 0 | 低危险 | 1 |
| 三水组 | $K_2s$ | 无塌陷 |  | 0 | 低危险 | 1 |
| 白鹤洞组 | $K_1bh$ | 无塌陷 |  | 0 | 低危险 | 1 |
| 童子岩组 | $P_2t$ | 无塌陷 |  | 0 | 低危险 | 1 |

2)盖层条件

覆盖层是覆盖型岩溶塌陷的主体,其厚度和结构决定了岩溶塌陷的危险程度。根据工作区已发生岩溶塌陷覆盖层条件的统计,分盖层厚度和盖层结构两个因子进行危险性程度分级。

(1)覆盖层厚度:对覆盖层厚度而言,根据对已发生岩溶塌陷区覆盖层厚度的统计,小于 10m 为高危险区,10~30m 为中等危险区,大于 30m 为低危险区。

(2)覆盖层结构:对覆盖层结构而言,根据对已发生岩溶塌陷区覆盖层结构的统计,二元结构为高危险区,多元结构为中等危险区,一元结构为低危险区(表 7-7-7)。

表 7-7-7 覆盖层单因子分级属性表

| 一级指标 | 二级指标 | 对岩溶塌陷的影响 | | | | | |
|---|---|---|---|---|---|---|---|
|  |  | 强 | 赋值 | 中 | 赋值 | 弱 | 赋值 |
| 土层 | 土层厚度(m) | <10 | 3 | 10~30 | 2 | >30 | 1 |
|  | 土层结构 | 二元结构 | 3 | 多元结构 | 2 | 一元结构 | 1 |

3)水文地质条件

水文地质条件是岩溶塌陷发生的主要影响因素之一,根据工作区已发生岩溶塌陷水文地质条件的统计,分岩溶地下水类型和富水性两个因子进行危险性程度分级(表 7-7-8)。

(1)地下水类型:工作区的岩溶地下水类型分为碳酸盐岩裂隙溶洞水、红层灰质砾裂隙溶洞水、碳酸盐岩基岩裂隙水 3 种,对应的岩溶塌陷发育数量分别为高、中、低。

(2)富水性:富水性间接反映了岩溶发育程度和地下水特征,富水性丰富区岩溶塌陷发育数量最多,富水性中等区岩溶塌陷发育数量次之,富水性贫乏区岩溶塌陷发育数量最少。

表 7-7-8 水文地质条件单因子分级属性表

| 一级指标 | 二级指标 | 对岩溶塌陷的影响 | | | | | |
|---|---|---|---|---|---|---|---|
| | | 强 | 赋值 | 中 | 赋值 | 弱 | 赋值 |
| 水文地质 | 地下水类型 | 碳酸盐岩裂隙溶洞水 | 3 | 红层灰质砾岩裂隙溶洞水 | 2 | 碳酸盐岩基岩裂隙水 | 1 |
| | 富水性 | 丰富 | 3 | 中等 | 2 | 贫乏 | 1 |

4）地质构造

地质构造对岩溶的发育起控制作用，一般而言，断裂构造越密集、越发育，岩溶越强烈，地下水活动越强，越有利于产生岩溶塌陷，断层密度越大，危险性越大。另外根据广佛肇工作区已发生岩溶塌陷与构造关系的统计分析发现，与构造距离越近，发生塌陷的概率愈大，危险性越大。本次研究根据断层密度的大小和与构造距离的远近进行岩溶塌陷危险程度分级、赋值（表 7-7-9）。

表 7-7-9 地质构造单因子分级属性表

| 一级指标 | 二级指标 | 对岩溶塌陷的影响 | | | | | |
|---|---|---|---|---|---|---|---|
| | | 高密度区 | 赋值 | 中密度区 | 赋值 | 低密度区 | 赋值 |
| 地质构造 | 断层密度（100km² 范围数量） | 大于 40 条 | 3 | 10～40 条 | 2 | 小于 10 条 | 1 |
| | 与构造距离 | <1.0km | | (1.0,2.0] | | >2.0km | |

5）岩溶塌陷密度

分布范围、密度、破坏程度等是岩溶塌陷危险程度的最直接体现，间接反映触发因素。一般而言，已有塌陷分布范围越广，发育密度越大，破坏程度越高，对应的危险等级越高。根据现有资料程度和评价范围及精度要求，本次研究选用岩溶塌陷密度作为评价岩溶塌陷危险性的指标之一，岩溶塌陷密度指单位面积上的岩溶塌陷个数，密度越大，危险性越大，分为高密度区，中密度区和低密度区 3 级，其对应的危险等级为高危险、中等危险和低危险，同时根据密度统计值进行分级、赋值（表 7-7-10）。

表 7-7-10 岩溶塌陷密度单因子分级属性表

| 指标 | 对岩溶塌陷的影响 | | | | | |
|---|---|---|---|---|---|---|
| | 高密度区 | 赋值 | 中密度区 | 赋值 | 低密度区 | 赋值 |
| 岩溶塌陷密度（100km² 范围数量） | 大于 5 个 | 3 | 1～5 个 | 2 | 1～5 个 | 1 |

6）土地利用类型

土地利用类型在某种程度上决定了人类工程活动类型，而人类工程活动恰恰是珠江三角洲经济区岩溶塌陷的主要诱发因素，人类工程活动越强烈，对岩溶地质环境平衡的破坏越大，就越容易诱发岩溶塌陷。本次研究根据不同土地利用类型中人类工程活动对岩溶地质环境的影响强弱，进行岩溶塌陷危险程度分级、赋值（表 7-7-11）。

表 7-7-11 土地利用类型单因子分级属性表

| 一级指标 | 间接指标 | 对岩溶塌陷的影响 | | | | | |
|---|---|---|---|---|---|---|---|
| | | 人类工程活动强烈 | 赋值 | 人类工程活动中等 | 赋值 | 人类工程活动较弱 | 赋值 |
| 土地利用类型 | 人类工程活动 | 工程建设用地 | 3 | 居民建筑用地 | 2 | 农业及其他用地 | 1 |

### 3. 评价模型

**1）概念模型**

根据工作评价尺度及现有资料精度，岩溶塌陷危险性评价的主要影响因素从地质环境和人类活动两个方面考虑，建立层次分析概念模型如下。

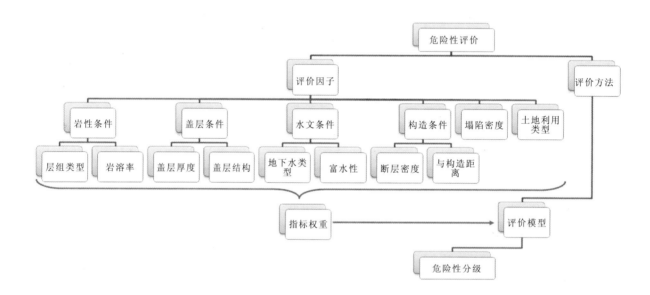

**2）判断矩阵**

根据岩溶塌陷发育的规律，将各层次中的因素两两进行对比，得到判断矩阵。

$A$：岩性条件、盖层条件、水文条件、构造条件、塌陷密度、土地利用类型

$$\begin{pmatrix} 1 & 1/2 & 1 & 1 & 1/3 & 1/3 \\ 2 & 1 & 1/2 & 1/2 & 1/3 & 1/3 \\ 1 & 2 & 1 & 1 & 1/2 & 1 \\ 1 & 2 & 1 & 1 & 1/2 & 1 \\ 3 & 3 & 2 & 2 & 1 & 2 \\ 3 & 3 & 1 & 1 & 2 & 1 \end{pmatrix}$$

$B_1$：层组类型、平均线岩溶率

$$\begin{pmatrix} 1 & 7 \\ 1/7 & 1 \end{pmatrix}$$

$B_2$：盖层厚度、盖层结构

$$\begin{pmatrix} 3 & 1 \\ 1 & 1/3 \end{pmatrix}$$

$B_3$：地下水类型、富水性

$$\begin{pmatrix} 1 & 7 \\ 1/7 & 1 \end{pmatrix}$$

$B_4$：断层密度、构造距离

$$\begin{pmatrix} 1 & 3 \\ 1/3 & 1 \end{pmatrix}$$

$B_5$：塌陷密度

$$\begin{pmatrix} 1 \\ 1 \end{pmatrix}$$

$B_6$：土地利用类型

$$\begin{pmatrix} 1 \\ 1 \end{pmatrix}$$

3）一致性检验

AHP 中，采用随机一次性指标 $CR$ 来检验判断矩阵的合理性。当 $CR<0.10$ 时，就认为结果有满意的一致性；否则，需要调整判断矩阵的元素取值。本次分析层次单排序中 $CR=0.0$，层次总排序中 $CR=0.02$，均小于 0.1，因此，结果有良好的一致性。

4）评价模型

通过计算上述判断矩阵的最大特征根及其对应的特征向量，可得到各层次相对于上一层次元素的相对重要性权值，然后再用上一层次本身的权值加权综合，就可计算出最底层元素相对于最高层的权值。

危险性评价预测模型为：

$H=0.127\times$［岩性条件］$+0.119\times$［盖层条件］$+0.161\times$［水文条件］$+0.203\times$［构造条件］$+0.228\times$［塌陷密度］$+0.162\times$［土地利用类型］

### 4. 评价结果

广佛肇经济圈岩溶塌陷危险性评价结果见表 7-7-12 和附图 20。

表 7-7-12 广佛肇经济圈岩溶塌陷危险性区划结果

| 市 | 区（县） | 行政面积（km²） | 岩溶面积（km²） | 面积比例（%） | 高危险区 | | 中等危险区 | | 低危险区 | |
|---|---|---|---|---|---|---|---|---|---|---|
| | | | | | 面积（km²） | 比例（%） | 面积（km²） | 比例（%） | 面积（km²） | 比例（%） |
| 广州市 | 都会区 | 1183 | 458.33 | 38.74 | 210.1 | 9.29 | 68.13 | 3.01 | 180.1 | 7.96 |
| | 番禺区 | 1065 | 49.93 | 4.69 | 4.88 | 0.22 | 18.84 | 0.83 | 26.21 | 1.16 |
| | 南沙区 | | | | | | | | | |
| | 花都区 | 973.8 | 301.91 | 31.00 | 211.7 | 9.36 | 34.59 | 1.53 | 55.62 | 2.46 |
| | 增城市 | 1746 | 10.04 | 0.58 | 10.04 | 0.44 | | | | |
| | 从化市 | 1191 | 30.94 | 2.60 | 30.94 | 1.37 | | | | |
| | 小计 | 6158.8 | 851.15 | | 467.66 | | 121.56 | | 261.93 | |

续表 7-7-12

| 市 | 区(县) | 行政面积 (km²) | 岩溶面积 (km²) | 面积比例 (%) | 高危险区 | | 中等危险区 | | 低危险区 | |
|---|---|---|---|---|---|---|---|---|---|---|
| | | | | | 面积 (km²) | 比例 (%) | 面积 (km²) | 比例 (%) | 面积 (km²) | 比例 (%) |
| 佛山市 | 顺德区 | 808.7 | | | | | | | | |
| | 南海区 | 1154 | 242.8 | 21.04 | 122.1 | 5.40 | 53.23 | 2.35 | 67.47 | 2.98 |
| | 都会区 | 75.93 | 23.26 | 30.63 | 12.62 | 0.56 | | | 10.64 | 0.47 |
| | 三水区 | 889 | 325.42 | 36.61 | 167.4 | 7.40 | 46.82 | 2.07 | 111.2 | 4.92 |
| | 高明区 | 944.8 | 105.65 | 11.18 | 93.85 | 4.15 | | | 11.8 | 0.52 |
| | 小计 | 3063.73 | 697.13 | | 395.97 | | 100.05 | | 201.11 | |
| 肇庆市 | 都会区 | 649.4 | 187.85 | 28.93 | 138.5 | 6.12 | 42.96 | 1.90 | 6.39 | 0.28 |
| | 四会市 | 1217 | 96.8 | 7.95 | 12.66 | 0.56 | 69.81 | 3.09 | 14.33 | 0.63 |
| | 高要市 | 2256 | 216 | 9.57 | 194.2 | 8.59 | 5.75 | 0.25 | 16.05 | 0.71 |
| | 怀集县 | 3612 | 212.37 | 5.88 | 22.97 | 1.02 | | | 189.4 | 8.38 |
| | 封开县 | 2748 | | | | | | | | |
| | 广宁县 | 2449 | | | | | | | | |
| | 德庆县 | 2008 | | | | | | | | |
| | 小计 | 14 939.4 | 713.02 | | 368.33 | | 118.52 | | 226.17 | |
| | 合计 | | 2261.3 | | 1231.96 | | 340.13 | | 689.21 | |

高危险区主要分布在广州市都会区、花都区，佛山市南海区、三水区，肇庆市都会区，面积1231.96km²，占可溶岩总面积的54.48%。区内人类工程活动强烈，主要工程活动有地下工程拓展、石灰石矿开采、基础工程施工和地下水开采等。

中等危险区主要分布在广州市都会区，佛山市南海区、三水区，肇庆市四会市面积340.13km²，占可溶岩总面积的15.04%。区内人类工程活动一般。

低危险区主要分布在肇庆市怀集县，广州市都会区、花都区，佛山市三水区、南海区，面积689.21km²，占可溶岩总面积的30.48%。区内人类工程活动相对较低。

岩溶塌陷危险性评价结果的准确性可通过对不同级别危险区已发岩溶塌陷数量的统计进行检验。区内共发生岩溶塌陷381处，其中高危险区319处，占83.64%，中等危险区51处，占13.51%，低危险区8处，占2.86%。由此可见，实际岩溶塌陷发生区域与危险性评价区域对应关系较好，评价结果较为合理(图7-7-7)。

### 7.7.2.3 易损性评价

**1. 评价方法**

工作区岩溶塌陷主要是破坏道路、建筑物等物质财富，因此，本次工作只评价物质财富易损性评价。

物质财富易损性(V)以(区)县为单位按下式进行计算：

$$V = \sum P_i(W_j/W_i) \tag{7-13}$$

式中：$P_i = S_i/S$ 为危险性接受概率；$S_i$ 为各类承灾体的承灾面积；$S$ 为行政区域面积；$W_i$ 为承灾体的灾前重估总值；$W_j$ 为灾害最大可能损失。

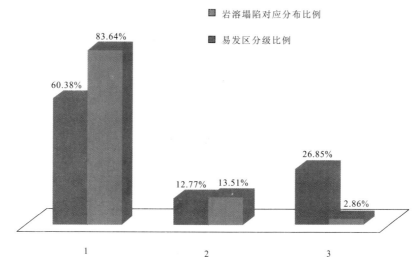

图 7-7-7　岩溶塌陷分布比例与危险性分级区域对应关系

### 2. 指标参数计算

1）承灾体灾前重估总值（$W_i$）

以行政区（县）可溶岩分布范围内的所有设施为承灾体，以可溶岩范围内的生产总值贡献值作为承灾体灾前经济重估总值（表 7-7-13）。

表 7-7-13　承灾体灾前重估总值

| 市 | 区（县） | 生产总值（亿元） | 行政面积（km²） | 单位生产总值（亿元） | 承灾面积（km²） | 重估总值 $W_i$ |
|---|---|---|---|---|---|---|
| 广州市 | 都会区 | 11 106.08 | 1183 | 9.39 | 458.33 | 4303.719 |
|  | 番禺区 | 1353.23 | 1065 | 1.27 | 49.93 | 63.4111 |
|  | 南沙区 | 非岩溶区 | | | | |
|  | 花都区 | 902.14 | 973.8 | 0.93 | 301.91 | 280.7763 |
|  | 增城市 | 866.51 | 1746 | 0.50 | 10.04 | 5.02 |
|  | 从化市 | 284.15 | 1191 | 0.24 | 30.94 | |
| 佛山市 | 顺德区 | 2545.1 | 非岩溶区 | | | |
|  | 南海区 | 2172.47 | 1154 | 1.88 | 242.8 | 456.464 |
|  | 都会区 | 1342 | 75.93 | 17.67 | 23.26 | 411.0042 |
|  | 三水区 | 842.07 | 889 | 0.95 | 325.42 | 309.149 |
|  | 高明区 | 558.72 | 944.8 | 0.59 | 105.65 | 62.3335 |
| 肇庆市 | 都会区 | 594.17 | 649.4 | 0.91 | 187.85 | 170.9435 |
|  | 四会市 | 457.22 | 1217 | 0.38 | 96.8 | 36.784 |
|  | 高要市 | 346.08 | 2256 | 0.15 | 216 | 32.4 |
|  | 怀集县 | 191.91 | 3612 | 0.05 | 212.37 | 10.6185 |
|  | 封开县 | 非岩溶区 | | | | |
|  | 广宁县 | 非岩溶区 | | | | |
|  | 德庆县 | 非岩溶区 | | | | |

单位生产总值指每平方千米的生产总值。

2)灾害最大可能损失

根据行政区岩溶塌陷分布概率,获得各区岩溶塌陷最大可能损失。其中,塌陷分布概率见表7-7-14,塌陷最大可能损失见表7-7-15。

表7-7-14 不同危险区塌陷分布概率一览表

| 项目 \ 危险区类型 | 高危险区 | 中等危险区 | 低危险区 |
| --- | --- | --- | --- |
| 塌陷点数 $T_i$(处) | 319 | 51 | 8 |
| 面积 $S_i$(km²) | 1231.96 | 340.13 | 689.21 |
| 塌陷分布概率 $P_i$(%) | 25.89 | 14.99 | 1.16 |

表7-7-15 塌陷最大可能损失一览表　　　　单位:亿元

| 市 | 区(县) | 行政面积(km²) | 承灾面积(km²) | $P_i$(%) | 高危险区 | | 中等危险区 | | 低危险区 | |
| --- | --- | --- | --- | --- | --- | --- | --- | --- | --- | --- |
| | | | | | 灾前估值 | 可能损失 | 灾前估值 | 可能损失 | 灾前估值 | 可能损失 |
| 广州市 | 都会区 | 1183 | 458.33 | 38.74 | 210.1 | 510.77 | 68.13 | 95.90 | 180.1 | 19.62 |
| | 番禺区 | 1065 | 49.93 | 4.69 | 4.88 | 1.60 | 18.84 | 3.59 | 26.21 | 0.39 |
| | 南沙区 | | | | | | | | | |
| | 花都区 | 973.8 | 301.91 | 31.00 | 211.7 | 50.97 | 34.59 | 4.82 | 55.62 | 0.60 |
| | 增城市 | 1746 | 10.04 | 0.58 | 10.04 | 1.30 | | | | |
| | 从化市 | 1191 | 30.94 | 2.60 | 30.94 | 1.92 | | | | |
| 佛山市 | 顺德区 | 808.7 | | | | | | | | |
| | 南海区 | 1154 | 242.8 | 21.04 | 122.1 | 59.43 | 53.23 | 15.00 | 67.47 | 1.47 |
| | 都会区 | 75.93 | 23.26 | 30.63 | 12.62 | 57.73 | | | 10.64 | 2.18 |
| | 三水区 | 889 | 325.42 | 36.61 | 167.4 | 41.17 | 46.82 | 6.67 | 111.2 | 1.23 |
| | 高明区 | 944.8 | 105.65 | 11.18 | 93.85 | 14.34 | | | 11.8 | 0.08 |
| 肇庆市 | 都会区 | 649.4 | 187.85 | 28.93 | 138.5 | 32.63 | 42.96 | 5.86 | 6.39 | 0.07 |
| | 四会市 | 1217 | 96.8 | 7.95 | 12.66 | 1.25 | 69.81 | 3.98 | 14.33 | 0.06 |
| | 高要市 | 2256 | 216 | 9.57 | 194.2 | 7.54 | 5.75 | 0.13 | 16.05 | 0.03 |
| | 怀集县 | 3612 | 212.37 | 5.88 | 22.97 | 0.30 | | | 189.4 | 0.11 |
| | 封开县 | 2748 | | | | | | | | |
| | 广宁县 | 2449 | | | | | | | | |
| | 德庆县 | 2008 | | | | | | | | |

### 3. 评价结果

以区(县)行政区为评价单元,按照公式 $V\_pro = \sum P_i(W_j/W_i)$ 计算各类承灾体的易损程度,进行易损性分级。广佛肇经济圈岩溶塌陷易损性评价分级结果见表7-7-16和附图21。

表 7-7-16 岩溶塌陷易损性分级表　　　　　　　　　（单位：亿元）

| 市 | 区(县) | 行政面积 ($km^2$) | 承灾面积 ($km^2$) | $P_i$ (%) | 高危险区 灾前估值 | 高危险区 可能损失 | 中等危险区 灾前估值 | 中等危险区 可能损失 | 低危险区 灾前估值 | 低危险区 可能损失 | 易损性 | 分级 |
|---|---|---|---|---|---|---|---|---|---|---|---|---|
| 广州市 | 都会区 | 1183 | 458.33 | 38.74 | 210.1 | 510.77 | 68.13 | 95.90 | 180.1 | 19.62 | 1.53E+00 | 3 |
| | 番禺区 | 1065 | 49.93 | 4.69 | 4.88 | 1.60 | 18.84 | 3.59 | 26.21 | 0.39 | 2.50E-02 | 1 |
| | 南沙区 | | | | | | | | | | | |
| | 花都区 | 973.8 | 301.91 | 31.00 | 211.7 | 50.97 | 34.59 | 4.82 | 55.62 | 0.60 | 1.21E-01 | 2 |
| | 增城市 | 1746 | 10.04 | 0.58 | 10.04 | 1.30 | | | | | 7.51E-04 | 1 |
| | 从化市 | 1191 | 30.94 | 2.60 | 30.94 | 1.92 | | | | | 1.61E-03 | 1 |
| 佛山市 | 顺德区 | 808.7 | | | | | | | | | | |
| | 南海区 | 1154 | 242.8 | 21.04 | 122.1 | 59.43 | 53.23 | 15.00 | 67.47 | 1.47 | 1.66E-01 | 2 |
| | 都会区 | 75.93 | 23.26 | 30.63 | 12.62 | 57.73 | | | 10.64 | 2.18 | 1.46E+00 | 3 |
| | 三水区 | 889 | 325.42 | 36.61 | 167.4 | 41.17 | 46.82 | 6.67 | 111.2 | 1.23 | 1.46E-01 | 2 |
| | 高明区 | 944.8 | 105.65 | 11.18 | 93.85 | 14.34 | | | 11.8 | 0.08 | 1.78E-02 | 1 |
| 肇庆市 | 都会区 | 649.4 | 187.85 | 28.93 | 138.5 | 32.63 | 42.96 | 5.86 | 6.39 | 0.07 | 1.11E-01 | 2 |
| | 四会市 | 1217 | 96.8 | 7.95 | 12.66 | 1.25 | 69.81 | 3.98 | 14.33 | 0.06 | 1.27E-02 | 1 |
| | 高要市 | 2256 | 216 | 9.57 | 194.2 | 7.54 | 5.75 | 0.13 | 16.05 | 0.03 | 6.06E-03 | 1 |
| | 怀集县 | 3612 | 212.37 | 5.88 | 22.97 | 0.30 | | | 189.4 | 0.11 | 8.02E-04 | 1 |
| | 封开县 | 2748 | | | | | | | | | | |
| | 广宁县 | 2449 | | | | | | | | | | |
| | 德庆县 | 2008 | | | | | | | | | | |

#### 7.7.2.4　风险评价与区划

结合地面塌陷危险性评价和社会经济易损性评价结果，建立地面塌陷风险评估模型，开展地面塌陷灾害风险区划。

**1. 评价方法**

采用风险概率法对岩溶塌陷风险进行评价，模型如下：

$$Risk = \sum P_i \cdot S_i \cdot v / S_s \tag{7-14}$$

式中：$Risk$ 是岩溶塌陷风险；$P_i$ 是岩溶塌陷发生概率；$S_i$ 是不同塌陷危险区的面积；$S_s$ 是行政区的面积；$V$ 为易损性。

**2. 评价结果**

根据公式 $Risk = \sum P_i \cdot S_i \cdot v / S_s$ 可以计算出各县的物质财富塌陷风险值，并划分为 3 个等级。其中，高风险的县有 1 个，中等风险的县有 67 个，低风险的县有 67 个。其中广佛肇经济圈岩溶塌陷风险评价结果见表 7-7-17 和附图 22。

将评价区岩溶塌陷风险按风险值的数量级分为 3 个等级，数值从 3 到 1，分别对应高风险区、中等风险区和低风险区。

表 7-7-17 广佛肇经济圈塌陷风险评价区划表

| 市 | 区(县) | 行政面积 (km²) | 承灾面积 (km²) | $P_i$(%) | 高危险区面积 (km²) | 中等危险区面积 (km²) | 低危险区面积 (km²) | 易损性 | 风险值 | 分级 |
|---|---|---|---|---|---|---|---|---|---|---|
| 广州市 | 都会区 | 1183 | 458.33 | 38.74 | 210.1 | 68.13 | 180.1 | 1.53E+00 | 5.81E-02 | 3 |
| | 番禺区 | 1065 | 49.93 | 4.69 | 4.88 | 18.84 | 26.21 | 2.50E-02 | 1.03E-04 | 1 |
| | 南沙区 | | | | | | | | | |
| | 花都区 | 973.8 | 301.91 | 31.00 | 211.7 | 34.59 | 55.62 | 1.21E-01 | 2.98E-02 | 3 |
| | 增城市 | 1746 | 10.04 | 0.58 | 10.04 | | | 7.51E-04 | 1.93E-07 | 1 |
| | 从化市 | 1191 | 30.94 | 2.60 | 30.94 | | | 1.61E-03 | 1.76E-05 | 1 |
| 佛山市 | 顺德区 | 808.7 | | | | | | | | |
| | 南海区 | 1154 | 242.8 | 21.04 | 122.1 | 53.23 | 67.47 | 1.66E-01 | 9.31E-03 | 2 |
| | 都会区 | 75.93 | 23.26 | 30.63 | 12.62 | | 10.64 | 1.46E+00 | 2.87E-02 | 3 |
| | 三水区 | 889 | 325.42 | 36.61 | 167.4 | 46.82 | 111.2 | 1.46E-01 | 4.91E-02 | 3 |
| | 高明区 | 944.8 | 105.65 | 11.18 | 93.85 | | 11.8 | 1.78E-02 | 1.40E-03 | 2 |
| 肇庆市 | 都会区 | 649.4 | 187.85 | 28.93 | 138.5 | 42.96 | 6.39 | 1.11E-01 | 2.42E-02 | 3 |
| | 四会市 | 1217 | 96.8 | 7.95 | 12.66 | 69.81 | 14.33 | 1.27E-02 | 5.03E-04 | 1 |
| | 高要市 | 2256 | 216 | 9.57 | 194.2 | 5.75 | 16.05 | 6.06E-03 | 8.77E-04 | 1 |
| | 怀集县 | 3612 | 212.37 | 5.88 | 22.97 | | 189.4 | 8.02E-04 | 2.03E-04 | 1 |
| | 封开县 | 2748 | | | | | | | | |
| | 广宁县 | 2449 | | | | | | | | |
| | 德庆县 | 2008 | | | | | | | | |

## 7.7.3 防控对策与建议

### 7.7.3.1 岩溶塌陷前兆识别

岩溶塌陷很长段变形过程发展于地面以下,一旦地面以上出现前兆,离塌陷时间已近而短促,往往因未及时引起警惕而造成重大损失。然而作为塌陷的序幕,只要认真、仔细观察是可以发现并做出预警预报的,对减轻灾害损失具有重要意义。常见的 3 种前兆分别介绍如下。

**1. 井、泉的异常变化**

井、泉水位的骤然升、降,水色突然浑浊或翻砂、冒气。这些现象反映岩溶地下水动力条件自然发生急剧改变,从而为塌陷作用的发展提供了动力。这些变化的产生与附近人类工程活动密切相关,工作区内的许多塌陷在发生前,均出现附近的井水一度下降并发生干枯现象。

**2. 地面变形、房屋开裂**

地面出现环状裂缝并不断扩展,产生局部的地鼓或下沉,房屋出现裂缝等,它们一般是土洞扩展达到一定规模后其顶板已接近极限平衡状态的现象,这时地面已处于临近塌陷的危险状态。工作区的金沙洲、赤坭等地在发生塌陷前,均出现地面下沉,房屋、路面开裂等现象。

**3. 地震、地下异响**

岩溶塌陷在发育的过程中，由于岩土层的塌落产生的水击效应等，会出现地震或地下异响等现象，但是这种现象的出现与实际的塌陷时间距离非常短，几乎是同时进行，因此很难人为做出预判。如白云区夏茅村塌陷，当居民感觉到震动出来时，岩溶塌陷已经发生。

#### 7.7.3.2 岩溶塌陷预防处理措施

岩溶塌陷同其他地质灾害一样，采取一定的预防措施对于减少经济损失、避免人员伤亡是非常重要的。

**1. 预防措施**

（1）控制抽水：在塌陷区内不宜长期连续大降深地抽水，如果必须抽水，水位降深值要由小到大，避免一开始就采用大降深，同时要合理控制水位降深值。另外，应尽量避免开采浅层地下水，从多个塌陷区的资料分析可知，塌陷大部分都与 $60\sim70m$ 以内的浅部岩溶水开采有关，若将浅水层进行止水隔离，转入较深部位取水，即可使塌陷大为减少。

（2）地表排水：要做好久旱后初期暴雨的地表排水工作，以减少土洞顶板因浸水增加土体自重力，破坏其稳定状态而产生塌陷。

（3）避免震动：在塌陷区及其附近不宜从事开山放炮等震动性活动，因为放炮等引起的地下震动有气压、液压的传布与冲击，极易形成岩溶塌陷。

（4）建筑选址：修建建筑物时，应避开低洼地段，尽可能建在高处，基础要适当加深，最好能用麻花钻钻进 $2\sim3m$ 或更深的部位，了解地下有无土洞存在。

（5）地下水监测：开展长期地下水监测工作，根据动态观测资料找出水位、流量、水质、水色变化与塌陷产生的相互变化规律，从而达到预测预报的目的。

（6）地质雷达扫描：应用地质雷达，对岩溶塌陷区进行定时扫描，查清土体内土洞的发育情况。地质雷达具有操作简单、现场解译等优点，是开展岩溶塌陷预防的较好技术方法与手段。

**2. 岩溶塌陷治理措施**

岩溶塌陷的处理方法很多，主要有堵填法、跨越法、强夯法、灌注法、深基础法、控制抽排水强度法、疏排围改综合治理法、恢复水位法、气压力法等。根据治理效果及常用情况，介绍如下。

（1）恢复水位法：恢复水位是从根本上消除因地下水位下降造成地面塌陷的病源。当危及建筑物及行车安全相当严重时，只得被迫停止取水，使其地下水位通过降水补给而得到恢复。

（2）钻孔补气法：为克服真空吸蚀作用引起地面塌陷，可打钻孔深入到基岩面下溶蚀裂隙及溶洞的适当深度，消除形成真空负压的岩溶封闭条件，进而减少地面塌陷后的威胁。

（3）强夯法：用强夯法加固土层，表土经过强力夯实后，降低压缩性，增加密实度，提高土层强度，有利于拱的平衡，进而增加稳定土层的厚度，能减少或避免岩溶塌陷的发生。强夯法还可以破坏土层中尚未发展到地面的洞穴，消除隐患，达到处理的目的。

（4）灌注法：岩溶注浆是通过钻孔灌注水泥浆液堵塞浅部的岩溶洞穴空间，截断地下水对上覆土体的潜蚀运移通道，消除产生岩溶塌陷的基本条件，从而达到防止塌陷的目的。

## 7.8 地质灾害防治对策与建议

珠江三角洲经济区的城市密集程度高，经济高度发达，建筑物集中，重要的生命线工程结构复杂，需要保护的重点工程设施很多，导致地质灾害的防治工作复杂性强，一旦产生突发性的地质灾害活动，其危险性大，危害程度高，常造成人员伤亡和财产损失。因此，开展地质灾害防治工作，减轻人民群众的生命财产损失,既是构建现代和谐社会的需要,也是维持人类社会与自然地质环境协调发展的基础,具有重要的社会效益和经济价值。

根据珠江三角洲经济区各类地质灾害发生、发展和演变的特征及经济社会发展对地质灾害防治工作的要求,地质灾害防治工作必须坚持科学的发展观,依靠政策,重视地质灾害的系统科学研究,加强政府资金的投入,坚持综合治理和系统规划;在地质灾害防治工作中,以防为主,防重于治,防治结合;将生物措施、工程措施和非工程措施有机地结合在一起,在自始至终地贯彻地质灾害防治工程的理论研究和整治施工的实践过程中,努力提高地质灾害防治工作的生态效益、经济效益和社会效益。通过对珠江三角洲经济区灾害的分布规律,成因机理和灾情特征的研究,从宏观上看,对珠江三角洲经济区地质灾害防治提出了一些建议。

**1. 加强领导,明确地质灾害防治工作目标**

各地政府要把人民群众生命财产安全放在首位,把贯彻落实党的十八大和十八届三中、四中全会精神以及国务院《关于加强地质灾害防治工作决定》作为各地政府地质灾害应急管理工作重点。切实加强领导,落实责任制,明确具体负责人,做到领导到位、任务到位、人员到位、措施到位、资金到位。

各地地质灾害防治工作领导小组和应急指挥人员要认真履行职责,周密部署,靠前指挥,快速反应,积极应对。各重要地质灾害隐患点必须按照防灾责任制的要求,制订应急防灾预案,落实所在地区、主管部门和建设单位的责任,并明确专人负责;各责任人必须上岗到位,强化对人民群众生命财产安全高度负责的责任感,及时向当地人民政府和有关部门报告地质灾害灾情、险情和工作情况。

**2. 制订防治方案,落实地质灾害防治工作责任制**

各地国土资源行政主管部门要会同城乡规划、建设、水利、交通和农业等有关部门,结合本行政区地质灾害防治工作情况,认真组织编制和落实《年度地质灾害防治方案》,提出本地区年度地质灾害防治重点地区和具体防灾措施,明确职责分工,落实地质灾害隐患点防灾责任单位、监测预警单位和相关责任人,协助有关部门和单位确定避灾方案和紧急疏散路线,切实做好地质灾害应急处置工作。各地国土资源行政主管部门要与当地气象和水利部门密切协作,完善地质灾害预警预报机制,切实做到早预警、早准备、早撤离,最大限度地避免地质灾害造成人员伤亡和财产损失。

**3. 完善管理体制,提高地质灾害应急反应能力**

各地政府和国土资源行政主管部门要建立起"横向到边、纵向到底"的预防体系,形成"统一领导、综合协调、分类管理、分级负责、属地为主"的应急管理体制,进一步健全地质灾害基层应急管理机构,形成"政府统筹协调、专业队伍技术支撑、群众广泛参与、防范严密到位、处置快捷高效"的地质灾害管理工作新机制。

要进一步强化汛期值班、险情巡查和灾情速报制度,向社会公布地质灾害报警电话,接受社会监督。充分发挥地质灾害群测群防的重要作用,通过发放地质灾害防灾避险明白卡,使处在地质灾害隐患点的群众做到"自我识别、自我监测、自我预报、自我防范、自我应急、自我救治",增强社会公众自救互救和防灾避险的能力。加强地质灾害隐患点排查、巡查工作。汛期前,各地国土资源主管部门要协同有关部门,组织技术力量对地质灾害危险区和重要地质灾害隐患点进行全面检查;汛期中,开展巡查和应急调查,并根据全省地质灾害预警信息,及时做好地质灾害隐患点预警预报工作;汛期后,进行复查与总结;要充分发挥各地地质环境监测机构和地质队伍以及有关专家在汛期突发性地质灾害应急调查与处置工作中的作用。

**4. 加强技术支撑,做好地质灾害监测预警预报工作**

各地国土资源行政主管部门要与当地气象和水利部门、地质队伍密切协作,进一步完善地质灾害预警预报机制,加强异地会商,切实做到早预警、早准备、早撤离,最大限度地避免地质灾害造成人员伤亡和财产损失。要认真总结多年来地质灾害气象预警预报避免群死群伤的成功经验。珠江三角洲经济区各市县将选择威胁100人以上的地质灾害隐患点,进行三维空间数据采集工作,推进全省地质灾害监测预警系统建设。各地国土资源行政主管部门要根据相应的地质灾害预警等级,按照《广东省国土资源系统地质灾害预警响应工作方案》要求,做好预警响应和值守工作,全面提升地质灾害预警响应工作水平。

**5. 推进地质灾害详细调查和评价工作**

各地要将地质灾害调查、预防和治理经费纳入年度财政预算。各地国土资源行政主管部门要按照《广东省地质灾害防治"十二五"规划》的要求,及时部署落实本地区地质灾害详细调查、城市地质灾害风险评价等工作。

**6. 积极筹集资金,推进地质灾害隐患点搬迁与治理工作**

各地要加强组织领导,积极筹措资金,按照轻重缓急原则,加快本地区地质灾害隐患点搬迁与治理工作。各地国土资源行政主管部门应积极会同有关主管部门做好地质灾害治理工程勘查、设计、施工和监理的监督指导工作,制订本地区地质灾害隐患点搬迁和治理实施方案。

**7. 加强源头防范,严防削坡建房诱发地质灾害**

各地要做好地质灾害易发区农村危房改造规划选址的地质灾害危险性评价工作,严禁削坡建房诱发地质灾害,积极探索山区农村建房涉及地质灾害的简易评价办法,制定出台地质灾害易发区农村建房选址指导意见等,从源头上有效遏制削坡建房引发地质灾害的发生。

**8. 发挥基层主体作用,积极推进地质灾害防治**

要以保护人民群众生命财产安全为根本,着力提升县(市、区)国土资源主管部门在地质灾害防治工作中的组织协调管理、专业技术支撑、项目经费保障、防治措施落实、规避灾害风险等能力,推进以县(市、区)为单元的地质灾害防治工作制度化、规范化、程序化,提高基层地质灾害防治水平和群众防灾避险意识,最大限度地避免地质灾害造成人员伤亡和财产损失。

**9. 加大监管力度,依法查处涉及地质灾害的违法违规行为**

在地质灾害易发区内进行工程建设必须开展地质灾害危险性评价和配套建设地质灾害治理工程"三同时"制度,禁止在地质灾害危险区审批新建住宅以及爆破、削坡和从事其他可能引发地质灾害的活动。依法查处违反《地质灾害防治条例》规定的行为,从源头上控制和预防人为引发地质灾害的发生。注重预防山区城镇建设、农村建房和山体过度开发形成的地质灾害隐患点;加大矿山地质环境保护与恢复治理力度,指导矿山企业做好矿区防灾减灾预案,最大限度地避免矿山建设生产活动引发突发性地质灾害。

**10. 加强协调沟通,建立协同联动机制**

建立健全党委领导、政府负责、部门协同、公众参与、上下联动的地质灾害防治新格局。各地国土资源、财政、民政、教育、环保、水利、交通、城乡规划、建设、安全监管、铁路、气象等有关部门切实履行工作责任,并加强协调、沟通与合作,互通情报,确保全省汛期地质灾害应急指挥、预警预报和防灾工作网络信息准确、畅通。各地要不断建立和完善多部门协同处置地质灾害的联动机制,形成快捷、高效的抢险救灾合力。

**11. 加强宣传教育,提高干部群众的防灾意识**

各地政府和国土资源行政主管部门,应通过报纸、广播、电视、互联网等媒体以及张贴宣传画、派发公益广告、举办培训班和宣讲团等方式,积极开展地质灾害防治工作宣传活动,深入推进地质灾害防治知识"进村入户,进学校上课堂"。应充分利用"3.19(《中华人民共和国矿产资源法》颁布纪念日)""4.22(世界地球日)""5.12(防灾减灾日)""6.25(土地日)"等重要纪念日开展宣传咨询活动,强化地质灾害应急文化建设,进一步增强广大干部群众对地质灾害的防灾减灾意识。积极举办地质灾害防治知识培训班,重点培训本辖区内地质灾害防治工作人员,特别是镇、村一级的地质灾害群测群防人员。重要的地质灾害隐患点每年至少要举行一次应急演练,通过演练活动检验和完善防灾预案,提升应对突发地质灾害的综合协调、应急处置能力。

## 7.9　本章小结

（1）地质灾害风险性评价主要包括两个部分的内容：地质灾害危险性评价和承灾体的社会经济易损性评价。基于 GIS 空间分析方法，通过危险性和易损性综合分析，叠加完成地质灾害风险性评价。

（2）根据《2007 年广东省地质灾害防治规划》《广东省 2015 年度地质灾害防治方案》等资料，至 2014 年珠江三角洲经济区共发生威胁人数 100 人（含）以上或规模为大型（含）以上的地质灾害点、岩溶塌陷点和地面沉降观测累计沉降量大于 10cm 的灾害点共计 297 处。

（3）地质灾害危险性评价结果表明：地质灾害高危险区主要位于岩溶发育强烈地区、厚层软土分布区、活动断裂分布区等；中等危险性区主要分布于丘陵山区及软土分布区；低危险区主要分布于台地、残丘等地区。

（4）根据各单元易损性指数评价结果，综合考虑珠江三角洲经济区人口密度及社会经济发展状况等，绘制了珠江三角洲经济区承灾体社会经济易损性评价分区图。承灾体的社会经济易损性评价结果表明：社会经济易损性与人口密度、经济发展程度密切相关，高易损性区主要分布于主城区、交通枢纽及重要基础设施沿线；中等易损性区主要分布于城郊、工业园区及交通线沿线；低易损区则主要分布于山区及农田。

（5）在地质灾害危险性评价和社会经济易损性评价的基础上，根据地质灾害危险性和社会经济易损性评价结果的叠加，并根据珠江三角洲经济区的地质环境条件与地质灾害发育特点，对叠加结果进行人工干预修正，绘制出珠江三角洲经济区地质灾害风险性评价分区图。珠江三角洲地区地质灾害风险性评价结果表明：地质灾害高风险区主要分布于城区人口密度大、经济发达且地质灾害发育强烈的区域；地质灾害中等风险区则主要分布于平原区、山区高等级公路等交通线沿线、乡镇人口相对集中区等；地质灾害低风险区则主要分布于珠江三角洲平原区以农业为主的区域，以林地及农田为主的区域，人口较为稀少的山区等。

（6）根据已发地质灾害点、人口、建筑、产值等分别对地质灾害危险性、承灾体的社会经济易损性、地质灾害风险性评价结果进行验证，经对比，其对应关系均较好，本次评价结果较为合理。

（7）根据珠江三角洲经济区地质环境以及地质灾害的特点，提出了相应的地质灾害防治建议。

# §8 珠江三角洲经济区重要地质遗迹资源环境承载力评价

## 8.1 地质遗迹资源概况

### 8.1.1 地质遗迹类型

根据广东省地质遗迹资源初步调查报告(佛山地质局,2011)和华南地区重要地质遗迹调查报告(广东省地质调查院,2015),厘定珠江三角洲地区重要地质遗迹51处(附图23)。按照中国地质调查局《重要地质遗迹调查技术要求(2013年暂行稿)》和《地质遗迹调查标准(2014)》地质遗迹类型划分方案,珠江三角洲地质遗迹类型划分为基础地质大类、地貌景观大类、地质灾害大类三大类,进一步划分为地层剖面类、岩石剖面类、构造剖面类、重要化石产地类、重要岩矿石产地类、岩土体地貌类、水体地貌类、火山地貌类、海岸地貌类、构造地貌类、地震遗迹类和地质灾害遗迹类地质遗迹(表8-1-1)。

表8-1-1 珠江三角洲经济区地质遗迹资源一览表

| 大类 | 类 | 亚类 | 数量(处) | 典型地质遗迹 |
|---|---|---|---|---|
| 基础地质大类 | 地层剖面 | 层型(典型)剖面 | 2 | 金鸡组地层剖面 |
| | 构造剖面 | 断裂 | 4 | 佛山陈村西淋岗断裂剖面 |
| | 重要化石产地 | 古生物化石产地 | 1 | 南澳金鸡组菊石蕨类化石 |
| | | 古动物化石产地 | 1 | 佛山脊椎动物化石产地 |
| | 重要岩矿石产地 | 典型矿床类露头 | 2 | 高要河台金矿产地 |
| | | 典型矿物岩石命名地 | 1 | 肇庆端砚 |
| | | 矿业遗址 | 7 | 番禺莲花山古采石遗址 |
| 地貌景观大类 | 岩土体地貌 | 碳酸盐岩地貌 | 1 | 肇庆七星岩岩溶地貌 |
| | | 花岗岩地貌 | 2 | 龙门南昆山花岗岩地貌 |
| | | 碎屑岩地貌 | 1 | 番禺十八罗汉山丹霞地貌 |
| | 水体地貌 | 湖泊、潭 | 1 | 从化流溪湖 |
| | | 河流 | 1 | 三水河口三江汇流 |
| | | 瀑布 | 2 | 增城派潭白水寨瀑布 |
| | | 泉 | 7 | 恩平金山温泉 |
| | 构造地貌 | 峡谷 | 1 | 肇庆鼎湖羚羊峡 |
| | | 构造山 | 1 | 广州白云山断块山 |
| | 火山地貌 | 火山岩地貌 | 3 | 深圳七娘山第一峰 |
| | | 火山机构 | 2 | 南海西樵山天湖火山机构 |
| | 海岸地貌 | 海蚀地貌 | 7 | 广州七星岗海蚀地貌 |
| | | 海积地貌 | 2 | 深圳大小梅沙海积地貌 |
| 地质灾害大类 | 其他地质灾害遗迹 | 滑坡 | 1 | 顺德飞鹅山滑坡 |
| | | 地面塌陷 | 1 | 广州金沙洲岩溶地面塌陷 |

珠江三角洲经济区地质遗迹共51处,其中基础地质大类地质遗迹共17处,包括地层剖面1处,构造剖面4处,重要化石产地2处,重要岩矿石产地10处;地貌景观大类共28处,包括岩土体地貌4处,水体地貌9处,海岸地貌8处,火山地貌5处,构造地貌2处;地质灾害大类2处,为其他地质灾害遗迹。珠江三角洲经济区地质遗迹资源以水体地貌类、重要岩矿石产地类、海岸地貌类以及火山地貌类为主,所占比重分别为21%、19%、18%和10%(图8-1-1)。

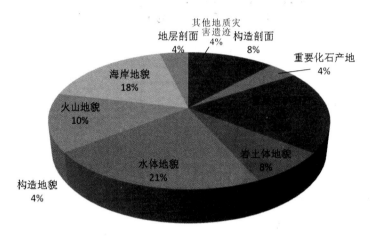

图8-1-1　珠江三角洲经济区地质遗迹资源类型

## 8.1.2　遗迹资源分布特征

### 8.1.2.1　遗迹分布特点

珠江三角洲地区地处广东省中部,地层、岩浆岩、地质构造错综复杂,山地、丘陵、台地、平原等地貌类型丰富多样,地质遗迹分布具有明显的不均衡特征:按地级市行政区分布,珠江三角洲地区9个地级市地质遗迹数量分别为广州13处,佛山10处,深圳9处,江门7处,肇庆5处,惠州3处,中山2处,珠海和东莞各1处。各市地质遗迹数量所占百分比如图8-1-2所示。珠江三角洲地区国家级地质遗迹12处,省级33处,市县级6处。按地形地貌分布,珠江三角洲地区中部为三角洲平原,四周为低山丘陵,局部见孤丘。三角洲平原区地质遗迹数量12处,低山丘陵区地质遗迹数量31处,局部丘陵(台地)区地质遗迹数量为8处。

### 8.1.2.2　遗迹分布规律

珠江三角洲经济区地质遗迹类型以水体地貌类、重要岩矿石产地类、海岸地貌类以及火山地貌类为主(表8-1-2)。水体地貌类地质遗迹以温泉为主,这与广东省地热资源储量丰富关系密切;重要岩矿石产地类地质遗迹包括典型(金属和非金属)矿床露头类、典型矿物岩石命名地类以及采矿遗址类,且以(金属和非金属)采矿遗址类地质遗迹所占比重最大;海岸地貌类包括海积地貌和海蚀地貌类两种,见于沿海一带,分布于海岛、海湾和三角洲平原区;火山地貌类包括火山机构和火山岩地貌两种亚类,然而二者特征并非泾渭分明,可用火山岩地貌类概括之。

结合珠江三角洲经济区构造演化史及地质遗迹产出特征,分别从与断陷红盆有关的地质遗迹、沿海海岸地貌类地质遗迹,以及与火山岩有关的地质遗迹3个方面,简单阐述重要地质遗迹分布规律。

(1)与断陷红盆有关的地质遗迹:断陷红色盆地形成于晚白垩世—早古近纪,区域上明显受北东向断裂构造制约,分布于珠江三角洲地区的红色盆地有东莞盆地、新会盆地、三水盆地等。珠江三角洲地区与断陷红盆有关的地质遗迹类型主要为古动物化石产地、古采石遗址等。这是因为盆地沉积的红色

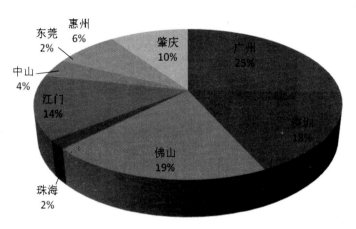

图 8-1-2 珠江三角洲经济区各市行政区地质遗迹数量百分比

岩系为丹霞（碎屑岩）地貌的重要成景物质，且产出有大量脊椎动物遗体或遗迹化石，如恐龙骨骼、脚印、恐龙蛋类化石，以及青蛙、鸟类和鱼化石等。此外，红色砂砾岩为古代建筑的重要石料。据记载，珠江三角洲地区古采石可追溯到公元前 214 年。

表 8-1-2　珠江三角洲经济区地质遗迹资源分布规律一览表

| | 亚类 | 地质遗迹名称 | 备注 |
|---|---|---|---|
| 与断陷红盆有关的地质遗迹 | 丹霞地貌 | 番禺十八罗汉山丹霞地貌 | 白垩纪 |
| | 古动物化石产地 | 佛山脊椎动物化石产地 | 古近纪 |
| | 采矿遗迹 | 番禺莲花山古采石遗址 | 西汉时期 |
| | | 番禺鳝塘潭古采石遗址 | 唐宋时期 |
| | | 东莞石排燕岭古采石遗址 | 明清时期 |
| 沿海海岸地貌类 | 海蚀地貌 | 南海石碣海蚀地貌 | 三角洲 |
| | | 番禺莲花山海蚀地貌 | |
| | | 黄阁大小虎山海蚀地貌 | |
| | | 广州七星岗海蚀地貌 | |
| | | 增城新塘海蚀地貌 | |
| | | 深圳大鹏半岛海蚀地貌 | |
| | 海积地貌 | 深圳大小梅沙海积地貌 | 深圳海湾 |
| | | 深圳金沙湾海积地貌 | |
| 与火山岩有关的地质遗迹 | 火山岩地貌 | 佛山紫洞火山岩地貌 | 三水盆地 |
| | | 佛山王借岗火山岩地貌 | 三水盆地 |
| | | 七娘山第一峰火山岩地貌 | 晚中生代 |
| | 火山机构 | 南海西樵山天湖火山机构 | 三水盆地 |
| | | 深圳七娘山火山机构 | 晚中生代 |
| | 采矿遗迹 | 南海西樵山古采石遗址 | 三水盆地 |

(2)沿海海岸地貌类地质遗迹:包括海积地貌,如海滩、海滩岩,以及海蚀地貌,如海蚀平台、海蚀洞穴、海蚀崖等。海蚀地貌可用以海平面变化和地壳升降运动研究。已有资料表明,深圳大鹏半岛Ⅱ级海蚀平台形成时代为4670~5000aBP,Ⅰ级海蚀平台形成时代为2000aBP,二者高差约1m;珠江三角洲地区全新世以来在6000aBP、2800aBP和2200aBP也出现过1~1.5m的高海面;粤东(深圳湾以东)在7500aBP、3650aBP和2000aBP前后均出现过高于现代海面约2m的高海面。表明全新世海平面存在较明显的上升-下降波动,且粤沿海不同地块均存在不同尺度的垂直升降运动。

(3)与火山岩有关的地质遗迹:珠江三角洲地区火山作用有关的地质遗迹呈面状分布,见于粤中三水盆地和粤东沿海(深圳)山地丘陵地貌区。前者反映了粤中地区古近纪陆壳裂陷背景的板内壳/幔源基性岩浆喷发过程,后者反映了粤东地区中生代太平洋构造域陆内酸性岩浆喷发作用。该类遗迹包括火山岩地貌类、火山结构类以及以火山岩为石料的古采石遗址类地质遗迹。

## 8.1.3 遗迹价值评价

根据中国地质调查局《地质遗迹调查标准(2014)》,遗迹评价方法采用定性评价和定量评价两种方法。定性评价是在野外调查基础上组织基础地质、矿产地质、旅游地质、水文地质等方面专家鉴评产生;定量评价主要是采用综合评价因子加权赋值的评价方法。

珠江三角洲经济区地质遗迹价值等级评价产生国家级地质遗迹点12处,省级地质遗迹点33处,市县级地质遗迹点6处(表8-1-3)。

表8-1-3 珠江三角洲经济区重要地质遗迹评价结果表

| 序号 | 遗迹名称 | 遗迹类型 | | | 遗迹评价结果 | |
| --- | --- | --- | --- | --- | --- | --- |
| | | 大类 | 类 | 亚类 | 评价分数 | 评价等级 |
| 1 | 开平金鸡组地层剖面 | 基础地质大类 | 岩石剖面 | 地层剖面 | 68.89 | 省级 |
| 2 | 台山深井新厂组地层剖面 | | | | — | 省级 |
| 3 | 高要禄步大车冈断裂剖面 | | 构造剖面 | 断裂剖面 | 66.27 | 省级 |
| 4 | 开平梁金山断裂剖面 | | | | 52.68 | 市县级 |
| 5 | 鹤山宅梧石门村断裂剖面 | | | | 66.39 | 省级 |
| 6 | 佛山陈村西淋岗断裂剖面 | | | | 63.97 | 省级 |
| 7 | 佛山脊椎动物化石产地 | | 重要化石产地 | 古动物化石产地 | 73.01 | 国家级 |
| 8 | 南澳金鸡组菊石蕨类化石 | | | | 67.29 | 省级 |
| 9 | 高要河台金矿产地 | | | 典型矿床露头 | 69.42 | 省级 |
| 10 | 高明长坑富湾金银矿产地 | | | | 65.6 | 省级 |
| 11 | 从化亚髻山正长岩矿产地 | | | | 66.07 | 省级 |
| 12 | 肇庆端砚 | | | 典型矿物岩石命名地 | 80.75 | 国家级 |
| 13 | 南海西樵山古采石遗址 | | | 采矿遗址 | 74.41 | 国家级 |
| 14 | 深圳鹏茜大理石采矿遗址 | | | | 77.41 | 国家级 |
| 15 | 深圳凤凰山辉绿岩矿遗址 | | | | 77.5 | 国家级 |
| 16 | 番禺莲花山古采石遗址 | | | | 80.15 | 国家级 |
| 17 | 番禺蟑塘潭古采石遗址 | | | | 51.96 | 市县级 |
| 18 | 东莞石排燕岭古采石遗址 | | | | 69.16 | 省级 |

续表 8-1-3

| 序号 | 遗迹名称 | 遗迹类型 | | | 遗迹评价结果 | |
|---|---|---|---|---|---|---|
| | | 大类 | 类 | 亚类 | 评价分数 | 评价等级 |
| 19 | 龙门南昆山花岗岩地貌 | 地貌景观大类 | 岩土体地貌 | 花岗岩地貌 | 68.18 | 省级 |
| 20 | 博罗罗浮山花岗岩地貌 | | | | 66.46 | 省级 |
| 21 | 番禺十八罗汉山丹霞地貌 | | | 碎屑岩地貌 | 54.37 | 市县级 |
| 22 | 肇庆七星岩岩溶地貌 | | | 碳酸盐岩地貌 | 67.08 | 省级 |
| 23 | 深圳大鹏半岛瀑布 | | 水体地貌 | 瀑布 | 67.31 | 省级 |
| 24 | 增城派潭白水寨瀑布 | | | | 68.25 | 省级 |
| 25 | 龙门南昆山温泉 | | | 泉 | 69.64 | 省级 |
| 26 | 恩平帝都温泉 | | | | 79.98 | 国家级 |
| 27 | 恩平金山温泉 | | | | 80.19 | 国家级 |
| 28 | 恩平锦江温泉 | | | | 79.52 | 国家级 |
| 29 | 从化流溪河温泉 | | | | 68.73 | 省级 |
| 30 | 珠海御温泉 | | | | — | 省级 |
| 31 | 中山温泉 | | | | — | 省级 |
| 32 | 三水河口三江汇流 | | | 河流 | 68.27 | 省级 |
| 33 | 从化流溪湖 | | | 湖泊、潭 | 65.53 | 省级 |
| 34 | 深圳大小梅沙海积地貌 | | 海岸地貌 | 海积地貌 | 68.45 | 省级 |
| 35 | 深圳金沙湾海积地貌 | | | | 65.73 | 省级 |
| 36 | 南海石碣海蚀地貌 | | | 海蚀地貌 | 62.6 | 省级 |
| 37 | 深圳大鹏半岛海蚀地貌 | | | | 68.83 | 省级 |
| 38 | 番禺莲花山海蚀地貌 | | | | 62.98 | 省级 |
| 39 | 黄阁大小虎山海蚀地貌 | | | | 54.1 | 市县级 |
| 40 | 广州七星岗海蚀地貌 | | | | 69.44 | 省级 |
| 41 | 增城新塘海蚀地貌 | | | | 52.4 | 市县级 |
| 42 | 中山黄圃海蚀地貌 | | | | — | 省级 |
| 43 | 南海西樵山天湖火山机构 | | 火山地貌 | 火山机构 | 80.67 | 国家级 |
| 44 | 深圳七娘山火山机构 | | | | 79.85 | 国家级 |
| 45 | 佛山王借岗火山岩地貌 | | | 火山岩地貌 | 66.55 | 省级 |
| 46 | 七娘山第一峰火山岩地貌 | | | | 78.19 | 国家级 |
| 47 | 佛山紫洞火山岩地貌 | | | | 64.65 | 省级 |
| 48 | 肇庆鼎湖羚羊峡 | | 构造地貌 | 峡谷 | 68.5 | 省级 |
| 49 | 广州白云山断块山 | | | 断块山 | 68.91 | 省级 |
| 50 | 广州金沙洲岩溶地面塌陷 | 地质灾害大类 | 其他地质灾害 | 地面塌陷 | 59.78 | 省级 |
| 51 | 顺德飞鹅山滑坡 | | | 滑坡 | 66.67 | 省级 |

遗迹评价结果分数栏空白处,表示未进行定量评级。

## 8.1.4 典型地质遗迹介绍

### 8.1.4.1 佛山脊椎动物化石产地

禅城紫洞鱼类化石遗迹点,位于珠江三角洲中部,属于佛山市禅城区南庄镇管辖。

华涌组黑色凝灰质页岩含大量以鲤科鱼类为主的鱼化石(图8-1-3),该鱼群个体数量丰富,种类较多,有骨舌鱼、骨唇鱼、湖泊剑鲅、洞庭鳜等,鱼体较大,有些个体长达20多厘米。

图8-1-3 紫洞骨舌鱼化石

此外,华涌组黑色凝灰质页岩含2个鳄类化石,头部很清楚,头长5.5cm,后部宽3cm,前端尖长,呈三角形,眼眶大、椭圆形,尾巴长。灰色泥岩含20多个保存尚完好的龟化石。这些龟化石个体小,体长一般10～165cm,头部、躯干、四肢清晰可见,同层还有蛙类、鸟类、腹足类、介形虫、植物化石。

华涌组鱼群个体数量丰富,种类多,以出现骨舌鱼类而不同于下伏两个鱼群,是新发现的一个重要鱼群,它与蛙类、龟类、鳄类、鸟类等同层出现,这个多门类脊椎动物群的发现为古近纪地层划分对比、时代确定、沉积环境分析和脊椎动物化石研究增添了新资料。

禅城紫洞青蛙化石遗迹点,位于珠江三角洲中部,属于佛山市禅城区南庄镇管辖。

华涌组灰色泥岩含两只青蛙化石,保存尚好,体长5cm,头部、躯干、四肢清晰可见,上颌边缘长满细细梳状排列的牙齿(图8-1-4)。

青蛙是水陆两栖动物,很难保存为化石,青蛙化石非常稀少,完整的青蛙化石在世界上也极为少见,两栖类处于水生鱼类和陆生爬行类之间的过渡类型,在生物演化发展史上,从水生到陆生是一次重要的飞跃,青蛙对研究生物进化有重要意义,但化石很难发现,因此非常珍贵。三水盆地发现的青蛙化石产于50Ma左右的华涌组中,是我国华南地区首次发现的青蛙化石,也是我国古近纪地层首次发现的青蛙化石。

禅城紫洞鸟类化石遗迹点,位于珠江三角洲中部,属于佛山市禅城区南庄镇管辖。在南海区华涌组见鸟化石,化石不完整,仅出露鸟爪(图8-1-5)。该类化石为国内少有,价值等级为国家级。

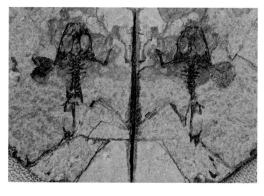

图8-1-4 紫洞青蛙化石　　　　　图8-1-5 紫洞鸟类化石

### 8.1.4.2 肇庆端砚

肇庆端砚石矿集中分布在城郊的北岭山、羚羊山、砚坑(即端溪)、西岸、蕉园、典水等地,行政上分别归属于端州区、鼎湖区和高要市。矿区分布范围约 215km², 呈东西向,长 33km,宽 6.5km。上述产地分别称为端溪矿区、西岸矿区、羚羊山矿区、北岭山矿区、蕉园坑矿区、典水矿区等。端砚石,古名端溪石,简称端石,包括紫端石和绿端石两大类。

紫端石(图 8-1-6)基本色调为紫色,古人曾用多种赞美词形容紫端石的紫色,如紫石英、紫玉英、紫云、紫泥等。紫端石的致色矿物为铁矿物,包括红色赤铁矿和黑色磁铁矿、褐色褐铁矿、绿色绿泥石以及未完全氧化的黄色菱铁矿等。因为铁矿物分布不均匀,组合比例不同,导致砚石颜色深浅不一、浓淡有别,有的显蓝,有的呈青,有的色灰,有的色如猪肝等。随着砚石中铁矿物含量的减少,砚石的石色趋向灰色且显单调。组成紫端石的矿物主要是黏土类矿物水云母和由水云母变质而成的绢云母以及少量铁矿物、高岭石和石英碎屑。铁矿物主要为赤铁矿,其次为磁铁矿、菱铁矿、绿泥石及铁氧化物褐铁矿等。砚石中含微量白云母、长石、锆石、电气石、金红石等。

图 8-1-6 肇庆端砚石

绿端石主要由白云石组成,次为水云母、石英碎屑、磁铁矿、方解石等矿物。白云石为碳酸盐类矿物,化学分子式为 $CaMg(CO_3)_2$,灰白色,常因含杂质而显绿色。有时在绿色基调背景下显浅黄色、浅褐色,硬度 3.5~4,密度 2.8~2.9g/cm³。绿端石中白云石呈微晶等粒状,粒径在 0.01mm 以下,水云母、磁铁矿、石英、方解石充填在白云石颗粒间。绿端石中氧化镁($MgO$)含量占 15%,氧化钙($CaO$)15%,二氧化硅($SiO_2$)30%,氧化铝($Al_2O_3$)11%,氧化铁($Fe_2O_3$)4%,氧化亚铁($FeO$)3%,氧化钛($TiO_2$)0.3%。绿端石氧化后常形成木纹、同心纹以及黄红色石皮,有很强的观赏性。

端砚石产于老虎头组中段老坑段,由潟湖潮坪相凝灰质泥岩、凝灰质粉砂质泥岩及沉凝灰岩受轻微区域变质形成。物质组成主要为黏土矿物、酸性火山尘及低级变质矿物,次为尘状赤铁矿、火山凝灰岩和粉砂级、砂级陆源碎屑岩。砚石矿共4层,单层厚0.3~1.5m,呈透镜状—薄层状产出,在羚羊峡东岸呈东西向延伸发育于褶皱两翼,在西岸呈北东向延伸。

该类端砚石为国内知名的砚台产地,价值等级为国家级。

### 8.1.4.3 番禺莲花山古采石遗址

莲花山古采石遗址位于广州番禺莲花山国家级风景名胜区东南部,总出露规模1200m×(50~200)m,所采石料为古近系莘庄村组($E_1x$)砂岩,经采石所保留的著名景点有南天门、莲花石(图8-1-7)、燕子岩(图8-1-8)、神镜等。

图8-1-7 莲花石　　　　　　　　　图8-1-8 燕子岩

古采矿场工艺结构特征采矿方法以露天开采法与地下矿房式开采法相结合,工具是铁锤、铁钎、铁凿,附加绳索、木架。露天开采法是先开一个约60m²的天坑,揭去上部风化层后,再开采下部新鲜岩层,每一层又分若干条幅分凿,每条幅宽50cm,厚70cm。为操作方便,在一定深度留采矿平台。若上部风化破裂的岩层厚,为减少剥离量而采用地下矿房式开采,矿房间留有规则的矿柱,以支撑采空区。开采工作台面非常平直、工整。凿路有章,图案典雅,或"人"字形凿痕(图8-1-9),或单斜叠瓦式凿痕(图8-1-10),均排列有序,规律不乱,整齐美观。取石方法讲究,切割规范,或上或下,一律保存着水平面。保留柱面或工作面则高度注意垂直向呈90°状态,不弯不斜。所发现的多个采矿场中有14个在山的东麓近水处,仅1个位于北西边位置低洼处,说明山体东侧近水,运输便捷。开采规模巨大,采场一个接一个,南北展布1500m,宽50~200m,开采深度30~40m,一共取石料300多万立方米。

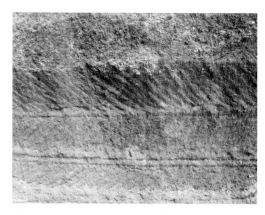 

图8-1-9 "人"字形凿痕　　　　　　图8-1-10 单斜叠瓦式凿痕

经过对广州市古代建筑用石普查,发现广州南越国宫和象岗山南越文王墓之大部分用石与莲花山岩石有相似性,证明这些大量的被采石料用于建南越国宫殿和南越文王陵墓。南越国(公元前214年)为西汉时期,距今2220年,于是国务院以"西汉古采石场遗址"为名称公布其为全国重点文物保护单位。据陈辉(2010)研究,广州黄埔南海神庙古码头、琶洲塔、赤岗塔、越华路宋朝城墙城基、越秀山镇海楼明城墙墙基及石狮、西门口明代古城遗址城关、北京路千年古道、虎门炮台坑道等许多古建筑所用的石料,均可能多数来自莲花山。

番禺莲花山古采石场与吉林省集安县高句丽古采石场、江苏徐州市云龙山汉代采石场共3处被列入全国重点文物保护单位的采石场。前者是唯一以采石场的身份列入全国重点文物保护单位的采石遗迹,其他两侧均与古墓群建造有关。莲花山古采石场与湖北大冶古铜矿遗址并列为中国历史上两大古矿场。该古采石场为国家级文物保护单位,具有较高的景观美,价值等级为国家级。

#### 8.1.4.4 广东台山深井新厂组剖面

该剖面由广东区调队在1961年从事1:20万阳江、广海幅区调时测制,南颐等(1961)据此创名新厂组,代表下奥陶统下部含特马豆克期(Tremadocian)反称笔石化石群的一套以灰绿、绿灰色泥质页岩为主的地层。穆恩之(1974,1980)将之提升为新厂阶。汪啸风等(1979)、李积金等(1987)又重新研究了该剖面。

剖面全长约1km,从东往西测制,剖面上表现为一倒转复式向斜,作为层型剖面的是其西翼(正常翼)。汪啸风等(1979)研究该阶层型剖面时,重测新厂剖面,划分10层,其中2~9层为新厂组(图8-1-11)。

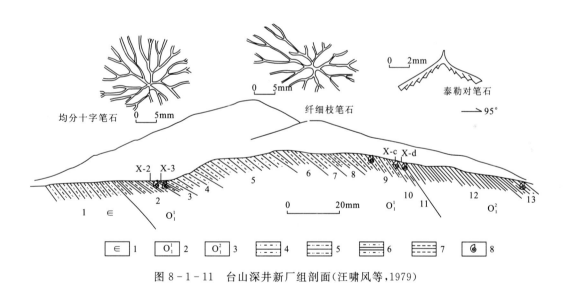

图8-1-11 台山深井新厂组剖面(汪啸风等,1979)

在剖面上的新厂组采集到大量的笔石,有 *Anisograptus matamemsis*、*Clonograptus* cf. 等,采集到特马豆克期(Tremadocian)反称笔石化石群,时代可以确认为早奥陶世。

广东台山深井新厂村东剖面是下奥陶统新厂组的标准地点,也是我国南方奥陶纪早期富有代表性的典型剖面之一,下奥陶统新厂阶的层型剖面。尽管近年来在皖南、浙西、湖南、江西以及广西等地的相应层位中陆续发现了一些新厂组的笔石,但相比之下,仍以台山深井新厂的剖面较为理想,特别是正笔石式树形笔石相当丰富。

台山深井新厂村东剖面是研究我国奥陶系分统建阶、探索生物地理区等问题的理想基地。此剖面在国内极其珍贵稀有,具有地质野外观察及教学实习研究和对比的重大科学价值,价值等级为省级。

#### 8.1.4.5 佛山陈村西淋岗断裂剖面

该断裂位于珠江三角洲北部佛山西淋岗,为区域北东向广州-从化断裂(简称广从断裂)的向南延伸部分。断层总体走向NE30°,倾向NW,倾角72°,断裂错断了3套晚第四纪以来的沉积物,垂向断距为0.53m;断层兼有脆性破裂和塑性变形特征,以砂质为主的强干层表现为脆性破裂,而以黏土和淤泥为主的软弱层表现为塑性变形,出现拉薄拖曳现象。在明显错断的沉积层中获得最新的沉积物年龄为20 012±561a(图8-1-12),表明该断裂自晚更新世以来至少经历了一期相对急速活动,而并非长期以"蠕滑"的方式活动。

断裂点向北东方向延伸约500m处可见,该断裂出露于基岩中(图8-1-13),该基岩破碎带宽约10m,总体走向NE10°~30°,主断面呈舒缓波状,产状280°~290°∠50°~80°。断裂的上盘为燕山晚期花岗岩,下盘为上白垩统白鹤洞组砾岩。断面上显示断裂经历多期活动:①早期断裂呈右旋走滑,在断面上可见被硅化的近水平擦痕;②中期断裂表现为挤压逆冲,花岗岩逆冲至白鹤洞组红色砾岩之上,并在断裂面附近残留挤压透镜体;③晚期断裂以高角度正断层的形式活动,形成锯齿状断裂面,并在断裂面顶部发育梳状节理。热释光测年数据指示其最后一次活动时间为10.06±0.63ka,说明北东向广从断裂继承性活动在地壳表层的响应。广东省第四纪活动断裂稀少,价值等级为省级。

 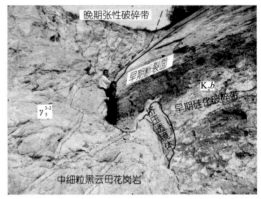

图 8-1-12 西淋岗断裂切割第四系　　图 8-1-13 西淋岗断裂北东延伸500m处断裂露头

# 8.2 地质遗迹承载力评价

## 8.2.1 地质遗迹保护现状

据广东省地质遗迹调查成果,珠江三角洲经济区地质遗迹资源保护现状如下:①以地质遗迹为核心的地质遗迹工程建设,以建立地质公园(或矿山公园)、地质遗迹保护点(或地质遗址公园)的形式对地质遗迹进行保护,故此类保护手段即为地质遗迹重点保护工程,珠江三角洲经济区地质遗迹重点保护情况如表8-2-1所示;②位于风景名胜区、自然保护区、森林公园、旅游景区内的地质遗迹,遗迹资源虽得以保护,但地质遗迹保护的主体不够明确,受保护的地质遗迹资源多为景观大类地质遗迹;③仍有众多地质遗迹点未得到保护的,如岩石剖面类、地质构造类地质遗迹以及开发潜力较小的地貌景观类地质遗迹。

风景名胜区以保护自然景观为主,自然保护区以保护生态系统、珍稀濒危野生动植物物种为主体,森林公园以保护森林资源为主体。位于上述园区内的地质遗迹就地质遗迹资源的重要价值而言,近为一般保护。表 8-2-2 为珠江三角洲经济区一般保护地质遗迹一览表。

表 8-2-1 珠江三角洲经济区地质遗迹保护情况（重点保护）一览表

| 序号 | 地质遗迹名称 | 保护工程 | 备注 |
| --- | --- | --- | --- |
| 1 | 南海西樵山古采石遗址 | 广东西樵山国家地质公园 | 国家级风景名胜区 国家森林公园 |
| 2 | 南海西樵山天湖火山机构 | | |
| 3 | 南澳金鸡组菊石蕨类化石 | 深圳大鹏半岛国家地质公园 | |
| 4 | 深圳大小梅沙海积地貌 | | |
| 5 | 深圳金沙湾海积地貌 | | |
| 6 | 深圳大鹏半岛海蚀地貌 | | |
| 7 | 深圳七娘山火山机构 | | |
| 8 | 深圳七娘山第一峰火山岩地貌 | | |
| 9 | 深圳大鹏半岛瀑布 | | |
| 10 | 恩平帝都温泉 | 广东恩平地热国家地质公园 | |
| 11 | 恩平金山温泉 | | |
| 12 | 恩平锦江温泉 | | |
| 13 | 增城派潭白水寨瀑布 | 广东增城省级地质公园 | 省级风景名胜区 |
| 14 | 深圳鹏茜大理石采矿遗址 | 深圳鹏茜国家矿山公园 | |
| 15 | 深圳凤凰山辉绿岩矿遗址 | 深圳凤凰山国家矿山公园 | |
| 16 | 广州七星岗海蚀地貌 | 七星岗古海岸遗址公园 | |

表 8-2-2 珠江三角洲经济区地质遗迹保护情况（一般保护）一览表

| 序号 | 地质遗迹名称 | 所属园区 | 备注 |
| --- | --- | --- | --- |
| 1 | 番禺莲花山古采石遗址 | 广东番禺莲花山省级风景名胜区 | 国家级重点文物保护单位 |
| 2 | 番禺莲花山海蚀地貌 | | |
| 3 | 广州白云山断块山 | 白云山国家级风景名胜区 | |
| 4 | 博罗罗浮山花岗岩地貌 | 广东罗浮山国家级风景名胜区 | |
| 5 | 肇庆七星岩岩溶地貌 | 广东肇庆星湖国家级风景名胜区 | |
| 6 | 从化流溪河温泉 | 从化温泉省级风景名胜区 | |
| 7 | 龙门南昆山花岗岩地貌 | 广东南昆山国家森林公园 | |
| 8 | 从化流溪湖 | 广东流溪河国家森林公园 | |
| 9 | 肇庆鼎湖羚羊峡 | 广东羚羊峡省级森林公园 | |
| 10 | 东莞石排燕岭古采石遗址 | 广东省文物保护单位 | |
| 11 | 增城新塘海蚀地貌 | 广州市文物保护单位 | |

目前，珠江三角洲经济区尚有众多地质遗迹资源处于无保护或初步保护状态，如地层剖面类、断裂剖面类地质遗迹均具有重要的科研价值，然而并未得到保护。部分重要地质遗迹随时面临被破坏的危险。因此，地质遗迹保护工作刻不容缓，应积极响应有关国土部门开展地质遗迹资源不动产登记的实

施。珠江三角洲经济区未保护或初步保护的地质遗迹资源如表8-2-3所示。因典型矿露头地质遗迹仍在开采、地质灾害类地质遗迹已得以有效治理、此两类地质遗迹保护内容不够鲜明，地质遗迹保护工程较难以落实。

表8-2-3 珠江三角洲经济区地质遗迹保护情况（未保护或初步保护）一览表

| 序号 | 遗迹名称 | 保护现状 | 备注 |
|---|---|---|---|
| 1 | 佛山王借岗火山岩地貌 | 未保护 | |
| 2 | 开平金鸡组地层剖面 | 未保护 | |
| 3 | 高要禄步大车冈断裂剖面 | 未保护 | |
| 4 | 开平梁金山断裂剖面 | 未保护 | |
| 5 | 鹤山宅梧石门村断裂剖面 | 未保护 | |
| 6 | 佛山紫洞火山岩地貌 | 未保护 | |
| 7 | 佛山脊椎动物化石产地 | 未保护 | |
| 8 | 南海石碣海蚀地貌 | 未保护 | |
| 9 | 黄阁大小虎山海蚀地貌 | 未保护 | |
| 10 | 三水河口三江汇流 | 未保护 | |
| 11 | 台山深井新厂组地层剖面 | 未保护 | |
| 12 | 佛山陈村西淋岗断裂剖面 | 初步保护 | 立桩警示 |
| 13 | 中山黄圃海蚀地貌 | 初步保护 | 旅游区 |
| 14 | 肇庆端砚 | 初步保护 | 工程隔离 |
| 15 | 中山温泉 | 初步保护 | 旅游区 |
| 16 | 龙门南昆山温泉 | 初步保护 | 旅游区 |
| 17 | 珠海御温泉 | 初步保护 | 旅游区 |
| 18 | 番禺蟳塘潭古采石遗址 | 初步保护 | 大岗公园 |
| 19 | 番禺十八罗汉山丹霞地貌 | 初步保护 | 十八罗汉山森林公园 |

## 8.2.2 地质遗迹承载力评价方法

承载力评价具有显著的时间属性，珠江三角洲经济区地质遗迹资源环境承载力评价仅适用于可预见的3~5年时间内。而地质遗迹资源是地球演化过程中遗留下来的极为宝贵的自然资源，因此，有必要以年、月为时间单位对地质遗迹资源实施动态的、可监控的承载力评价办法。

### 8.2.2.1 单点类地质遗迹评价

单点类地质遗迹指零星分布的、集中程度较差的地质遗迹点。参考地质灾害风险性评级指标和旅游资源承载力评价方法，地质遗迹承载力评级可从地质遗迹脆弱性或易损程度评价和地质遗迹的可开发程度即开发潜力评价两方面进行分析。

地质遗迹资源的该类地质遗迹承载力脆弱性评价因子包括自然因素和社会因素两方面。自然因素包括地形地貌、地质构造以及风化程度、降水量等内外动力条件。自然因素对地质遗迹脆弱性的影响程度划分为较弱、弱、较强3个等级，赋值（$N$）区间分别为0~10，10~25和25~50；社会因素即人类活动的全部内容,包括挖山取石、移山建房等,人类活动对地质遗迹脆弱性的影响程度划分为弱、较强、强3个等级,赋值($S$)区间分别为0～20、20～50和50～100。地质遗迹资源脆弱性评价最终分值由自然因素和人为因素影响程度加权获得。珠江三角洲地区经济发达,人类活动为主要的地质遗迹破坏因素,故其破坏程度所占权重按80%计。因此,地质遗迹脆弱性($F$)=($100-N$)×20%+($100-S$)×80%。

地质遗迹资源开发潜力评价即地质遗迹资源在社会、经济、生态环境可持续发展前提下的最大使用量。开发潜力按"较差、较好、好"分为3个等级,赋值($B$)区间分别为0～20、20～50和50～100。"较差"指地质遗迹目前开发利用条件有限,其价值未得到充分体现或转化,此类地质遗迹仅以保护为主,如地层剖面类、火山机构类地质遗迹。在地质遗迹资源环境承载力中所占权重以50%计(表8-2-4)。

地质遗迹资源环境承载力($C$)由地质遗迹脆弱性和地质遗迹开发潜力加权获得,计算公式:$C=(F+B)\times 50\%$。地质遗迹承载力评价按"一般、较好、好"分为3个等级,其赋值($C$)区间分别为0～40、40～65和65以上(表8-2-4)。

表8-2-4 地质遗迹资源承载力评价权重表

| 脆弱性评价 | | | | 开发潜力评价 | | 承载力评价 | |
|---|---|---|---|---|---|---|---|
| 权重50% | | | | 权重50% | | | |
| 自然因素 | 权重20% | 社会因素 | 权重80% | | | | |
| 等级 | 分值 | 等级 | 分值 | 等级 | 分值 | 等级 | 分值 |
| 较弱 | 0～10 | 弱 | 0～20 | 较差 | 0～20 | 一般 | 0～40 |
| 弱 | 10～25 | 较强 | 20～50 | 较好 | 20～50 | 较好 | 40～65 |
| 较强 | 25～50 | 强 | 50～100 | 好 | 50～100 | 好 | >65 |

#### 8.2.2.2 园区类地质遗迹评价

园区类地质遗迹指位于地质公园、矿山公园、风景名胜区、森林公园、地质遗址公园以及文物保护单位的地质遗迹点,该类地质遗迹均得到不等程度的保护和开发利用,并产生了一定数量的经济效益。园区内地质遗迹类型多以单点形式存在,或部分园区以地质遗迹组合形式分布。按照生态旅游资源分类系统,园区类地质遗迹属于分类系统中保护性生态旅游资源大类,进一步划分为风景名胜区、森林公园、景观性质地质公园以及自然/文化遗产类旅游资源,园区类地质遗迹中的矿山公园和地质遗址公园、文物保护单位分别属于自然遗产和文化遗产。

园区类地质遗迹仍以单点类地质遗迹承载力评价为基础,而开发成熟的景观类地质遗迹园区可以以旅游资源承载力评价标准执行。旅游资源承载力评价主要体现在资源空间承载力、生态环境系统承载力、旅游经济发展承载力、旅游环境空间承载力等方面,最后以最低量定律即水桶原理计算旅游环境承载力的综合值。本章节对园区类地质遗迹资源承载力的评价,是在初步调查和资料整理基础上进行的定性承载力评价。

(1)资源空间承载力:指一定旅游地域单元在其旅游特定阶段的某一时间范围内,可供游览地域在空间上的承载能力。其包括景区景点的空间面积、游览的道路长度和旅游设施数量。

(2)旅游生态环境承载力:指一定旅游地域单元在其旅游特定阶段的某一时间范围内,在保证旅游资源环境质量,维持或改善旅游自然环境状态的前提下,旅游生态环境对旅游及其相关活动的承载力。

(3)旅游环境空间承载力:是一定旅游地域单元在其旅游特定阶段的某一时间范围内,可供游览地域在空间上的承载能力。主要包括旅游景区、景点的空间面积、景区游览的道路长度及旅游设施数量。

(4)旅游生态环境承载力:是旅游地域单元在其旅游发展特定阶段的某一时间范围内,在保证旅游资源环境质量、维持或改善旅游自然环境状况的前提下,旅游生态环境对旅游及其相关活动作用的承载力。

## 8.2.3 地质遗迹资源承载力评价

地质遗迹资源包括了矿产资源、水资源以及地质灾害等方面,因报告中对矿产资源、地质灾害方面做了专题承载力评价,本章节不再进行阐述(表8-2-5,附图24)。

### 8.2.3.1 单点类地质遗迹承载力评价结果

**1. 佛山王借岗火山岩地貌**

自然因素:台地地貌,高边坡易崩塌,等级评价为较强级,分值为30;社会因素:可能面临采石破坏,附近山岗人工垃圾堆放,一定程度影响遗迹景观美,等级评价为强级,分值为60;开发潜力:出露规模较小(约0.02km$^2$),位于王借岗公园外围,不便于开发利用,等级评价为较差级,分值15;承载力:评价分值为30.5,承载力等级评价为一般级。

**2. 开平金鸡组地层剖面**

自然因素:地层剖面,岩性为底部硅质角砾岩、含煤砂岩和页岩,中上部的石英砂岩夹泥质碳质页岩,易风化,等级评价为较强,分值为26;社会因素:可能面临人为破坏,附近人类活动频繁,等级评价为较强级,分值为40;开发潜力:出露规模较小(剖面全长约600m),观赏性一般,不便于开发利用,等级评价为较差级,分值为10;承载力:评价分值为36.4,承载力等级评价为一般级。

**3. 高要禄步大车冈断裂剖面**

自然因素:断裂剖面,易崩塌,等级评价为较强级,分值为35;社会因素:临近村庄,随时面临人为破坏,等级评价为强级,分值为65;开发潜力:出露规模较小(剖面全长约50m),观赏性一般,不便于开发利用,等级评价为较差级,分值为8;承载力:评价分值为24.5,承载力等级评价为一般级。

**4. 开平梁金山断裂剖面**

自然因素:断裂剖面,易崩塌,等级评价为较强级,分值为35;社会因素:位于景区内,人为破坏较少,等级评价为弱级,分值为15;开发潜力:剖面全长约1.75km,断裂要素出露齐全,周边景色优美,具较好的观赏性,等级评价为较好级,分值为40;承载力:评价分值为60.5,承载力等级评价为较好级。

**5. 鹤山宅梧石门村断裂剖面**

自然因素:断裂剖面,易崩塌,等级评价为较强级,分值为35;社会因素:临近村庄,随时面临人为破坏,等级评价为较强级,分值为40;开发潜力:出露规模较小(剖面全长约150m),观赏性一般,不便于开发利用,等级评价为较差级,分值为10;承载力:评价分值为35.5,承载力等级评价为一般级。

**6. 佛山紫洞火山岩地貌**

自然因素:台地地貌,高边坡易崩塌,等级评价为较强级,分值为30;社会因素:附近人类活动频繁,可能面临人为破坏,等级评价为强级,分值为65;开发潜力:出露规模较小(约0.2km$^2$),遗迹点的扇形柱状解理,让人联想起折扇,具有很高的美学价值,等级评价为较好级,分值为45;承载力:评价分值为43.5,承载力等级评价为较好级。

**7. 佛山脊椎动物化石产地**

自然因素:化石产地,岩性为碎屑岩夹火山岩和灰色泥岩,易风化,等级评价为较强级,分值为30;社会因素:附近人类活动频繁,可能面临人为破坏,等级评价为强级,分值为60;开放潜力:出露规模较小,观赏性一般,不便于开发利用,等级评价为较差级,分值为15;承载力:评价分值为30.5,承载力等级

表 8-2-5 单点类地质遗迹承载力评价结果表

| 序号 | 地质遗迹名称 | 脆弱性 | | | | | 开发潜力 | | 承载力评价 | |
|---|---|---|---|---|---|---|---|---|---|---|
| | | 自然因素 | | 社会因素 | | 权重(%) | 分值 | 权重(%) | 分值 | 等级 |
| | | 分值 | 权重(%) | 分值 | 权重(%) | | | | | |
| 1 | 佛山王借岗火山岩地貌 | 30 | 20 | 60 | 80 | 50 | 15 | 50 | 30.5 | 一般 |
| 2 | 开平金鸡组地层剖面 | 26 | 20 | 40 | 80 | 50 | 10 | 50 | 36.4 | 一般 |
| 3 | 高要禄步大车冈断裂剖面 | 35 | 20 | 65 | 80 | 50 | 8 | 50 | 24.5 | 一般 |
| 4 | 开平梁金山断裂剖面 | 35 | 20 | 15 | 80 | 50 | 40 | 50 | 60.5 | 较好 |
| 5 | 鹤山宅梧石门村断裂剖面 | 35 | 20 | 40 | 80 | 50 | 10 | 50 | 35.5 | 一般 |
| 6 | 佛山紫洞火山岩地貌 | 30 | 20 | 65 | 80 | 50 | 45 | 50 | 43.5 | 较好 |
| 7 | 佛山脊椎动物化石产地 | 30 | 20 | 60 | 80 | 50 | 15 | 50 | 30.5 | 一般 |
| 8 | 南海石碣海蚀地貌 | 40 | 20 | 65 | 80 | 50 | 55 | 50 | 47.5 | 较好 |
| 9 | 黄阁大小虎山海蚀地貌 | 20 | 20 | 45 | 80 | 50 | 60 | 50 | 60 | 较好 |
| 10 | 三水河口三江汇流 | 4 | 20 | 15 | 80 | 50 | 85 | 50 | 86.1 | 好 |
| 11 | 台山深井新厂地层剖面 | 25 | 20 | 50 | 80 | 50 | 20 | 50 | 37.5 | 一般 |
| 12 | 佛山陈村西淋岗断裂剖面 | 10 | 20 | 20 | 80 | 50 | 50 | 50 | 66 | 好 |
| 13 | 中山黄圃海蚀地貌 | 30 | 20 | 60 | 80 | 50 | 15 | 50 | 30.5 | 一般 |
| 14 | 肇庆石端砚 | 40 | 20 | 50 | 80 | 50 | 15 | 50 | 33.5 | 一般 |
| 15 | 中山温泉 | 40 | 20 | 70 | 80 | 50 | 10 | 50 | 23 | 一般 |
| 16 | 龙门南昆山温泉 | 5 | 20 | 10 | 80 | 50 | 80 | 50 | 85.5 | 好 |
| 17 | 珠海御温泉 | 8 | 20 | 18 | 80 | 50 | 70 | 50 | 77 | 好 |
| 18 | 番禺莲塘潭古采石遗址 | 8 | 20 | 10 | 80 | 50 | 68 | 50 | 79.2 | 好 |
| 19 | 番禺十八罗汉山丹霞地貌 | 5 | 20 | 8 | 80 | 50 | 40 | 50 | 66.3 | 好 |
| 20 | 深圳鹏茜大理石采矿遗址 | 40 | 20 | 30 | 80 | 50 | 70 | 50 | 69 | 好 |
| 21 | 深圳凤凰山辉绿岩采矿遗址 | 5 | 20 | 5 | 80 | 50 | 15 | 50 | 55 | 较好 |
| 22 | 广州七星岗海蚀地貌 | 5 | 20 | 60 | 80 | 50 | 20 | 50 | 35.5 | 一般 |
| 23 | 东莞石排燕岭古采石遗址 | 5 | 20 | 5 | 80 | 50 | 80 | 50 | 87.5 | 好 |
| 24 | 增城新塘海蚀地貌遗迹点 | 2 | 20 | 60 | 80 | 50 | 20 | 50 | 35.8 | 一般 |

评价为一般级。

**8. 南海石碣海蚀地貌**

自然因素:台地地貌,高边坡易崩塌,等级评价为较强级,分值为40;社会因素:附近人类活动频繁,可能面临人为破坏,等级评价为强级,分值为65;开发潜力:出露规模较小(约0.1km$^2$),海蚀崖、海蚀洞、海蚀穴、海蚀柱等各种海蚀地貌发育齐全,具有较好的观赏性,等级评价为好级,分值为55;承载力:评价分值为47.5,承载力等级评价为较好级。

**9. 黄阁大小虎山海蚀地貌**

自然因素:台地地貌,地层稳定,等级评价为弱级,分值为20;社会因素:附近人类活动频繁,可能面临人为破坏,等级评价为较强级,分值为45;开发潜力:出露规模较小(约0.1km$^2$),海蚀崖、海蚀洞、海蚀穴、海蚀柱等各种海蚀地貌发育齐全,具有较好的观赏性,等级评价为好级,分值为60;承载力:评价分值为60,承载力等级评价为较好级。

**10. 三水河口三江汇流**

自然因素:水体地貌,受区域性断裂构造及河流影响,等级评价为较弱级,分值为4;社会因素:附近人类活动频繁,可能面临人为破坏,等级评价为弱级,分值为15;开发潜力:出露规模中等(约2.5km$^2$),交通便利,景色优美,具较好的观赏性,等级评价为好级,分值为85;承载力:评价分值为86.1,承载力等级评价为好级。

**11. 台山深井新厂组地层剖面**

自然因素:丘陵地貌,风化强,且植被覆盖,等级评价为较强级,分值为40;社会因素:可能面临民房、工程建设导致剖面完整性被破坏,等级评价为较强级,分值为50;开发潜力:仅具有科研价值,开发利用前景较差,等级评价为较差级,分值为15;承载力:评价分值为33.5,承载力等级评价为一般级。

**12. 佛山陈村西淋岗断裂剖面**

自然因素:周围台地地貌,风化强,且易被冲洪积覆盖,等级评价为较强级,分值为40;社会因素:面临工程建设导致剖面被破坏,等级评价为较强级,分值为70;开发潜力:仅具有科研价值,开发利用前景较差,等级评价为较差级,分值为10;承载力:评价分值为23,承载力等级评价为一般级。

**13. 中山黄圃海蚀地貌**

自然因素:台地地貌,自然因素影响有限,等级评价为较弱级,分值为5;社会因素:已规划建立地质公园,人为破坏甚微,等级评价为弱级,分值为10;开发潜力:仅具有科研价值和观光旅游价值,开发利用前景好,等级评价为好级,分值为80;承载力:评价分值为85.5,承载力等级评价为好级。

**14. 肇庆端砚**

自然因素:低山丘陵地貌,可能采矿坑道偶有碎石崩落,自然因素影响有限,等级评价为较弱级,分值为8;社会因素:大部分矿区已进行工程隔离,人为破坏较小,等级评价为弱级,分值为18;开发潜力:市场经济下具有较高的经济价值,开发利用前景好,等级评价为好级,分值为70;承载力:评价分值为77,承载力等级评价为好级。

**15. 中山温泉**

自然因素:五桂山南麓,低山地貌,自然因素影响不大,等级评价为较弱级,分值为8;社会因素:已开发为旅游区,人为破坏较小,等级评价为弱级,分值10;开发潜力:中山温泉水质佳,交通便利,但宣传力度不够,仍具有较好的开发利用前景,等级评价为好级,分值为68;承载力:评价分值为79.2,承载力等级评价为好级。

**16. 龙门南昆山温泉**

自然因素:位于南昆山国家森林公园内,低山地貌,环境优美,自然因素影响较小,等级评价为较弱级,分值为5;社会因素:已开发为旅游区,人为破坏较小,等级评价为弱级,分值为8;开发潜力:交通便利,泉日涌量利用基本饱和,开发利用潜力等级评价为较好级,分值为40;承载力:评价分值为66.5,承载力等级评价为好级。

**17. 珠海御温泉**

自然因素:低山地貌,环境优美,自然因素影响较小,等级评价为较弱级,分值为8;社会因素:已开发为旅游区,人为破坏较小,等级评价为弱级,分值为10;开发潜力:交通便利,但宣传力度不够,开发利用潜力等级评价为好级,分值为70;承载力:评价分值为80.2,承载力等级评价为好级。

**18. 番禺镘塘潭古采石遗址**

自然因素:台地地貌,位于大石镇人民公园内,环境优美,自然因素影响较小,等级评价为较弱级,分值为6;社会因素:人为破坏较小,等级评价为弱级,分值为8;开发潜力:短期内无相关开发建议,以保护为主,开发利用潜力等级评价为较差级,分值为20;承载力:评价分值为56.2,承载力等级评价为一般级。

**19. 番禺十八罗汉山丹霞地貌**

自然因素:台地地貌,位于森林公园内,自然因素影响较小,等级评价为较弱级,分值为8;社会因素:游客在石壁上随意涂画,影响景观美,等级评价为较强级,分值为50;开发潜力:丹霞地貌景观并不典型,短期内开发利用前景不看好,以保护为主,开发利用潜力等级评价为较差级,分值为18;承载力:评价分值为38.5,承载力等级评价为一般级。

#### 8.2.3.2 园区类地质遗迹承载力评价结果

按照上述园区类地质遗迹承载力评价方法进行评价。

**1. 以旅游景区进行评价**

旅游景区主要包括佛山西樵山国家地质公园、深圳大鹏半岛国家地质公园、恩平地热国家地质公园、增城省级地质公园、番禺莲花山省级风景名胜区、罗浮山国家级风景名胜区、肇庆星湖国家级风景名胜区、从化温泉省级风景名胜区、广东南昆山国家森林公园、羚羊峡省级森林公园。

佛山西樵山国家地质公园:既是国家地质公园,又是国家级风景名胜区和国家森林公园园区,已建立为成熟的旅游景区。景区总面积约$8km^2$,火山地貌地质遗迹面积$0.2km^2$,为两个火山口湖,古采石遗址面积约$0.12km^2$。景区内设施齐全,管理人员配置完善,旅游人数未达到日旅客流量最大阈值。园区生态环境自净和人工处理得以维护。综合承载力为"好"级。

深圳大鹏半岛国家地质公园:面积50余平方千米,为海岸丘陵地貌,以火山地貌和海岸地貌为主,已建地质公园博物馆,配置人员对游客进行地质遗迹知识科普,公园免费对外开放。资源空间承载力较大,生态环境系统受干扰程度较低。国道、省道、沿海高速可达,餐饮等配套设施齐全。综合承载力为"好"级。

广东恩平地热国家地质公园:位于珠江三角洲西部低山丘陵地貌区,包括金山温泉、锦江温泉和帝都温泉,总面积$80km^2$。温泉地热资源已得到有效保护,目前已形成温泉理疗、健身、娱乐、保健为一体的经营理念。综合承载力为"好"级。

从化温泉省级风景名胜区:位于珠江三角洲北部低山丘陵地貌区,以水质好、水温高、泉景佳为著的从化温泉被人们称为"岭南第一泉",2009年荣膺中国世界纪录协会"中国第一含氡苏打温泉"。热泉储量丰富,已打造为闻名海内外的旅游和疗养胜地,且经济效益较好。综合承载力为"好"级。

增城省级地质公园、肇庆星湖国家级风景名胜区、番禺莲花山省级风景名胜区、罗浮山国家级风景名胜区、肇庆鼎湖羚羊峡,面积较大,资源环境承载力即使是旅游旺季或周末旅游人数也未达到日旅客流量最大阈值,旅游地生态系统均能够通过自净和人工处理污染物方式得以维护。交通便利,景区内各种观光车或缆车数量配置多有盈余。地处珠江三角洲经济发达区,住宿、餐饮等旅游配套设施均已齐全。园区居民对旅游发展基本持支持和乐观的态度,目前乃至今后一段时间居民的心理承载力将不会构成各景区旅游发展的瓶颈。综合承载力均为"好"级。

**2. 以单点类地质遗迹进行评价(表 8 - 2 - 5)**

单点类地质遗迹包括深圳鹏茜大理石采矿遗址、深圳凤凰山辉绿岩矿遗址、广州七星岗海蚀地貌、东莞石排燕岭古采石遗址和增城新塘海蚀地貌遗迹点。该类园区遗迹点以面积较小为主要特征,其承载力评价包括地质遗迹脆弱性和开发潜力两方面。

深圳鹏茜大理石采矿遗址:一座地下开采的非金属矿山矿区。遗迹点位于居民区附近,地下开采,面临地下滴水或地表水贯入的破坏危险,等级评价为较强级,分值为 40;社会因素:工程建设可能导致遗址被破坏,等级评价为较强级,分值为 30;开发潜力:打算建立以矿区的矿山遗迹景观为主题,同时融合其他体验性项目的一个集知识性、艺术性、体验性为一体的功能齐全的旅游景区。开发利用前景较好,等级评价为较好级,分值为 70;承载力评价分值为 69,承载力等级评价为好级。

深圳凤凰山辉绿岩矿遗址:面积 0.88km$^2$,低丘陵地貌,已建立矿山博物馆,成为供人们浏览、科学考察和休闲的景区。园区重视采矿遗址的保护,自然因素和社会因素对遗迹破坏力极其有限,分值分别为 5 和 5;开发潜力几乎已达到饱和,等级评价为较差,分值为 15;承载力评价分值为 55,等级评价为较好级。

广州七星岗海蚀地貌:位于七星岗公园内,孤丘状地貌,通过立桩和警示牌对地质遗迹进行保护。遗迹脆弱性评价方面自然因素影响较小,分值为 5;社会因素影响较大,面临核心城区工程建设被破坏的危险,分值为 60;开发潜力:规模较小,仅用于对普通大众进行科普,开发所产生的经济效益不大,开发潜力评价为较差级,分值为 20;承载力评价分值为 35.5,等级评价为一般级。

东莞石排燕岭古采石遗址:低丘陵地貌,属省级文物保护单位。遗迹遭受自然因素和人文因素破坏的可能性较小,分值分别为 5 和 5;开发潜力方面:该遗迹点具有较高的美学价值和人文价值,可以规划建立矿山公园或地质公园。开发潜力巨大,潜力评价为好级,分值为 80。承载力评价分值为 87.5,等级评价为好级。

增城新塘海蚀地貌遗迹点:孤丘地貌,为广州市文物保护单位,遗迹规模较小。遗迹遭受自然因素破坏的可能性极低,自然因素导致的遗迹脆弱性分值为 2;社会因素对地质遗迹破坏作用较大,旅客穿梭于遗迹海蚀洞中,或刻画、涂抹,社会因素对地质遗迹破坏分值为 60;该遗迹开发潜力不大,潜力等级评价为较差级,分值为 20;承载力评价分值为 35.8,等级评价为一般级。

## 8.3 地质遗迹资源保护规划建议

### 8.3.1 保护规划编制指导思想

编制地质遗迹保护规划是在绘制重要地质遗迹资源图的基础上,根据地质遗迹的分布特征、地质遗迹价值评价和承载力评价,依据《地质遗迹保护管理规定》国土资源部门履行地质遗迹保护管理的职能,按照省辖市、县(区)行政区划范围,重点建立地质遗迹保护点、地质遗迹保护段、建立/建议建立地质公园 3 种保护类型,实施地质遗迹保护管理。按照行政区划分进行规划的指导思想,为了便于省辖市、县(区)国土资源部门落实负责保护管理地质遗迹的职责,依此进行珠江三角洲经济区重要地质遗迹保护规划。

## 8.3.2 地质遗迹保护规划编制

**1. 规划建立地质遗迹保护点**

在未建立或不适宜建立地质公园的地质遗迹集中地带，地质遗迹零星分布地段，单个的地质遗迹点，规划建立地质遗迹保护点，地质遗迹保护点分为国家级保护点、省级保护点和县市级保护点，具有世界级或国家级地质遗迹点的地质遗迹保护点规划为国家级保护点，具有省级地质遗迹点的地质遗迹保护点规划为省级保护点，具有市县级地质遗迹点的地质遗迹保护点规划为市县级保护点。

**2. 规划建立地质遗迹保护段**

在未建立或不适宜建立地质公园的地质遗迹集中地带，一般包括两个以上地质遗迹点的地段，规划建立地质遗迹保护段，便于地方国土部门对遗迹点进行有效地管理和保护。地质遗迹保护段分为国家级保护段、省级保护段，具有一个以上世界级或国家级地质遗迹点组成的地质遗迹保护段规划为国家级保护段，具有多个省级地质遗迹点组成的地质遗迹保护段规划为省级保护段。

**3. 已经建立地质公园（或矿山公园）**

珠江三角洲地区地质公园或矿山公园均有建设，反映已建立地质公园（或矿山公园）保护地质遗迹的情况。

**4. 建议建立地质公园**

由于部分地质遗迹点虽建有保护站，但处于废弃中，无专人看护，地质遗迹未得到有效保护。故在适宜建立地质公园的地质遗迹集中地带建议建立地质公园。在适宜建立地质公园，且具有一个世界级或国家级地质遗迹点的地质遗迹集中地带，规划为建议建立国家级地质公园，具有一个省级或多个省级地质遗迹点的地质遗迹集中地带，规划为建议建立省级地质公园。

**5. 地质遗迹保护点、地质遗迹保护段、建议建立地质公园命名、规划保护面积及规划期限的确定**

在地质遗迹保护规划中，确定地质遗迹保护点、地质遗迹保护段、建议建立地质公园的名称至关重要。既可以方便查找，又帮助人们清晰易懂地了解掌握地质遗迹保护点、保护段和建议建立地质公园的重要地质遗迹保护情况。因此，地质遗迹保护点、保护段、建议建立地质公园的命名要避免标新立异，尽量使用已有名称，简明扼要地给地质遗迹保护点、保护段、建议建立地质公园命名，具有实际的意义。地质遗迹保护段、地质遗迹保护点、建议建立地质公园名称，要简单明确，字数不宜过长，一般不宜超过15个汉字。

(1) 地质遗迹保护点、地质遗迹保护段和建议建立地质公园命名原则：地质遗迹保护点命名原则，采用代表性行政地名、简明扼要、科学定位的原则，即按照地质遗迹保护点所在"代表性地名名称＋地质遗迹名称＋国家级或省级保护点"命名，如：罗浮山花岗岩地貌省级保护点、石排燕岭古采石遗址省级保护点等。

地质遗迹保护段命名原则，采用乡、镇级行政地名，简明扼要，科学定位的原则，即按照地质遗迹保护段所在"县（区、市）名称＋地质遗迹名称＋国家级或省级保护段"命名，如：佛山脊椎动物化石国家级保护段等。

已建地质公园采用已经批准或获得地质公园建设资格的世界级、省级地质公园名称，不再另起名称。

建议建立地质公园命名原则，已建保护站或旅游点，使用已有名称；未建保护站或旅游点的地质遗迹集中地带，采用代表性行政地名、简明扼要、科学定位，即按照建议建立地质公园所在"代表性地名名称＋国家级地质公园"命名，如：广东番禺国家级地质公园。

(2) 规划保护面积确定：地质遗迹保护规划面积以地质遗迹调查表中的遗迹出露范围为准。其中，地质剖面类地质遗迹以剖面两侧、左右各50m范围为其规划保护面积。地质遗迹保护点的规划保护面积通常较小,相当于地质公园(矿山公园)中的核心区;地质遗迹保护段通常为属于同一个县级(县级市)行政区域内的地质遗迹点集中区,其规划保护面积为集中区各遗迹点出露面积之和;已建地质公园(矿山公园)规划保护面积以地质公园实际面积为准,不再另行确定保护面积。而拟建地质公园(矿山公园)规划保护面积以地质遗迹集中区面积为参考,并结合地形地貌、人类活动等因素来确定规划保护范围。

(3)规划期限的确定:地质遗迹保护规划期限遵循"高等级优先、易损优先"等原则进行规划,本次对地质遗迹规划期限划分2个时间段,分别为2015—2020年和2021—2025年。而具体的规划期限应在开展地质遗迹详查基础上,结合省国土厅、地方国土部门等规划实施的文件或建议为准。

## 8.3.3 地质遗迹保护规划建议

根据地质遗迹保护规划指导思想、规划方法,编制珠江三角洲地区地质遗迹保护规划建议,规划建立地质遗迹保护点共15处,其中:地质遗迹省级保护点13处,如石排燕岭古采石遗址省级保护点等;地质遗迹市县级保护点2处,增城新塘海蚀地貌县市级保护点和大小虎山海蚀地貌县市级保护点(表8-3-1)。规划建立地质遗迹保护段5处,有佛山脊椎动物化石国家级保护段、肇庆端砚国家级保护段2处,从化流溪河温泉省级保护段、龙门南昆山省级保护段和高要河台金矿省级保护段共3处(表8-3-2);珠江三角洲经济区已建立国家级/省级地质公园4家,国家矿山公园2家,省级地质公园1家;建议建立广东番禺国家级地质公园和广东中山黄圃省级地质公园2家(表8-3-3)。

表8-3-1 地质遗迹保护点(省级、市县级)规划说明表

| 行政区 | 规划建立地质遗迹保护点名称 | 规划保护面积(km²) | 地点 | 规划期限(年) |
| --- | --- | --- | --- | --- |
| 东莞市 | 石排燕岭古采石遗址省级保护点 | 0.64 | 石排镇燕窝村和田边村 | 2015—2020 |
| 佛山市 | 长坑富湾金银矿省级保护点 | 85 | 高明区富湾镇 | 2021—2025 |
| | 三水河口三江汇流省级保护点 | 2.5 | 三水区河口镇 | 2021—2025 |
| | 顺德飞鹅山滑坡省级保护点 | 0.32 | 顺德区大良镇飞鹅村 | 2015—2020 |
| | 陈村西淋岗断裂省级保护点 | 2.8 | 顺德区陈村 | 2021—2025 |
| 广州市 | 七星岗海蚀地貌省级保护点 | 0.2 | 海珠区七星岗公园 | 2015—2020 |
| | 白云山断块山省级保护点 | 31.5 | 白云区上林镇、新市镇 | 2021—2025 |
| | 金沙洲地面塌陷省级保护点 | 2 | 白云区上林镇 | 2021—2025 |
| 惠州市 | 罗浮山花岗岩地貌省级保护点 | 15 | 博罗县长宁镇 | 2021—2025 |
| 江门市 | 石门村断裂剖面省级保护点 | 0.05 | 鹤山市宅梧镇石门村 | 2015—2020 |
| | 梁金山断裂剖面省级保护点 | 0.17 | 开平市梁金山公园 | 2015—2020 |
| | 金鸡组地层剖面省级保护点 | 0.06 | 开平市金鸡镇 | 2021—2025 |
| 深圳市 | 大小梅沙海积地貌省级保护点 | 0.26 | 盐田区梅沙村 | 2015—2020 |
| 广州市 | 大小虎山海蚀地貌县市级保护点 | 3.2 | 南沙区黄阁镇 | 2015—2020 |
| | 增城新塘海蚀地貌县市级保护点 | 0.01 | 增城区新塘镇 | 2015—2020 |

表 8-3-2  珠江三角洲经济区地质遗迹保护段规划(国家级、省级)说明表

| 行政区 | 规划建立保护段名称(代号) | 地质遗迹保护对象 | 规划保护措施 | 规划保护面积(km²) | 规划期限(年) |
|---|---|---|---|---|---|
| 佛山 | 佛山脊椎动物化石国家级保护段 | 佛山脊椎动物化石、紫洞火山岩、王借岗火山岩、南海石碣海蚀地貌 | 明确地质遗迹保护范围,埋设保护界桩,树立保护警示说明牌 | 0.9 | 2015—2020 |
| 肇庆市 | 肇庆端砚国家级保护段 | 肇庆端砚、七星岩碳酸盐岩地貌、鼎湖羚羊峡 | 明确地质遗迹保护范围,埋设保护界桩,树立保护警示说明牌 | 225.23 | 2021—2025 |
| 广州从化区 | 从化流溪河温泉省级保护段 | 流溪河温泉、流溪湖、亚髻山正长岩矿 | 明确地质遗迹保护范围,埋设保护界桩,树立保护警示说明牌 | 38.6 | 2015—2020 |
| 惠州龙门县 | 龙门南昆山省级保护段 | 南昆山花岗岩地貌、南昆山温泉 | 明确地质遗迹保护范围,埋设保护界桩,树立保护警示说明牌 | 129.2 | 2015—2020 |
| 肇庆高要市 | 高要河台金矿省级保护段 | 高要河台金矿、禄步大车冈断裂 | 明确地质遗迹保护范围,埋设保护界桩,树立保护警示说明牌 | 20.5 | 2015—2020 |

表 8-3-3  珠江三角洲经济区地质遗迹保护规划说明表(地质公园,包括矿山公园)

| 行政区 | 地质公园名称 | 公园面积(km²) | 地点 | 批准时间 | 备注 |
|---|---|---|---|---|---|
| 佛山市 | 广东佛山西樵山国家地质公园 | 8 | 南海区西樵镇 | 2004年3月 | 已建 |
| 江门市 | 广东恩平地热国家地质公园 | 80 | 恩平市那吉镇、大田镇、良西镇 | 2005年9月 | 已建 |
| 深圳市 | 广东深圳大鹏半岛国家地质公园 | 50.87 | 深圳市龙岗区大鹏新区 | 2005年9月 | 已建 |
| 深圳市 | 广东深圳鹏茜国家矿山公园 | 0.28 | 深圳龙岗区坪山汤坑 | 2005年9月 | 已获得公园建设资格 |
| 深圳市 | 广东深圳凤凰山国家矿山公园 | 0.88 | 深圳市龙岗区平湖镇平湖村 | 2005年9月 | 已建 |
| 广州市 | 广州增城省级地质公园 | 116 | 增城区派潭镇 | 2013年 | 已获得公园建设资格 |
| 广州市 | 广东番禺国家级地质公园 | 265.7 | 番禺区石楼镇 | | 建议建立公园 |
| 中山市 | 广东中山黄圃省级地质公园 | 0.2 | 中山黄圃镇 | | 建议建立公园 |

## 8.4 本章小结

### 8.4.1 主要结论

(1)珠江三角洲经济区地质遗迹资源共51处。地质遗迹类型以岩土体地貌类、水体地貌类、火山岩地貌类以及海岸地貌类地质遗迹为主。这51处地质遗迹中,国家级地质遗迹点12处,省级地质遗迹点33处,市县级地质遗迹点6处。

(2)对地质遗迹资源环境承载力进行定性或定量评价,等级评价分为"一般""较好""好"3个等级。24处单点类地质遗迹承载力评价结果:"一般"级11处,"较好"级5处,"好"级8处;10处园区类地质遗迹承载力等级评价均为"好"级。

(3)根据珠江三角洲经济区地质遗迹资源概况、地质遗迹资源承载力评价结果,开展了地质遗迹保护规划。规划建立地质遗迹保护点15处(省级13处,市县级2处),规划建立地质遗迹保护段5处(国家级2处,省级3处),规划建立8处,其中已建地质公园4处(国家级3处,省级1处)、国家级矿山公园2处,拟建地质公园2处,国家级和省级各1处。

### 8.4.2 问题及建议

(1)一些珍贵的地质遗迹正在遭受破坏:佛山南海古脊椎动物化石产地、紫洞火山岩地貌、七星岗海蚀遗迹等重要地质遗迹均有不同程度的破坏。在对地质遗迹开发前,应对地质遗迹做充分的调查,避免在开发利用过程中对珍贵地质遗迹造成不可逆转的破坏,同时加强地质遗迹保护的宣传,提高广大群众的保护意识,让大家都参与到地质遗迹保护中来,防止人为破坏的发生。

(2)地质遗迹承载力评价方法需要创新:建议通过征求相关专家意见对地质遗迹资源环境承载力评价形成统一的技术要求或规范,尤其是单点类的基础地质大类地质遗迹急需一个系统的评价办法。本书对园区类地质遗迹以旅游景观环境承载力评价方法开展地质遗迹承载力评价,目前仅局限于定性评价。开展定量评价,需开展下一步详细的地质遗迹园区承载力调查工作,如从园区动态客流量、日污染排放量以及相配套的软硬件设施的完备性等多方面调查。

(3)地质遗迹保护建设进度滞后:珠江三角洲经济区内获得国家级地质公园(包括矿山公园)建设资格5处,获得省级地质公园建设资格1处。尚有大量重要地质遗迹资源未以地质公园、地质遗迹保护点为主题进行建设,地质遗迹资源保护率明显较低。地质遗迹保护建设应在开展前期大比例尺综合地质调查的前提下,掌握区内地质遗迹分布情况和分布规律,合理地进行地质遗迹资源规划建设。

# §9 珠江三角洲经济区资源环境承载力综合评价

综合单要素资源环境承载力评价成果,以市/区为单位开展资源环境承载力综合评价。基于工作区资源环境承载力状况,评判现状城镇分布及产业布局的合理性以及与本地区资源环境承载力状况的匹配性和协调性。

## 9.1 资源环境综合承载力评价

### 9.1.1 综合评价的一般思路

资源环境综合承载力是区域上各种因素对承载能力的综合体现,因而必然表现为各单一方面的资源、环境承载力作用效果的叠加,其叠加反映了研究区域内各地区资源环境承载力总体状况,可以视为资源环境综合承载力评价的初步结果;同时,一些敏感因子,如自然保护区等,对区域承载能力及人类活动具有非常强烈的限制作用,而这些敏感因子在众多因素叠加时,其重要性容易被淹没,导致评价结果与客观实际不符。为了突出敏感因子的影响,在上述初步结果的基础上,将敏感因子的影响进一步叠加,从而得到资源环境承载力综合评价的最终结果。

#### 9.1.1.1 各单项承载力评价结果的叠加

将研究区均分成若干地块,则每一个地块上的各资源、环境承载力评价得分都可以由相关章节各资源、环境承载力单独评价结果得到。将土地资源承载力、水资源承载力、矿产资源承载力、水环境承载力、土壤环境承载力以及地质灾害风险作为变量,将各地块作为个案,则可以得到珠江三角洲经济区各地块资源环境承载力得分数据库。运用统计学方法,应用统计软件进行数据处理,从而揭示数据中蕴含的规律,计算出各单项的资源、环境承载力对综合承载力的权重,进而将各资源、环境承载力单项评价结果进行加权叠加。

#### 9.1.1.2 针对主要限制因子的评价

限制因子主要包括地质以及各类遗迹以及其他保护区,分别对它们进行单独评价。

将上述各资源、环境承载力以及敏感因子评价结果叠加,得出资源环境承载力综合评价结果,进而实现各地区之间、各行政辖区之间的综合承载力水平的比较,并且通过分析找出综合承载力水平存在差异的原因,以提出各地区资源优化配置建议和未来可持续发展对策。

## 9.1.2 综合承载力评价方法

### 9.1.2.1 资源环境综合承载力评价初步结果的形成

**1. 利用 MapGIS 建立数据库**

首先,在各八单项资源、环境承载力分区图属性表中添加"承载力得分"字段(如土地资源承载力得分等)并赋值。

然后,利用"空间分析"模块将六部分承载力单独评价形成的分区图叠加在一起,即得到被切分成众多面积相等网格后的研究区图,并且每个网格都同时具有 6 个单独承载力的得分值。

最后,再导出研究区图属性,将各网格的属性全部输出,便可以形成数据库,以便运用数学方法计算和分析。

**2. 主成分分析法**

主成分分析法是一种统计方法,用来分析多个变量对目标造成的影响,目前已被广泛应用于资源环境评价工作中,以客观量化计算各因素对评价目标的权重。

1) 主成分分析法的基本思想

设研究某个实际问题要考虑 $p$ 个随机变量 $X_1, X_2, \cdots, X_p$,它们可以构成 $p$ 维随机向量 $X = (X_1, X_2, \cdots, X_p)T$。为了避免遗漏重要信息,我们要考虑尽可能多的与所研究问题有关的变量,此时,会产生以下两个问题:①随机变量 $X_1, X_2, \cdots, X_p$ 的个数 $p$ 比较大,将增大计算量和增加分析问题的复杂性;②随机变量 $X_1, X_2, \cdots, X_p$ 之间存在一定的相关性,因而它们的观测样本所反映的信息在一定程度上有重叠。

为了解决这些问题,人们希望在定量研究中利用原始变量的线性组合形成几个新变量,即对 $X$ 做线性变换 $Y = U^T X$($U$ 必须满足一定条件),$Y$ 的各分量(称为主成分)在保留原始变量主要信息的前提下起到变量降维与简化问题的作用。这一分析过程应使得:①每一个新变量都是各原始变量的线性组合;②新变量的数目大大少于原始变量的数目;③新变量保留了原始变量所包含的绝大部分信息;④各新变量之间互不相关。

主成分分析法的基本思想是构造原始变量的适当的线性组合,以产生一系列互不相关的新变量,从中选出少量几个新变量并使它们含有足够多的原始变量所带有的信息,从而使得用这几个新变量代替原始变量分析问题和解决问题成为可能。

2) 主成分分析的基本步骤

(1) 变量数据的标准化处理:在实际问题中,不同的变量往往有不同的量纲,由于不同的量纲会引起各变量取值的分散程度差异较大,这时总体方差将主要受方差较大的变量的控制。若用协方差矩阵求主成分,则优先照顾了方差较大的变量,将可能得到不合理的结果。为了消除由于量纲不同可能带来的影响,常采用变量标准化的方法来求主成分,即令

$$X_{ij}^* = \frac{X_{ij} - \overline{X_i}}{\sqrt{s_{ii}}}, i = 1, 2, \cdots, p; j = 1, 2, \cdots, n \tag{9-1}$$

式中:$X_{ij}$ 为原始值;$X_{ij}^*$ 为标准化值;$\overline{X_i}$ 和 $\sqrt{s_{ii}}$ 分别为第 $i$ 个变量的样本均值和标准差。

(2) 计算相关系数矩阵 $R$:

$$R = (r_{ij})_{p \times p} = \left(\frac{s_{ij}}{\sqrt{s_{ii} s_{jj}}}\right)_{p \times p} \tag{9-2}$$

式中:$s_{ij}$ 为第 $i$ 个变量与第 $j$ 个变量的样本协方差,$s_{ij} = \frac{1}{n-1} \sum_{k=1}^{n} (x_{ik} - \overline{x}_i)(x_{jk} - \overline{x}_j)$;$i, j = 1, 2, \cdots, p$;$n$ 为样本容量。

(3) 计算特征值和特征向量,确定主成分 $Y$。

根据 $|R-\lambda_E|=0$ 计算特征值(其中 $E$ 为单位矩阵),求出 $\lambda_1 \geqslant \lambda_2 \geqslant \cdots \geqslant \lambda_p \geqslant 0$,并使其从大到小排列,同时求得对应的正交单位化特征向量 $e_1,e_2,\cdots,e_p$,其中 $e_i=(e_{1i},e_{2i},\cdots,e_{pi})$。

则第 $i$ 个主成分为 $Y_i$:

$$Y_i = e_{1i}e_1 + e_{2i}e_2 + \cdots + e_{pi}e_p, i=1,2,\cdots,p \qquad (9-3)$$

(4) 计算贡献率和累积贡献率:第 $i$ 个主成分的贡献率为 $c_k$:

$$c_k = \frac{\lambda_k}{\sum_{i=1}^{p}\lambda_i}, i=1,2,\cdots,p \qquad (9-4)$$

它描述了第 $k$ 个主成分提取的信息占原来变量总信息量的比重,故而它也是计算综合指数得分时相应主成分所占的权重。

前 $m$ 个主成分的累积贡献率,其中取累积贡献率达到 $80\% \sim 90\%$ 的前 $m$ 个作为主成分。

(5) 计算综合评价指数 $Y$:综合评价指数可以表示出综合水平的高低,以便相互比较。

$$Y = \sum_{i=1}^{m} c_i y_i \qquad (9-5)$$

**3. 综合承载力区划**

在运用主成分分析法算得各变量权重和各地区综合承载力得分后,利用 MapGIS 根据综合承载力得分值对各区块赋予不同的颜色,以直观地区分不同地区综合承载力的高低。

#### 9.1.2.2 资源环境综合承载力评价最终结果的形成

在评价过程中,地质遗迹、自然保护区、风景名胜区等保护区域为敏感因子,对于开发活动具有一票否决作用,故直接圈划于资源环境承载力最初评价结果图中从而得到最终评价结果。

### 9.1.3 资源环境承载力综合评价与分区

#### 9.1.3.1 评价单元的划分与数据库建立

本次评价由于参与评价的因子较多,且最终要将各评价结果直接反映到行政区上,以指导生产规划,故此次综合评价直接以行政区为评价对象。并将各资源、环境承载力单项评价结果根据其承载情况,对其进行打分,在此采取 5 分制,但由于各专项评价的特殊性,评分分级略有差异,最后将上述单项承载力得分以属性的形式赋值给各评价单元,从而形成数据库。

**1. 水环境数据库建立**

根据水环境承载力最终评价结果,确定其打分方法如表 9-1-1 所示。

表 9-1-1 水环境分级打分表

| 承载力分区 | 承载力低区 | 承载力较低区 | 承载力中等区 | 承载力较高区 | 承载力高区 |
|---|---|---|---|---|---|
| 打分 | 1 | 2 | 3 | 4 | 5 |

根据表 9-1-1 的打分标准,由水环境承载力综合评价结果通过行政区划,然后进行打分,对于在同一个区内,由多个级别区组成的,则先由 MapGIS 提取出各级别的面积,再根据各级别区所占面积比来确定分值。最终得出各行政区最终得分,评分结果如表 9-1-2 所示。

表 9-1-2 水环境各评价单元得分情况

| 行政分区 | | 承载力等级 | 得分 | 行政分区 | | 承载力等级 | 得分 |
|---|---|---|---|---|---|---|---|
| 市 | 区 | | | 市 | 区 | | |
| 广州市 | 中心区 | 中等 | 3 | 中山市 | 中山市 | 较低—中等 | 2.5 |
| | 番禺区 | 中等—较低 | 2.75 | 深圳市 | 福田区 | 较高 | 4 |
| | 花都区 | 中等—较高 | 3.5 | | 罗湖区 | 较高 | 4 |
| | 南沙区 | 较低—中等 | 2.5 | | 盐田区 | 较高 | 4 |
| | 萝岗区 | 中等较高 | 3.4 | | 南山区 | 较高 | 4 |
| | 增城市 | 中等—较高 | 3.2 | | 宝安区 | 较高 | 4 |
| | 从化市 | 较高—中等 | 3.8 | | 龙岗区 | 较高 | 4 |
| 佛山市 | 禅城区 | 较低 | 2 | 江门市 | 蓬江区 | 较低—低 | 1.5 |
| | 南海区 | 中等—较低 | 2.75 | | 江海区 | 低—较低 | 1.6 |
| | 顺德区 | 较低—中等 | 2.15 | | 新会区 | 较低—低 | 1.9 |
| | 高明区 | 中等—较高 | 3.6 | | 开平市 | 较低 | 2 |
| | 三水区 | 中等 | 3 | | 鹤山市 | 较低 | 2 |
| 惠州市 | 惠城区 | 较低—中等 | 2.5 | | 台山市 | 较低—中等 | 2.1 |
| | 惠阳区 | 中等—较低 | 2.75 | | 恩平市 | 较低—中等 | 2.25 |
| | 惠东县 | 中等—较低 | 2.9 | 肇庆市 | 肇庆市 | 高—较高 | 4.5 |
| | 博罗县 | 中等—较低 | 2.6 | 东莞市 | 东莞市 | 较低—低 | 1.8 |
| 珠海市 | 香洲区 | 中等—较高 | 3.2 | | | | |
| | 斗门区 | 中等 | 3 | | | | |
| | 金湾区 | 中等—较低 | 2.9 | | | | |

**2. 水资源数据库建立**

水资源打分方法和得分情况如表 9-1-3、表 9-1-4 所示。

表 9-1-3 水资源分级的打分表

| 承载程度分级 | 承载盈余 | 承载适宜 | 承载紧张 | 轻度超载 | 严重超载 |
|---|---|---|---|---|---|
| 评价得分 | 5 | 4 | 3 | 2 | 1 |

**3. 土壤环境数据库的建立**

首先对各种元素的土壤环境容量采用极差法进行归一化处理，为了突出体现环境容量中低环境容量的作用，故采用改进的内梅罗综合污染指数法，即将离子中最小的环境容量 $P_{min}$ 来取低原来最高容量 $P_{max}$，计算公式如下所示。

$$P_{综} = \sqrt{\frac{\overline{P_1}^2 + P_{min}^2}{2}} \tag{9-6}$$

式中：$\overline{P_1}$ 为第 $i$ 个区归一化后的各种离子环境容量的平均值；$P_{min}$ 为第 $i$ 个区归一化后的各种离子环境容量的最小值；$P_{综}$ 为第 $i$ 个区的综合承载力指数。

表 9-1-4 水资源各评价单元得分情况

| 行政分区 | | 本地水资源承载力指数 | 本地水资源承载力等级 | 得分 |
| --- | --- | --- | --- | --- |
| 市 | 区 | | | |
| 广州市 | 中心区 | 3.03 | 严重超载 | 1 |
| | 番禺区 | 1.75 | 严重超载 | 1 |
| | 花都区 | 0.75 | 轻度超载 | 2 |
| | 南沙区 | 3.94 | 严重超载 | 1 |
| | 萝岗区 | 3.92 | 严重超载 | 1 |
| | 增城市 | 0.84 | 轻度超载 | 2 |
| | 从化市 | 0.16 | 承载适宜 | 4 |
| 佛山市 | 禅城区 | 3.14 | 严重超载 | 1 |
| | 南海区 | 1.85 | 严重超载 | 1 |
| | 顺德区 | 2.09 | 严重超载 | 1 |
| | 高明区 | 0.69 | 承载紧张 | 3 |
| | 三水区 | 0.83 | 轻度超载 | 2 |
| 惠州市 | 惠城区 | 0.45 | 承载紧张 | 3 |
| | 惠阳区 | 0.20 | 承载适宜 | 4 |
| | 惠东县 | 0.15 | 承载适宜 | 4 |
| | 博罗县 | 0.28 | 承载适宜 | 4 |
| 珠海市 | 香洲区 | 0.56 | 承载紧张 | 3 |
| | 斗门区 | 0.34 | 承载适宜 | 4 |
| | 金湾区 | 0.29 | 承载适宜 | 4 |
| 中山市 | 中山市 | 0.09 | 承载盈余 | 5 |
| 深圳市 | 福田区 | 28.19 | 严重超载 | 1 |
| | 罗湖区 | 3.60 | 严重超载 | 1 |
| | 盐田区 | 0.73 | 轻度超载 | 2 |
| | 南山区 | 0.65 | 承载紧张 | 3 |
| | 宝安区 | 0.70 | 轻度超载 | 2 |
| | 龙岗区 | 2.21 | 严重超载 | 1 |
| 江门市 | 蓬江区 | 1.76 | 严重超载 | 1 |
| | 江海区 | 2.84 | 严重超载 | 1 |
| | 新会区 | 0.07 | 严重超载 | 1 |
| | 开平市 | 0.41 | 承载紧张 | 3 |
| | 鹤山市 | 0.70 | 轻度超载 | 2 |
| | 台山市 | 0.09 | 严重超载 | 1 |
| | 恩平市 | 0.34 | 承载适宜 | 4 |
| 肇庆市 | 肇庆市 | 0.04 | 严重超载 | 1 |
| 东莞市 | 东莞市 | 1.18 | 严重超载 | 1 |

根据得到的综合指数值制订分级打分标准,打分标准如表9-1-5所示。

**表 9-1-5 土壤环境承载力分级打分标准**

| 归一化承载力指数分级 | [0,0.2) | [0.2,0.4) | [0.4,0.6) | [0.6,0.8) | [0.8,1) |
|---|---|---|---|---|---|
| 得分 | 1 | 2 | 3 | 4 | 5 |

各评价单元各种重金属环境容量归一化评价情况如表9-1-6所示。

**表 9-1-6 重金属剩余容量归一化结果**

| 城市 | 区域 | 重金属种类 | | | | | | | | 综合指数 $P_{综}$ | 得分 |
|---|---|---|---|---|---|---|---|---|---|---|---|
| | | As | Cd | Cr | Cu | Hg | Ni | Pb | Zn | | |
| 广州 | 从化市区 | 0.43 | 0.90 | 0.66 | 0.98 | 0.73 | 0.80 | 0.92 | 0.89 | 0.64 | 5 |
| | 增城市区 | 0.82 | 0.88 | 0.46 | 0.96 | 0.86 | 0.68 | 0.93 | 0.88 | 0.66 | 4 |
| | 花都区 | 0.54 | 0.96 | 0.45 | 0.98 | 0.76 | 0.86 | 0.94 | 0.94 | 0.65 | 4 |
| | 主城区 | 0.74 | 0.73 | 0.56 | 0.92 | 0.44 | 0.60 | 0.83 | 0.74 | 0.58 | 3 |
| | 大石镇区 | 0.61 | 0.80 | 0.50 | 0.94 | 0.79 | 0.67 | 0.76 | 0.86 | 0.63 | 4 |
| | 市桥镇区 | 0.77 | 0.88 | 0.52 | 0.95 | 0.85 | 0.67 | 0.94 | 0.92 | 0.68 | 4 |
| | 横沥—南沙区 | 0.68 | 0.63 | 0.03 | 0.87 | 0.63 | 0.00 | 0.90 | 0.77 | 0.40 | 2 |
| | 大岗镇区 | 0.78 | 0.89 | 0.00 | 0.94 | 0.89 | 0.39 | 0.66 | 0.79 | 0.47 | 3 |
| 佛山 | 三水区 | 0.63 | 0.59 | 0.56 | 0.95 | 0.88 | 0.61 | 0.92 | 0.87 | 0.66 | 4 |
| | 大沥区 | 0.74 | 0.73 | 0.41 | 0.90 | 0.27 | 0.60 | 0.90 | 0.74 | 0.50 | 3 |
| | 主城区 | 0.74 | 0.78 | 0.44 | 0.94 | 0.00 | 0.64 | 0.89 | 0.76 | 0.46 | 3 |
| | 平洲镇区 | 0.72 | 0.56 | 0.30 | 0.00 | 0.43 | 0.31 | 0.66 | 0.00 | 0.26 | 2 |
| | 高明区 | 0.32 | 0.00 | 0.18 | 0.89 | 0.75 | 0.48 | 0.00 | 0.62 | 0.29 | 2 |
| | 南庄—九江镇 | 0.66 | 0.20 | 0.38 | 0.88 | 0.30 | 0.36 | 0.89 | 0.75 | 0.42 | 3 |
| | 顺德城镇带 | 0.74 | 0.64 | 0.24 | 0.90 | 0.72 | 0.33 | 0.87 | 0.75 | 0.49 | 3 |
| 深圳 | 沿海城镇带 | 0.92 | 0.95 | 0.70 | 0.92 | 0.97 | 0.73 | 0.92 | 0.87 | 0.79 | 4 |
| | 龙华城镇带 | 1.00 | 0.99 | 1.00 | 1.00 | 1.00 | 1.00 | 0.95 | 0.94 | 0.97 | 5 |
| | 凤岗城镇带 | 0.57 | 0.97 | 0.45 | 0.96 | 1.00 | 0.75 | 0.99 | 0.92 | 0.67 | 4 |
| | 龙岗城镇带 | 0.00 | 0.97 | 0.48 | 0.97 | 0.97 | 0.83 | 0.88 | 0.91 | 0.53 | 3 |
| 东莞 | 主城区 | 0.84 | 0.95 | 0.59 | 0.97 | 0.89 | 0.80 | 0.93 | 0.92 | 0.74 | 4 |
| | 石龙城镇带 | 0.87 | 0.93 | 0.62 | 0.94 | 0.88 | 0.74 | 0.94 | 0.90 | 0.75 | 4 |
| | 樟木头城镇带 | 0.90 | 0.97 | 0.62 | 0.96 | 0.96 | 0.86 | 0.93 | 0.97 | 0.77 | 4 |
| | 虎门城镇带 | 0.90 | 0.98 | 0.64 | 0.96 | 0.92 | 0.81 | 0.93 | 0.92 | 0.77 | 4 |
| 惠州 | 主城区 | 0.78 | 0.93 | 0.61 | 0.96 | 0.85 | 0.76 | 0.92 | 0.86 | 0.73 | 4 |
| | 惠东市区 | 0.19 | 0.97 | 0.83 | 0.98 | 0.83 | 1.00 | 0.88 | 0.90 | 0.60 | 3 |
| | 惠阳县区 | 0.67 | 0.97 | 0.76 | 0.99 | 0.93 | 0.90 | 0.91 | 0.94 | 0.79 | 4 |

续表 9-1-6

| 城市 | 区域 | 重金属种类 | | | | | | | | 综合指数 $P_{综}$ | 得分 |
|---|---|---|---|---|---|---|---|---|---|---|---|
| | | As | Cd | Cr | Cu | Hg | Ni | Pb | Zn | | |
| 江门 | 鹤山市区 | 0.70 | 0.85 | 0.88 | 0.97 | 0.81 | 0.85 | 0.79 | 0.89 | 0.77 | 4 |
| | 主城区 | 0.83 | 0.08 | 0.32 | 0.91 | 0.91 | 0.50 | 0.89 | 0.88 | 0.47 | 3 |
| | 新会市区 | 0.64 | 0.82 | 0.07 | 0.93 | 0.86 | 0.41 | 0.95 | 0.88 | 0.49 | 3 |
| | 开平市区 | 0.84 | 0.90 | 0.48 | 0.94 | 0.49 | 0.77 | 0.92 | 0.90 | 0.65 | 4 |
| | 恩平市区 | 0.92 | 1.00 | 0.52 | 0.99 | 0.88 | 0.94 | 1.00 | 1.00 | 0.74 | 4 |
| | 台山市区 | 0.77 | 0.98 | 0.44 | 0.97 | 0.83 | 0.83 | 0.97 | 0.96 | 0.67 | 4 |
| 中山 | 东凤城镇带 | 0.81 | 0.60 | 0.32 | 0.83 | 0.91 | 0.34 | 0.93 | 0.75 | 0.54 | 3 |
| | 主城区 | 0.90 | 0.87 | 0.62 | 0.96 | 0.84 | 0.77 | 0.89 | 0.85 | 0.74 | 4 |
| | 三乡城镇带 | 0.83 | 0.89 | 0.61 | 0.95 | 0.89 | 0.61 | 0.89 | 0.88 | 0.72 | 4 |
| 珠海 | 主城区 | 0.94 | 0.98 | 0.92 | 0.98 | 0.96 | 0.86 | 0.87 | 0.92 | 0.90 | 5 |
| | 斗门区 | 0.93 | 0.89 | 0.85 | 0.97 | 0.86 | 0.78 | 0.81 | 0.93 | 0.83 | 5 |
| 肇庆 | 四会市区 | 0.89 | 0.97 | 0.81 | 0.99 | 0.86 | 0.84 | 0.96 | 0.95 | 0.86 | 5 |
| | 主城区 | 0.79 | 0.53 | 0.32 | 0.91 | 0.75 | 0.52 | 0.94 | 0.74 | 0.54 | 3 |

**4. 土地资源数据库的建立**

根据土地资源承载力的评价特点,选定其评分方法如表 9-1-7 所示,最终土地资源各评价单元得分结果如表 9-1-8 所示。

表 9-1-7 土地资源分级的打分表

| 承载程度分级 | 承载盈余 | 承载适宜 | 承载紧张 | 轻度超载 | 严重超载 |
|---|---|---|---|---|---|
| $I$ 值区间 | $I \leqslant 0.6$ | $0.6 < I \leqslant 0.8$ | $0.8 < I \leqslant 1$ | $1 < I \leqslant 1.2$ | $I > 1.2$ |
| 评分 | 5 | 4 | 3 | 2 | 1 |

表 9-1-8 土地资源各评价单元得分情况

| 城市 | 现有人口（万人） | 承载人口（万人） | 盈余人口（万人） | 承载指数（$I$） | 承载分级 | 得分 |
|---|---|---|---|---|---|---|
| 广州 | 1271 | 659 | −612 | 1.93 | 严重超载 | 1 |
| 深圳 | 1037 | 92 | −945 | 11.27 | 严重超载 | 1 |
| 珠海 | 156 | 85 | −71 | 1.84 | 严重超载 | 1 |
| 惠州 | 460 | 549 | 89 | 0.84 | 承载紧张 | 3 |
| 东莞 | 822 | 260 | −562 | 3.16 | 严重超载 | 1 |
| 中山 | 312 | 156 | −156 | 2.00 | 严重超载 | 1 |
| 江门 | 445 | 634 | 189 | 0.70 | 承载适宜 | 4 |
| 佛山 | 720 | 258 | −462 | 2.79 | 严重超载 | 1 |
| 肇庆 | 392 | 550 | 158 | 0.71 | 承载适宜 | 4 |
| 合计 | 5615 | 3244 | −2371 | 1.73 | 严重超载 | 1 |

### 5. 地质环境风险数据库的建立

根据研究区地质环境风险评价的特点,制订各风险等级的评分标准如表9-1-9所示。

表 9-1-9 地质环境风险分级的打分表

| 风险分级 | 高风险区 | 中等风险区 | 低风险区 |
|---|---|---|---|
| 评分 | 1 | 3 | 5 |

根据表9-1-9的打分标准,由地质环境风险综合评价结果首先通过行政区划,然后进行打分,对于在同一个区内,由多个级别区组成的,则先由MapGIS提取出各级别的面积,再根据各级别区所占面积比来确定分值。最后得出各行政区最终得分,评分结果如表9-1-10所示。

表 9-1-10 地质环境风险各评价单元打分表

| 城市 | 区域 | 高风险区得分 | 中等风险区得分 | 低风险区得分 | 总得分 |
|---|---|---|---|---|---|
| 广州 | 从化市区 | 0.22 | 0.89 | 2.43 | 3.54 |
| | 增城市区 | 0.06 | 0.60 | 3.71 | 4.37 |
| | 花都区 | 0.21 | 1.00 | 2.31 | 3.51 |
| | 主城区 | 0.52 | 0.84 | 1.00 | 2.36 |
| | 番禺区 | 0.05 | 0.68 | 3.64 | 4.36 |
| 佛山 | 三水区 | 0.10 | 0.45 | 3.75 | 4.30 |
| | 南海区 | 0.10 | 1.00 | 2.86 | 3.95 |
| | 主城区 | 0.33 | 2.00 | 0.00 | 2.33 |
| | 顺德区 | 0.05 | 0.86 | 3.33 | 4.24 |
| | 高明区 | 0.05 | 1.23 | 2.73 | 4.00 |
| 深圳 | 宝安区 | 0.30 | 1.04 | 1.74 | 3.09 |
| | 南山区 | 0.67 | 0.50 | 0.83 | 2.00 |
| | 龙岗区 | 0.20 | 0.60 | 3.00 | 3.80 |
| 东莞 | 主城区 | 0.04 | 0.72 | 3.61 | 4.37 |
| 惠州 | 主城区 | 0.60 | 0.60 | 1.00 | 2.20 |
| | 惠东市区 | 0.04 | 0.90 | 3.31 | 4.25 |
| | 博罗县区 | 0.07 | 0.72 | 3.43 | 4.22 |
| | 惠阳县区 | 0.23 | 0.55 | 2.95 | 3.73 |
| 江门 | 鹤山市区 | 0.15 | 0.69 | 3.08 | 3.92 |
| | 主城区 | 0.18 | 1.36 | 1.82 | 3.36 |
| | 新会市区 | 0.03 | 0.72 | 3.62 | 4.38 |
| | 开平市区 | 0.02 | 0.88 | 3.41 | 4.32 |
| | 恩平市区 | 0.11 | 1.03 | 2.76 | 3.89 |
| | 台山市区 | 0.02 | 0.50 | 4.08 | 4.60 |
| 中山市 | 主城区 | 0.05 | 1.05 | 3.00 | 4.10 |
| 珠海 | 主城区 | 0.07 | 0.40 | 4.00 | 4.47 |
| | 斗门区 | 0.06 | 0.83 | 3.33 | 4.22 |
| 肇庆 | 四会市区 | 0.09 | 1.59 | 1.91 | 3.59 |
| | 主城区 | 0.22 | 0.50 | 3.06 | 3.78 |
| | 高要市区 | 0.13 | 0.20 | 4.02 | 4.35 |

## 6. 矿产资源数据库的建立

由于珠江三角洲地区优势矿产资源主要是非金属矿产资源,如高岭土、石灰岩、膨润土、硅质原料石膏、萤石、大理岩与砂石等,能源矿产中最多的是泥炭。故在本次综合评价中,只考虑其中的非金属矿产、能源矿产以及铁矿,由它们来计算矿产资源的综合承载力指数。

对于矿产资源综合承载力指数,直接根据各种矿产的承载状态,盈余、均衡、超载分别取值 5、3、1,再计算各个评价单元的承载状态值之和从而得到矿产资源的综合指数 $I$。然后综合指数进行归一化处理得到 $I^*$,再对其进行分级,最终根据分级情况给每个评价单元评分。

评分原方法如表 9-1-11 所示。

表 9-1-11 矿产资源分级的打分表

| 归一化承载力指数分级 | [0,0.2] | [0.2,0.4] | [0.4,0.6] | [0.6,0.8] | [0.8,1] |
|---|---|---|---|---|---|
| 得分 | 1 | 2 | 3 | 4 | 5 |

各个评价单元的评分情况如表 9-1-12 所示。

表 9-1-12 矿产资源各评价单元的得分情况

| 矿产种类 | 广州市 | 佛山市 | 肇庆市 | 深圳市 | 东莞市 | 惠州市 | 珠海市 | 中山市 | 江门市 |
|---|---|---|---|---|---|---|---|---|---|
| 水泥用灰岩 | 盈余 | 均衡 | 超载 | | | 盈余 | | | 盈余 |
| 硝盐 | 盈余 | | | | | | | | |
| 萤石 | 超载 | | | | | | | | |
| 大理岩 | 盈余 | | | | | | | | |
| 陶瓷土、长石 | 盈余 | | 盈余 | | | | | | |
| 建筑用花岗岩 | 盈余 | | 盈余 | | 盈余 | | | | 盈余 |
| 岩盐 | | 盈余 | | | | | | | |
| 石膏 | | 盈余 | 盈余 | | | | | | |
| 磷矿 | | 超载 | 超载 | | | | | | |
| 膨润土 | | 均衡 | | | | | | | |
| 砖瓦用黏土 | | 超载 | | | | | 超载 | | |
| 饰面用辉绿岩 | | 盈余 | | | | | | | 盈余 |
| 饰面用花岗岩 | | | 盈余 | | | | | | 盈余 |
| 高岭土 | | | | | | | | | 均衡区 |
| 铁矿 | 超载 | | 超载 | | | 均衡 | 超载 | | 超载 |
| 承载力指数($I$) | 27 | 23 | 23 | 0 | 5 | 8 | 2 | 0 | 24 |
| 归一化后承载力指数($I^*$) | 1.00 | 0.85 | 0.85 | 0.00 | 0.19 | 0.30 | 0.07 | 0.00 | 0.89 |
| 得分 | 5 | 5 | 5 | 1 | 1 | 2 | 1 | 1 | 5 |

### 9.1.3.2 主成分分析法计算权重

将 6 个单项承载力得分作为变量,而将 30 000 多个区块作为个案,应用 SPASS 软件的主成分分析功能处理数据,最终得到各因子权重如表 9-1-13 所示。

表 9-1-13 评价因子权重

| 变量 | 水环境 | 水资源 | 土壤环境 | 土地资源 | 地质环境风险 | 矿产资源 |
| --- | --- | --- | --- | --- | --- | --- |
| 权重 | 0.1752 | 0.1029 | 0.1824 | 0.1755 | 0.2335 | 0.1304 |

### 9.1.3.3 综合承载力初步结果的叠加与分区

综合承载力由标准化处理后的各单项得分加权求和得到,其值域在[0,5]之间。在计算各区块综合承载力得分的基础上,利用自然间断分级法选取的分区标准如表 9-1-14 所示。将珠江三角洲经济区分为 3 个区(图 9-1-1)。得到评价结果如表 9-1-15 所示。

表 9-1-14 承载力分区标准

| 分区 | 承载力低 | 承载力一般 | 承载力高 |
| --- | --- | --- | --- |
| 综合得分 $Z$ 范围 | $0<Z\leqslant2.75$ | $2.75<Z\leqslant3.75$ | $3.75<Z\leqslant5$ |

表 9-1-15 珠江三角洲经济区资源环境综合承载力评价结果

| 行政分区 | | 水资源得分 | 水环境得分 | 土地资源得分 | 土壤环境得分 | 地质环境风险得分 | 矿产资源得分 | 资源环境综合指数 $Z$ | 承载力分级 |
| --- | --- | --- | --- | --- | --- | --- | --- | --- | --- |
| 市 | 区 | | | | | | | | |
| 广州市 | 中心区 | 1 | 3 | 1 | 3 | 2.36 | 5 | 2.63 | 承载力超载 |
| | 番禺区 | 1 | 2.75 | 1 | 3.5 | 4.36 | 5 | 3.14 | 承载力均衡 |
| | 花都区 | 2 | 3.5 | 1 | 4 | 3.51 | 5 | 3.34 | 承载力均衡 |
| | 南沙区 | 1 | 2.5 | 1 | 2 | 2.36 | 5 | 2.36 | 承载力超载 |
| | 萝岗区 | 1 | 3.4 | 1 | 4 | 2.36 | 5 | 2.88 | 承载力均衡 |
| | 增城市 | 2 | 3.2 | 1 | 4 | 4.37 | 5 | 3.49 | 承载力均衡 |
| | 从化市 | 4 | 3.8 | 1 | 5 | 3.54 | 5 | 3.93 | 承载力盈余 |
| 佛山市 | 禅城区 | 1 | 2 | 1 | 3 | 2.33 | 5 | 2.44 | 承载力超载 |
| | 南海区 | 1 | 2.75 | 1 | 3 | 3.95 | 5 | 2.95 | 承载力均衡 |
| | 顺德区 | 1 | 2.15 | 1 | 3 | 4.24 | 5 | 2.92 | 承载力均衡 |
| | 高明区 | 3 | 3.6 | 1 | 2 | 4 | 5 | 3.28 | 承载力均衡 |
| | 三水区 | 2 | 3 | 1 | 4 | 4.3 | 5 | 3.44 | 承载力均衡 |
| 惠州市 | 惠城区 | 3 | 2.5 | 3 | 4 | 2.2 | 2 | 2.99 | 承载力均衡 |
| | 惠阳区 | 4 | 2.75 | 3 | 4 | 3.73 | 2 | 3.57 | 承载力均衡 |
| | 惠东县 | 4 | 2.9 | 3 | 3 | 4.25 | 2 | 3.54 | 承载力均衡 |
| | 博罗县 | 4 | 2.6 | 3 | 4 | 4.22 | 2 | 3.66 | 承载力均衡 |

续表 9-1-15

| 行政分区 | | 水资源得分 | 水环境得分 | 土地资源得分 | 土壤环境得分 | 地质环境风险得分 | 矿产资源得分 | 资源环境综合指数 $Z$ | 承载力分级 |
|---|---|---|---|---|---|---|---|---|---|
| 市 | 区 | | | | | | | | |
| 珠海市 | 香洲区 | 3 | 3.2 | 1 | 5 | 4.47 | 1 | 3.35 | 承载力均衡 |
| | 斗门区 | 4 | 3 | 1 | 5 | 4.22 | 1 | 3.43 | 承载力均衡 |
| | 金湾区 | 4 | 2.9 | 1 | 5 | 4.47 | 1 | 3.47 | 承载力均衡 |
| 中山市 | 中山市 | 5 | 2.5 | 1 | 3.4 | 4.1 | 1 | 3.20 | 承载力均衡 |
| 深圳市 | 福田区 | 1 | 4 | 1 | 4.3 | 3 | 1 | 2.67 | 承载力超载 |
| | 罗湖区 | 1 | 4 | 1 | 4.3 | 3 | 1 | 2.67 | 承载力超载 |
| | 盐田区 | 2 | 4 | 1 | 4.3 | 3 | 1 | 2.84 | 承载力均衡 |
| | 南山区 | 3 | 4 | 1 | 4.3 | 2 | 1 | 2.78 | 承载力均衡 |
| | 宝安区 | 2 | 4 | 1 | 4.3 | 3.09 | 1 | 2.86 | 承载力均衡 |
| | 龙岗区 | 1 | 4 | 1 | 3 | 3.8 | 1 | 2.62 | 承载力超载 |
| 江门市 | 蓬江区 | 1 | 1.5 | 4 | 3 | 3.36 | 5 | 3.12 | 承载力均衡 |
| | 江海区 | 1 | 1.6 | 4 | 3 | 3.36 | 5 | 3.14 | 承载力均衡 |
| | 新会区 | 1 | 1.9 | 4 | 3 | 4.38 | 5 | 3.43 | 承载力均衡 |
| | 开平市 | 3 | 2 | 4 | 4 | 4.32 | 5 | 3.97 | 承载力盈余 |
| | 鹤山市 | 2 | 2 | 4 | 4 | 3.92 | 5 | 3.70 | 承载力均衡 |
| | 台山市 | 1 | 2.1 | 4 | 4 | 4.6 | 5 | 3.70 | 承载力均衡 |
| | 恩平市 | 4 | 2.25 | 4 | 4 | 3.89 | 5 | 4.09 | 承载力盈余 |
| 肇庆市 | 主城区 | 1 | 4.5 | 4 | 3 | 3.78 | 5 | 3.75 | 承载力盈余 |
| | 四会市区 | 1 | 4.5 | 4 | 5 | 3.59 | 5 | 4.07 | 承载力盈余 |
| | 高要市区 | 1 | 4.5 | 4 | 3 | 4.35 | 5 | 3.88 | 承载力盈余 |
| 东莞市 | 东莞市 | 1 | 1.8 | 1 | 4 | 4.37 | 1 | 2.55 | 承载力超载 |

资源环境综合承载力初步结果反映了研究区域内各地区资源环境承载力总体状况，有必要对其进行具体的分析。

**1. 资源环境综合承载力盈余区**

该区主要分布于从化市区、增城市区、花都区、四会市区、高要市区、开平市区、恩平市区。这些地区地形地貌上以侵蚀剥蚀中低山为主，水资源较丰富；人口密度小，土壤农药污染、有机污染以及重金属污染问题很轻，土壤比较肥沃，因而土地资源承载力较高；土地利用类型以林地为主，植被覆盖率高，水环境、土地环境承载力较高；且地区矿产资源普遍较丰富。综合这些因素使得上述区域综合承载力高。

**2. 资源环境综合承载力较均衡区**

该区广泛分布于珠江三角洲范围内，如惠州市惠阳区、博罗县，深圳市宝安区、南山区，江门市，中山市，珠海市以及佛山市周边地区。这些地区一般由于有一到两项承载力评分较低从而综合承载力不及第一和第二类区域，致使其承载力处于一般区。其中，博罗县、惠阳区、宝安区和南山区的限制因素主要是水资源，而江门市、中山市、珠海市以及佛山市周边地区的主要限制因素是土壤类型和土地利用类型。

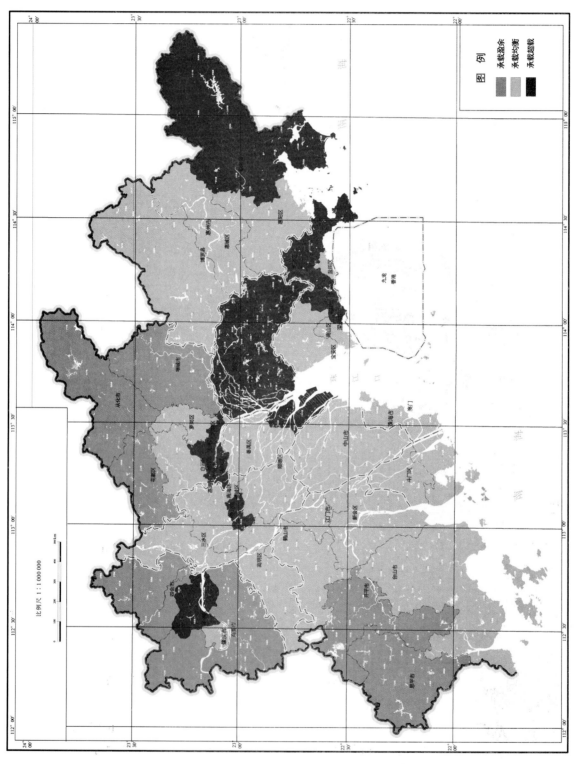

图 9-1-1 珠江三角洲经济区综合承载力评价分区图

#### 3. 资源环境综合承载力超载区

该区主要分布于惠州市惠东县、深圳市龙岗区和东莞市，另外，广州市、佛山市、肇庆市区也有零星分布。其中，导致惠东县、龙岗区综合承载力低的原因是生态地质环境和水环境承载力较弱，且矿产资源匮乏。东莞市以及广州市、佛山市、肇庆主城区由于人口密度大，土地利用类型以耕地、城镇用地为主，植被覆盖率低，土壤重金属污染、农药污染以及有机污染问题较严重。综合这些因素可知上述区域综合承载力低。

#### 9.1.3.4 资源环境综合承载力最终分区

将以上初步结果与地质遗迹保护区域叠加，除地质遗迹保护区域外，其他分区情况与资源环境承载力初步结果基本一致。

地质遗迹保护区域：已建矿山公园、已建地质公园、建议建立地质公园、规划建立保护段公园等，严格限制人类活动。

## 9.2 社会经济-资源环境协调度评价

基于珠江三角洲经济区资源环境综合承载力评价结果，开展社会经济与资源环境协调度评价。

协调度是度量系统内部要素之间在发展过程中彼此和谐一致的程度，体现了系统由无序走向有序的趋势，是协调状况好坏程度的定量指标。合理评估区域经济与资源环境之间的协调度，是辨别各种关键性发展矛盾，确定适宜发展策略与目标，实现地区可持续发展的有效途径。

在参考相关研究的基础上，构建了一套简明易用的区域经济资源环境协调度评价指标体系，并运用在珠江三角洲经济区的各大城市的评价体系中，旨在为实现区域的社会经济与资源环境协调发展提供决策参考。

### 9.2.1 指标体系

在构建区域经济资源环境协调度评价指标体系时，重点考虑了以下4个构建原则：①所选指标尽可能反映经济社会发展水平或区域生态环境保护水平的质量，因而所选指标基本为比率类指标；②一些与经济发展和资源环境约束关系无直接联系的指标，如多数社会发展水平指标均没有考虑；③同类型的指标（如产值或国民生产总值类指标）只选择一个对不同系统本身发展水平综合表达能力强的指标；④指标体系的架构尽可能简洁，以方便评价过程中的数学处理。

基于上述原则，确定了包含11个底层评价因子的区域经济社会与资源环境协调度评价指标体系（图9-2-1）。

该体系主要包括系统层、子系统层、子系统属性层和底层指标层，具有递进层次结构特征。其中经济社会系统着重评价其结构和发展水平2个方面的属性特征；资源环境系统则重点分析其自然资源消耗、环境容量资源消耗和生态建设3个方面的特征。

### 9.2.2 计算模型

区域经济社会与资源环境协调度评价将包括底层因子无量纲化处理、不同子系统的属性评价、子系统发展水平评价和系统协调度评价4个主要的步骤。其中底层因子无量纲化处理的重点是根据被评价区域的发展水平、发展潜力、未来的发展目标及其经济社会和资源环境特点。按照国家的有关政策和标准，建立一套合适的比较分析基础，以合理判断被评价区域各因子与某种理想状况的实际差距。该指标体系采用国家环保总局颁布的生态省、生态市、生态县建设的有关指标值作为底层因子无量纲化标准

（表9-2-1）。

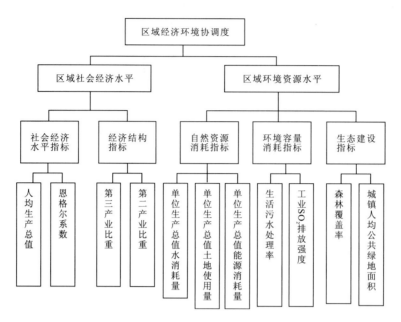

图 9-2-1 区域经济资源环境协调度评价指标体系

表 9-2-1 底层因子无量纲化标准

| 指标（单位） | 无量纲化标准 |
|---|---|
| 人均生产总值（元） | ≥40 000 |
| 恩格尔系数（%） | <40 |
| 第三产业比重（%） | ≥40 |
| 第二产业比重（%） | ≤45 |
| 单位生产总值水耗（t/万元） | ≤90 |
| 单位生产总值能耗（$t_{标煤}$/万元） | ≤0.7 |
| 单位生产总值土地利用量（$10^4 m^2$） | ≤0.02 |
| 生活污水处理率（%） | ≥70 |
| 每万元工业 $SO_2$ 排放强度（kg） | <4.0 |
| 森林覆盖率（%） | ≥50 |
| 人均公共绿地面积（$m^2$） | ≥15 |

考虑到底层因子对系统属性的表达具有相互之间的不可替代性，同时也为了避免系统属性分析过程中由于因子权重整合等人为干预，导致评价结果失真，因而系统属性评价采用底层因子等权值算术平均的方法进行加和，以衡量系统属性层面与理想状况（评价基础）的平均差距，计算公式如下：

经济社会子系统属性指标：$x_i = \sum_{j=1}^{M} a_j / M$ （9-6）

资源环境子系统属性指标：$y_i = \sum_{k=1}^{N} b_k / N$ （9-7）

式中：$x_i$ 为经济社会子系统的第 $i$ 个属性特征；$a_j$ 为该属性特征的第 $j$ 个底层评价因子；$M$ 为该属性特征所包含的评价因子数量；$y_i$ 为资源环境子系统的第 $i$ 个属性特征；$b_k$ 为该属性特征的第 $k$ 个底层评价因子；$N$ 为该属性特征所包含的评价因子数量。

在属性特征评价的基础上，子系统发展水平评价为避免不同属性之间的补偿性影响，特别是某些极端情况下（如某一属性特征的值为0）子系统仍具有较高发展水平评价结果，采用等权值属性评价结果的几何平均模型进行不同子系统发展水平评价，评价公式如下：

区域经济社会水平：$x = f(x) = \sqrt[m]{\prod_{i=1}^{m} x_i}$ (9-8)

区域资源环境水平：$y = g(y) \sqrt[n]{\prod_{j=1}^{n} y_j}$ (9-9)

式中：$x$ 和 $y$ 分别为经济社会子系统和资源环境子系统发展水平的评价结果；$x_i$ 和 $y_j$ 分别为经济社会子系统和资源环境子系统的第 $i$ 和 $j$ 个属性特征；$m$ 和 $n$ 分别为经济社会子系统和资源环境子系统的属性数量。

在子系统发展水平评价的基础上，协调度评价主要是根据两个子系统发展水平的差异性进行评价，差异越大，说明两个子系统之间的协调性越差，具体评价公式如下：

$$C = |x - y| / \max(x, y) \quad (9-10)$$

式中：$C$ 为协调性指数，显然 $C$ 值介于 $0 \sim 1$，且 $C$ 值越小意味协调情况就越好。参考以往的研究经验，确定了6种不同协调程度及其协调度取值区间：$0 \sim 0.20$ 为高度协调，$0.20 \sim 0.40$ 为中度协调，$0.40 \sim 0.50$ 为勉强协调，$0.50 \sim 0.60$ 为初步失调，$0.60 \sim 0.80$ 为中度失调，$0.80 \sim 1.00$ 为高度失调。

## 9.2.3 评价过程

珠江三角洲经济区经济快速崛起对该区域各城市的资源环境造成了巨大压力，一系列严重的资源环境问题也随之逐步凸显。因此，定量评价这一单元的经济与资源环境协调发展情况，正确处理城市发展、经济建设和资源环境保护之间的关系，合理利用有限的资源以达到城市的可持续发展，对这些城市自身的发展及对其他地区合理解决经济社会与资源环境协调发展问题具有重要的指导意义和借鉴作用。

### 9.2.3.1 评价结果

珠江三角洲经济区各城市2010—2014年经济资源环境协调度计算结果如表9-2-2所示。从表9-2-2可以看出，珠江三角洲经济区各市经济发展与资源环境协调状况不容乐观，仅有肇庆、惠州、珠海及中山四市处于协调状态，其余城市经济与资源环境不协调，并且这种不协调程度还有继续加剧的趋势。出现这种不协调的原因是其经济社会水平高于其资源环境水平。

表9-2-2 2010—2014年珠江三角洲经济区各城市协调度计算结果

| 城市 | 年份 | | | | | 2004年协调等级 |
|---|---|---|---|---|---|---|
| | 2010 | 2011 | 2012 | 2013 | 2014 | |
| 广州 | 0.7567 | 0.7512 | 0.7256 | 0.6753 | 0.5260 | 初步失调 |
| 深圳 | 0.3964 | 0.4779 | 0.5349 | 0.6469 | 0.6416 | 中度失调 |
| 珠海 | 0.0927 | 0.3172 | 0.3157 | 0.5132 | 0.3925 | 中度协调 |
| 佛山 | 0.7538 | 0.7480 | 0.7803 | 0.7122 | 0.6752 | 中度失调 |
| 江门 | 0.4705 | 0.4014 | 0.4068 | 0.3292 | 0.3963 | 中度协调 |
| 东莞 | 0.7168 | 0.7222 | 0.7461 | 0.7152 | 0.7549 | 中度失调 |
| 中山 | 0.3076 | 0.3453 | 0.3999 | 0.4975 | 0.4160 | 勉强协调 |
| 惠州 | 0.0791 | 0.0042 | 0.0131 | 0.1166 | 0.3849 | 中度协调 |
| 肇庆 | 0.0606 | 0.0241 | 0.0193 | 0.0153 | 0.0409 | 高度协调 |

所有城市中协调度趋于良好趋势发展的有广州和佛山,其中广州的变化趋势最为明显,这得益于其环境质量的改善。协调度趋于失调的城市有江门、东莞和惠州,这些城市社会经济的发展已经超过了环境资源发展的上限,并且这种差距有越拉越大的趋势。珠海、肇庆和中山的协调度都出现波动,并都在2013年出现转折,但这种转折的本质并不是简单的恢复,都各有不同的原因:肇庆市的环境资源水平一直处于稳定的水平,前期的社会经济发展速度跟不上环境资源的水平,后期社会经济发展速度加快并超越了环境资源水平。中山和珠海协调度波动的原因相对简单,是由于2014年的环境污染与自然资源的消耗相对于2013年出现明显的改善。

把各市的经济资源环境协调度落到空间布局上来考察,可发现协调度类型的空间分布存在较为明显的规律:形成了以东莞和佛山为核心的资源环境型中度失调带和以深圳为中心的经济社会型中度失调带,在其周围依次是初步失调的广州、勉强协调的中山。远离该条带的城市协调度情况越好,珠海、惠州、江门和肇庆的协调度水平都比较高。

#### 9.2.3.2 原因剖析

(1)珠江三角洲各城市的政策取向,直接影响着各城市的经济与环境子系统的发展状态。3个中心和副中心城市,广州、深圳和珠海,经济基础好,发展水平高;同时,在城市生态环境保护和建设方面累积成果较好,因此资源环境条件相对亦较好。深圳市的通信设备、计算机及其他电子设备制造业占工业总产值的约60%,高新技术产业迅速发展,能耗和污染减少,环境质量较好。

(2)在东莞的产品结构中,食品、饮料加工制造业、纺织业、造纸及纸制品业、塑料制品业、电器机械及器材制造业、电力、蒸汽、热水的生产和供应业还占有很大比例,生态环境较差。作为香港和深圳发展的后方基地和"加工厂",东莞的环境破坏相当严重,经济子系统发展水平远远高于环境子系统,经济与环境协调情况最差;肇庆是以旅游业为主导的城市,经济发展水平和环境质量虽不是居于高位,但是经济子系统和环境子系统有着相近的发展水平,经济与环境协调情况较好,从长远意义上来讲,肇庆的发展模式优于东莞。

(3)致使珠江三角洲经济区各城市间的社会经济发展与资源环境保护存在差别的另一个原因就是:城市都较为关注各自城市的发展,而没有把珠江三角洲经济区看成一个有机整体,没有在社会经济发展和资源环境保护方面采取联合行动,面对有限的资源和污染的无界限性,更多的是对资源恶性竞争性的占用,缺乏良好协作性的开发和利用。

# §10 珠江三角洲经济区资源环境优化配置对策研究

随着珠江三角洲经济区社会经济的发展,环境污染问题突出、资源环境约束凸显,区域协调、有序及持续发展面临重大挑战。必须与时俱进、转变思路、开拓创新、主动促进,加快推进区域环境保护一体化、资源可持续开发,以提升区域可持续发展能力。

资源优化配置、环境保护一体化是破解珠江三角洲经济区资源环境难题的重要途径,是实现生产空间的集约高效、生活空间的宜居适度、生态空间的山清水秀的前提和基础,是推进区域经济社会一体化的重要内容,是实现区域可持续发展的重要保障。

基于珠江三角洲经济区资源环境承载力状况下,科学开展国土资源优化配置研究的重要工作,珠江三角洲经济区有两个主题:一是资源保障;二是环境约束。只有牢牢记住这两大主题才能更好地服务于经济社会建设。抓住了这些就是抓住了核心,抓住了重点,抓住了本质。对于资源保障可以从矿产资源、水资源、土地资源三大部分进行分析;而对于生态环境支撑而言,则可以从区域水环境、土壤生态环境等的优劣角度进行考量;统筹制订全区水土矿资源开发利用规划,坚持以水土资源承载力来决定城市和产业发展规模、人口数量,严格划定水土资源限制开发和禁止开发区域,做到"以水土定城、以水土定地、以水土定人、以水土定产"。

## 10.1 土地资源优化配置及承载力提升研究

### 10.1.1 土地资源优化配置研究

统筹土地资源配置是国土规划落实的重要保障和政府发挥空间调控作用的有效手段。为塑造和谐、可持续和富有竞争力的国土空间,未来珠江三角洲经济区土地资源的统筹配置要实行最严格的耕地保护制度和节约用地制度;通过优化区域土地利用结构,落实生活、生产和生态空间协调发展战略;按照推进形成国土综合功能区的要求,实施差别化的土地利用配置模式;优先满足国土支撑体系建设需求,加大土地利用相关工作落实力度。

#### 10.1.1.1 优化区域土地利用结构

优化生活空间、调整生产空间和整治生态空间是珠江三角洲经济区实现国土均衡开发和区域协调发展的重要抓手,是提升土地利用经济产出、社会服务和生态服务三大功能的基本前提,也是建立和保持珠江三角洲经济区人地关系和谐格局的长期任务。规划期内,以"一核、两轴、三区、多点"的国土开发空间架构为重点,通过合理安排新增建设用地配额,整理农村居民点用地,挖潜、盘活城市存量和低效建设用地,整治拓展生态用地等途径,统筹生活、生产和生态空间优化配置,形成脉络清晰、科学合理的点轴开发和集约利用的区域土地利用结构(表10-1-1)。

珠江三角洲经济区要以优化生活空间和调整生产空间为主,加大盘活存量建设用地和整理农村居民点用地的力度,整理、拓展生态空间。

表 10-1-1　珠江三角洲经济区国土功能区建设用地指标　　　　　　单位:100km²

| 功能区 | 2010年 | | | 2020年 | | |
|---|---|---|---|---|---|---|
| | 建设用地总规模 | 城乡建设用地 | 城镇工矿用地 | 建设用地总规模 | 城乡建设用地 | 城镇工矿用地 |
| 珠江三角洲核心区 | 53.02 | 45.08 | 37.49 | 57.80 | 48.82 | 44.65 |
| 珠江三角洲外围区 | 34.59 | 25.35 | 15.83 | 38.15 | 27.84 | 19.66 |

#### 10.1.1.2　实施差别化的土地利用配置模式

差别化的土地利用模式是推进形成国土综合功能区的重要举措。

针对不同国土综合功能区的资源环境特点和功能定位,实施差别化的土地利用配置模式,将有利于推进形成和谐的国土开发空间结构,有利于推进国土综合功能区开发战略目标的顺利实现(图 10-1-1)。

要以节约集约用地为重点,转变土地利用方式,促进产业升级转移;从严控制新增建设用地,积极挖潜、盘活、优先使用存量建设用地。提高项目用地投资强度、容积率和建筑系数、土地产出效益等用地标准和门槛,减少资源消耗多、技术含量低的工业用地,引导发展技术和知识含量高的先进制造业、高新技术产业和现代服务业;积极承接国际高端产业转移,制定有关政策逐步引导劳动密集型产业向周边地区转移。加大生活空间优化、生产空间整治力度,提高人居环境质量,增强国际竞争力。

#### 10.1.1.3　加大土地利用重大工程实施力度

为确保国土规划土地统筹目标的实现,提高土地节约集约利用水平,规划期内,需要加大力度开展"三旧"改造、山坡地改造、围填海造地和高标准农田建设等工作。

(1)大力推进"三旧"改造工作:按照"全面探索、局部试点、封闭运行、结果可控"的总体要求,研究制定推进"三旧"改造的政策体系,重点解决"三旧"改造中涉及的规划、用地手续办理、收益分配和边角地、插花地、夹心地处理等方面的问题。

(2)改造园地、山坡地补充耕地:据 2010 年调查,全省坡度在 25°以下有改造潜力的园地 2527km²,山坡地 2814km²。综合考虑土壤质量、灌溉条件、种植条件、地理位置、生态环境要求,改造成本、难易程度等因素,逐步将这些园地和山坡地改造为耕地。

(3)围填海造地:在符合海洋功能区划的前提下,制订围海造地规划和计划,减少新增建设用地占用耕地,促进粤东、粤西和珠江三角洲地区海洋经济带建设。

(4)高标准农田建设:重点是加强农田规格、排灌渠系、田间道路、地力改良和农田管护体系的建设,改善耕地的农业生产条件和抵御自然灾害的能力,提高耕地产出率和生产效益。主要项目包括:国家级、省级、市县级基本农田示范区建设项目,国家农业综合开发土地治理项目,基本农田整治项目,中低产田改造项目等。

### 10.1.2　土地资源承载力提升研究

#### 10.1.2.1　建设用地

**1. 集约高效利用建设用地,打造富有竞争力国土**

建设用地是国土高效利用和提升国土综合竞争力的空间载体。打造高效、富有竞争力的国土空间要求广东省必须坚持"严控总量、用好增量、盘活存量、优化结构,合理布局、集约高效"的建设用地利用原则,合理配置不同区域新增建设用地和城镇发展用地,优先安排高新产业和产业转移园区建设用地,开展集约高效利用建设用地的试验、示范工作。

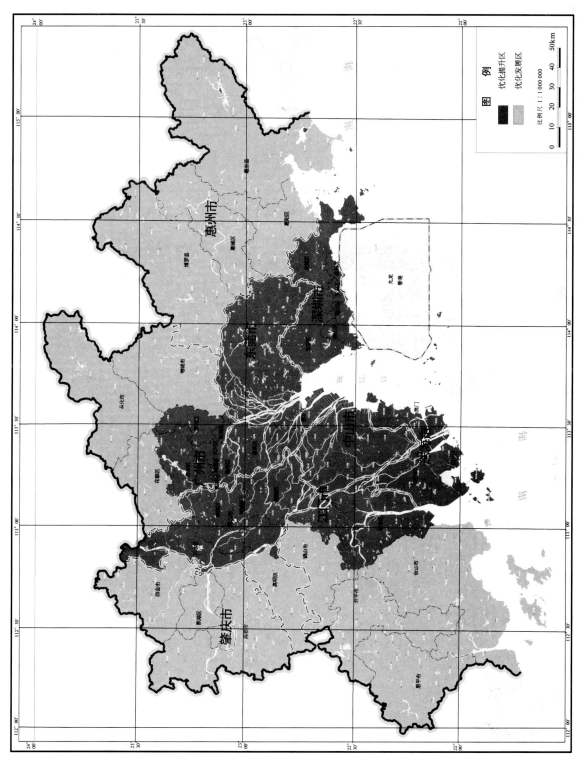

图 10-1-1 珠江三角洲经济区土地利用调控图

严格控制新增建设用地总量，高效利用建设用地。以耕地红线、新增建设用地配额为抓手，控制建设用地过快增长，促进土地的集约利用，提升土地的产出效益。一方面，通过现有建设用地结构的调整，挖潜、提升工业用地有效用量，提高单位面积产出；另一方面，在保证GDP增速不下降的同时，单位GDP和人均消耗的新增建设用地水平相对于过去10年显著下降。

合理配置不同区域建设用地规模。根据广东省不同区域经济社会发展阶段对建设用地需求的特点，调整各区域和地级以上市的建设用地规模。到2020年，珠江三角洲（核心）优化提升区的土地开发利用强度为40.52%，珠江三角洲（外围）优化发展区、两翼沿海重点发展区、韶关—汕尾—阳江适度发展区的土地开发利用强度分别为12.94%、19.12%、10.59%；综合发展区、生态优先区的土地开发利用强度分别为7.02%、4.61%。具体到各地级以上市，可形成梯度分明的4个层次：一是比例大于40%的以深圳、东莞二市为代表的高开发强度层次；二是比例在20%～40%之间较高开发强度层次，包括佛山、珠海、中山、广州四市；三是比例在10%～20%之间的中等开发强度层次，包括江门、汕尾、惠州三市；四是比例低于10%的低开发强度层次，肇庆一市（表10-1-2、表10-1-3、表10-1-4）。

表10-1-2 珠江三角洲经济区建设用地指标　　　　　　　　　　　　单位：100km²

| 地市 | 2010年各项建设用地指标 | | | 2020年各项建设用地指标 | | |
| --- | --- | --- | --- | --- | --- | --- |
|  | 建设用地总规模 | 城乡总用地规模 | 城镇工矿用地规模 | 建设用地总规模 | 城乡总用地规模 | 城镇工矿用地规模 |
| 全省 | 182.61 | 140 | 75 | 200.60 | 152.3 | 91.3 |
| 广州 | 16.15 | 13.08 | 9.71 | 17.72 | 14.04 | 11.91 |
| 深圳 | 9.30 | 7.62 | 7.3 | 9.76 | 8.37 | 8.37 |
| 珠海 | 5.14 | 4.60 | 4.4 | 5.62 | 4.92 | 4.82 |
| 佛山 | 12.67 | 10.95 | 8.6 | 13.57 | 11.58 | 10.46 |
| 惠州 | 11.83 | 8.60 | 5.66 | 12.60 | 9.07 | 6.79 |
| 东莞 | 10.80 | 8.98 | 7.47 | 11.77 | 9.69 | 9.3 |
| 中山 | 4.82 | 4.32 | 3.2 | 5.42 | 4.81 | 4.03 |
| 江门 | 10.51 | 7.28 | 3.83 | 11.49 | 7.87 | 4.61 |
| 肇庆 | 7.45 | 5.93 | 2.48 | 8.49 | 6.64 | 3.13 |

表10-1-3 珠江三角洲经济区建设用地增量指标与历史用地对比　　　　　　　　单位：%

| 地市 | 1996—2005年实际建设用地增量占全省比例 | 2006—2020年建设用地增量指标占全省比例 | 比例增减 |
| --- | --- | --- | --- |
| 广州 | 15.03 | 9.53 | -5.50 |
| 深圳 | 8.36 | 4.71 | -3.65 |
| 珠海 | 5.52 | 2.86 | -2.66 |
| 佛山 | 16.04 | 5.90 | -10.14 |
| 江门 | 5.30 | 4.84 | -0.46 |
| 肇庆 | 2.35 | 5.26 | 2.91 |
| 惠州 | 2.83 | 4.24 | 1.41 |
| 东莞 | 11.91 | 6.68 | -5.23 |
| 中山 | 6.77 | 3.44 | -3.33 |

表 10-1-4  珠江三角洲经济区建设用地总规模占土地总面积比例对比    单位：%

| 地市 | 2005年 | | 2020年 | |
| --- | --- | --- | --- | --- |
| | 比例 | 排序 | 比例 | 排序 |
| 深圳 | 42.98 | 1 | 50.00 | 1 |
| 东莞 | 39.76 | 2 | 47.61 | 2 |
| 佛山 | 30.78 | 3 | 35.24 | 3 |
| 珠海 | 29.94 | 4 | 35.15 | 4 |
| 汕头 | 25.10 | 5 | 31.37 | 5 |
| 中山 | 24.56 | 6 | 30.12 | 6 |
| 广州 | 20.51 | 7 | 24.31 | 7 |
| 惠州 | 10.01 | 11 | 11.10 | 8 |
| 肇庆 | 4.70 | 19 | 5.73 | 9 |

合理配置城镇发展用地。新增城镇建设用地优先保障用地少、就业多、产业集聚能力强的新城镇群和不同层次集聚经济、人口及提供公共服务的区域中心用地。人口分散、资源环境条件较差、暂不具备发展条件的区域，重点保障民生用地。

优先安排高新产业和产业转移园区建设用地。珠江三角洲地区新增建设用地优先安排现代服务业、高新技术产业、先进制造业建设用地，促进产业结构调整升级；东西两翼和北部山区优先安排新型产业集聚区、产业转移园区建设用地，推进形成新的经济增长极和增长点。

**2. 挖潜、调整生产空间，提高土地经济产出效益**

挖潜、盘活城镇存量建设用地和低效建设用地是广东省，尤其是珠江三角洲经济区扩展生产建设用地的重要来源。根据2007年专项调查，广东省城镇存量建设用地总量为578km²，低效建设用地1330km²。出台配套政策，采取有效措施，加大处置力度，促进闲置地、空闲地和低效地的开发利用。

狠抓内涵挖潜，盘活闲置存量土地。按照"统一规划、分步实施、先易后难、以用为先"的原则，采取挂账收地、限期开发等方式，调整使用闲置土地。通过创新探索发行土地债券等制度，提高政府收回闲置土地和储备土地的能力。

采取综合手段，提高低效与粗放利用土地的集约化程度。通过制定出台工业项目用地公开交易和经营性基础设施用地有偿使用办法、国有土地协议出让最低价标准等措施，充分运用价格机制抑制多占地、滥占地和浪费土地行为，推进土地资源的市场化配置，促进节约集约利用土地。加大和扩大执行经营性土地招、拍、挂出让的力度和范围，建立完善土地市场供地和调控机制，提高申请用地门槛，提高闲置浪费土地的风险成本，引导社会形成节约和珍惜利用土地的氛围。通过相应的财税政策和环保门槛，淘汰效益差、能耗大、占地多的企业，引进效益好、能耗小、占地少的企业，进行建设用地二次开发利用，促进产业升级转移，实现产业聚集和用地高效。规划期内，单位建设用地第二、第三产业增加值年均提高幅度保持在12%左右。

充分利用各类园区，积极促进产业集聚、工业进园、集中布局，改变工矿用地布局分散、粗放低效的用地现状，构建生活、生态、生产协调发展的土地利用秩序。加强园区用地管理，严格限定各类工业园区内的非生产性建设用地比例，提升用地效率和效益；积极推广多层通用厂房，禁止圈占土地建造低密度的"花园式"工厂,严格按照土地利用总体规划、城乡规划和集约用地指标考核园区用地。土地集约利用评估达到要求并通过国家审核公告的开发区,确需扩区的,可申请整合依法依规设立的开发区,或者利用符合规划的现有建设用地扩区。

充分利用经济杠杆、土地税费等手段,加大市场配置和调节土地资源的力度,扩大有偿使用土地的范围,灵活确定工业用地出让期限,促进土地高效利用,遏制浪费土地的现象。

#### 10.1.2.2 农业用地

严格保护耕地,加强基本农田建设力度。实现耕地保有量和基本农田保护面积目标要从落实耕地保护责任、严格控制新增建设占用耕地、加强基本农田建设投入和加大补充耕地力度4个方面着手,通过创新耕地和基本农田保护机制、加大耕地保护的经济补偿力度、提高农民保护耕地的主动性和强化耕地总量动态平衡政策,遏制耕地快速减少的势头(图10-1-2)。

落实耕地保护责任,将耕地保护责任目标下达到市、县、镇三级。强化各级政府保护耕地的主体地位,明确地方行政一把手作为耕地保护第一责任人,签订耕地保护目标责任书,对执行情况进行年度考核问责,建立奖惩机制,逐步形成地方政府主导、国土资源部门牵头、各相关部门同心协力、齐抓共管的耕地保护共同责任制。鼓励地方政府对保护基本农田和耕地的农户予以补贴,建立全省基本农田和耕地保护经济补偿制度,提高农村集体经济组织和农户保护基本农田和耕地的积极性。

控制和引导建设少占耕地。严格控制建设占用耕地和基本农田,规划期内建设占用耕地控制在1076km$^2$以内。建设项目选址必须以不占或少占耕地为基本原则,并尽量避让基本农田,确需占用耕地的应尽量占用等级较低的耕地。没有实现建设项目占用耕地"先补后占""占一补一"的,一律不予审批。积极开展低丘缓坡荒滩等未利用地开发利用试点工作,引导城镇工业建设"上坡下海",避免占用耕地资源。

加强耕地和基本农田建设见表10-1-5。

规划期内设立若干个国家级、省级、市级和县级基本农田保护示范区,提高全省耕地和基本农田质量。按照"因地制宜、分类指导、统一规划、突出重点、连片治理、讲求实效"的原则,逐步把示范区建成"涝能排、旱能灌、渠相连、路相通、田成方、地力高"的旱涝保收的高产、稳产农田。以水利设施建设为重点,以完善农田排灌系统、机耕道路为主要内容,改造中低产田,全面推进高标准农田建设,改善生态环境和农业生产条件,提高农业综合生产能力,到2015年全省建成高标准农田1510万亩。

创新机制加大补充耕地力度。编制土地开发、整理专项规划,制订补充耕地计划;整合集中用于土地开发整理资金,完善财政投入机制。探索建立耕地保护资源补偿机制,在执行国家耕地占用税费标准的基础上,征收耕地资源补偿调节费并全部留给承担耕地保护任务的市、县统筹使用;继续实行耕地储备指标有偿转让的激励措施,省财政筹集资金补助市、县开展园地、山坡地改造补充耕地工作;制订社会资金参与补充耕地开发的办法。完善易地补充、保护耕地和基本农田制度,鼓励有条件的地区先行开发补充耕地,在验收合格后可有偿转让,确保珠江三角洲经济区耕地占补平衡目标的实现。

#### 10.1.2.3 生态用地

珠江三角洲生态用地被蚕食。生态系统服务功能不断下降,城市增长边界难控制等问题严重影响了区域生态安全,如何构建区域的生态安全格局,并建立完善的生态监管机制,是当前亟须解决的问题。

优化生态安全格局,构筑区域生态安全体系。基于珠江三角洲的自然生态本底特征,以山、水、林、田、城、海为空间元素,以自然山水脉络和自然地形地貌为框架,以满足区域可持续发展的生态需求及引导城镇进入良性有序开发为目的,着力构建"一屏、一带、两廊、多核"的珠江三角洲生态安全格局。

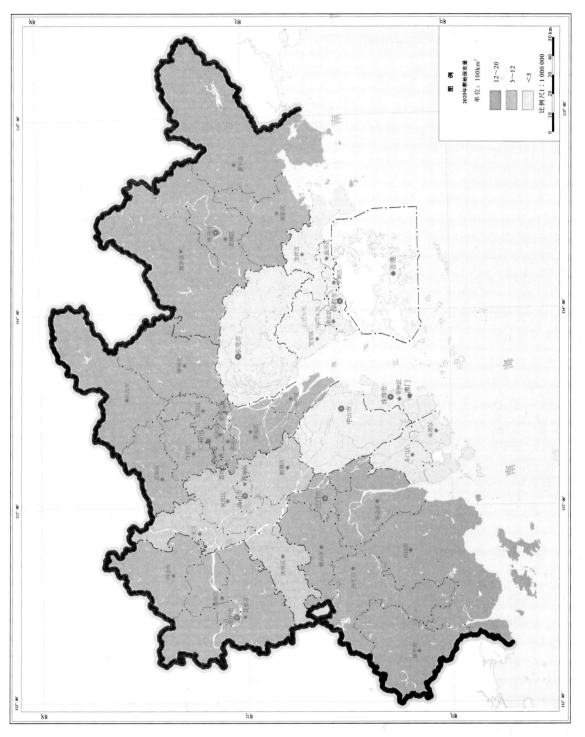

图 10-1-2 珠江三角洲经济区耕地与基本农田保护

表 10-1-5  珠江三角洲经济区耕地保有量和基本农田保护面积指标

| 地市 | 2005年 | | | 2010年耕地保有量 | | 2020年耕地保有量 | | 基本农田保护面积 | |
|---|---|---|---|---|---|---|---|---|---|
| | 耕地 | 带可调整地类 | 含可调整耕地 | | | | | | |
| | $10^4 m^2$ | | | $10^4 m^2$ | 万亩 | $10^4 m^2$ | 万亩 | $10^4 m^2$ | 万亩 |
| 全省 | 29 527.44 | 1341.28 | 30 868.72 | 29 140 | 4371 | 29 087 | 4363 | 25 560 | 3834 |
| 广州 | 1041.50 | 317.31 | 1358.80 | 1282.70 | 192.41 | 1280.37 | 192.06 | 1123.45 | 168.52 |
| 深圳 | 45.30 | 0.21 | 45.51 | 42.96 | 6.44 | 42.88 | 6.43 | 20.00 | 3.00 |
| 珠海 | 202.30 | 90.79 | 293.09 | 276.68 | 41.50 | 276.17 | 41.43 | 244.08 | 36.61 |
| 佛山 | 548.69 | 45.44 | 594.13 | 560.86 | 84.13 | 559.83 | 83.97 | 486.63 | 72.99 |
| 惠州 | 1519.69 | 1.98 | 1521.67 | 1436.45 | 215.47 | 1433.84 | 215.08 | 1267.22 | 190.08 |
| 东莞 | 149.43 | 185.86 | 335.29 | 316.51 | 47.48 | 315.94 | 47.39 | 279.22 | 41.88 |
| 中山 | 458.16 | 68.59 | 526.75 | 497.25 | 74.59 | 496.35 | 74.45 | 438.67 | 65.80 |
| 江门 | 2069.29 | 8.01 | 2077.30 | 1960.97 | 294.15 | 1957.40 | 293.61 | 1721.80 | 258.27 |
| 肇庆 | 1795.20 | 0.12 | 1795.32 | 1694.78 | 254.22 | 1691.70 | 253.76 | 1495.11 | 224.27 |

1亩＝666.67$m^2$。

**1. 一屏:环珠江三角洲外围生态屏障**

以珠江三角洲西部、北部、东部的山地、丘陵及森林生态系统为主体组成的环状区域生态屏障,包括以江门恩平西部天露山区为核心的西南生态控制区、以肇庆鼎湖山—罗壳山—巢湖顶为中心的西北生态控制区,起到涵养水源、保持水土和维护生物多样性的重要作用。

以天露山、罗壳山、莲花山等山脉为主线,重点做好生态控制区的生态保护和生态建设,构筑高质量的陆域连绵山体生态屏障,突显其绿色天然屏障功能,提升北部生态保护、水源涵养、生物多样性保护的承载力。对分布于生态屏障区范围内、生态功能非常重要、原生状态保持良好、生物多样性丰富、生态环境敏感性高的区域,应加强封山育林,严格控制区域内的人口规模和开发活动,严禁滥捕滥挖。大力开展天然林保护工程和国家级生态公益林建设。加强水土流失及石漠化治理。完善野生动植物保护及自然保护区建设体系,使得珍稀濒危动植物物种、生境、原生生态系统得到有效保护,从而提高区域森林的生产能力与生态防护功能。

**2. 一带:南部沿海生态防护带**

以珠江三角洲南部近海水域、三大湾区(环珠江口湾区、环大亚湾区、大广海湾区)、海岸山地屏障和近海岛屿为主体组成的近海生态防护带,包括大亚湾—稔平半岛、珠江口河口、万山群岛和川山群岛等,形成珠江三角洲海陆能流、物流交换纽带和抵御海洋灾害的重要海洋生态防护带。

该区域重点做好海岸线、海岛、海岸防护林的保护和建设,构建由消浪林带、海岸基干林带和纵深防护林网3个层次构成的复合沿海纵深防护林体系,全面提高沿海防护林建设水平,提升防灾减灾能力。继续开展海域、海岸带生态修复和水生生物资源养护,推进海洋自然保护区、海洋公园、水产种植资源保护区的建设,完善海洋自然保护区网络。进一步明确各沿海区域海洋生物资源保护重点,构建各类海洋资源保护控制区和海洋特别保护区。加强粤、港、澳三地湿地保护合作与交流,推动粤港澳珠江口湿地保护圈建设。组织实施湿地保护与恢复,逐步修复退化湿地生态系统,恢复湿地生态功能,实现湿地资源的可持续利用。加强珊瑚礁、海草场等典型的海洋生态系统保护,遏制近海及海岸生态环境恶化和海洋生物资源衰退的趋势。严格控制大亚湾—稔平半岛区、珠江口河口区等重要海域控制区的陆源污染。合理规划海洋捕捞和旅游业发展,着力保护水生生物繁衍生息环境。加强海洋生态系统的生态灾害预报预警体系,加快海域生态屏障的形成。

**3. 两廊:珠江水系蓝网生态廊道和道路绿网生态廊道**

珠江水系蓝网生态廊道包括区域性河流生态主廊道和河流生态次廊道两个层面,其中区域性河流生态主廊道由东江、北江、西江三大江河构成,河流生态次廊道由流溪河、增江、顺德水道等主要支流河道构成。道路绿网生态廊道包括区域性道路生态主廊道和道路生态次廊道两个层面,其中区域性道路生态主廊道由区域性的铁路、高速公路隔离防护林带构成,道路生态次廊道由省域绿道网构成。"两种类型、两个层面"的网状廊道,能有效加强生态屏障与区域绿核之间、各区域绿核之间、各自然"斑块"之间的生态联系,缓解交通通道和人类活动对区域生态的切割和干扰。

对于以北江、东江、西江等区域性江河构成的珠江水系蓝网生态廊道,通过生态和工程措施保证西江、北江、东江在水量供给、生物洄游和内河航运等方面的生态与经济功能。主要措施包括:加强水源涵养区生态保护,严禁采伐水源涵养林,保护饮用水源地及其上游地区的自然植被;采取林草护岸进行河道整治,河滩地营造乔灌混交的护岸林或经济林,土质河岸种植深根性灌木,河流岸坡种植有经济价值的浅根性草类;划定沿岸生态隔离区,控制污染物排入。

对于珠江三角洲交通主干道的道路绿网生态廊道,对已建省立绿道的五大系统(绿廊系统、慢行系统、服务设施系统、标识系统、交通衔接系统)进行查漏补缺,修复和保护绿道网沿线的生态环境,全面提升绿道网建设水平。加强交通干道沿线生态景观林带建设,形成乔灌草结合、多树种、多层次的生态景观,提升绿道网生态景观效益和生态保护功能。

**4. 多核:五大区域性生态绿核**

由分布于城市内部或者城市之间的山体和绿色生态开敞空间构成,包括广州帽峰山—白云区区域绿核、佛山—云浮之间的皂幕山—基塘湿地区域绿核、江门古兜山—中山五桂山—珠海凤凰山区域绿核、东莞—深圳之间的大岭山—羊台山—塘朗山区域绿核和深—惠之间的清林径—白云嶂区域绿核等,形成珠江三角洲城市间生态过渡区域。

强化区域绿核的完整性保护,避免被破坏和蚕食。对于已被蚕食的地带,积极进行"复绿还林"。对于区域绿核内景观单调和生态稳定性差的林分,加快林分改造,建立以阔叶林、针阔混交林为主体,乔、灌、草复合配置的植被群落结构。严禁毁林种果、开山采石。在不影响绿核整体景观与生态功能的前提下,合理开发和建设旅游度假设施。

## 10.2 水资源优化配置对策研究

水资源是保障经济社会发展的重要基础设施,实现水资源保护开发利用一体化既是水资源资源自身发展的需要,也是珠江三角洲经济区社会发展一体化的重要体现和保障。

### 10.2.1 建立以流域为单元的水资源调节机制

#### 10.2.1.1 流域水资源供需平衡分析

现状供水方案下,以供水能力作为2020年供水量进行供需平衡分析。2020年珠江三角洲流域需水量$274.48\times10^8 m^3$,在现状供水方案情况下供水量为$279.12\times10^8 m^3$,所以总体上珠江三角洲水资源是供需平衡的,但是大部分地市都存在供需不平衡的问题。因此,根据现状供水体系下的水资源供需分析结果,珠江三角洲需要以水资源开发利用一体化布局为总体原则,统筹规划水资源工程建设、水源地布局、供排水通道设计和管网一体化建设。

#### 10.2.1.2 调整流域供排水通道格局

建设和保护清水走廊供水通道,逐步建立西、北江片区"靠西取水、靠东退水",东江片区通过各类水闸及控制枢纽调节的格局,实现供、排分离(图10-2-1,表10-2-1,表10-1-2)。根据现状水资源分布、取水口分布情况,考虑咸潮河流污水回荡影响,划定珠江三角洲7条主要供水通道。根据珠江三角洲主要河道水质现状、水功能区划、工业人口分布及主要取排水口布局,划定10条主要排水通道。

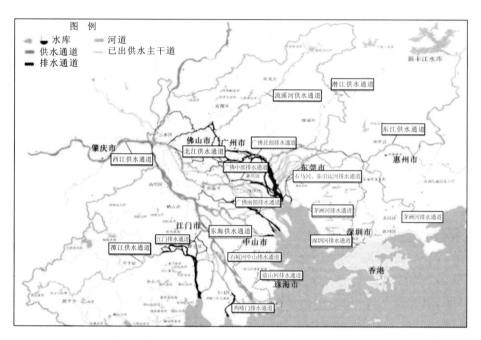

图10-2-1 珠江三角洲经济区主要建设供排水通道分布图

表10-2-1 珠江三角洲经济区主要供水通道规划表

| 名称 | 主要河道 | 主要服务地区 |
| --- | --- | --- |
| 西江供水通道 | 西江干流、西江干流水道、西海水道、磨刀门水道 | 广州、珠海、佛山、中山、江门、肇庆、澳门 |
| 北江供水通道 | 北江干流、东平水道、顺德水道、潭州水道、沙湾水道 | 广州、佛山 |
| 东江供水通道 | 东江干流、东江北干流、东江南支流及东江三角洲网河区咸水线以上(万江、中堂、新塘一线以上)的主要河道 | 广州、深圳、惠州、东莞、香港 |
| 东海供水通道 | 东海水道、桂洲水道、容桂水道、鸡鸦水道和小榄水道 | 佛山、中山 |
| 独立供水通道 | 流溪河、潭江、增江 | 广州、惠州、江门 |

#### 10.2.1.3 推进都市区供水水源一体化建设

全面统筹珠江三角洲水源布局,优化整合零散分布的水源地,逐步实现水源地间的联网互通,推进广佛水源一体化、深莞惠水源一体化和珠中江水源一体化建设,适时推进佛山西部与肇庆东部水源一体化建设。

表 10-2-2　珠江三角洲经济区主要排水通道规划表

| 片区 | 名称 | 主要河道 | 主要服务地区 |
| --- | --- | --- | --- |
| 东江片 | 石马河—东引运河排水通道 | 观澜河、石马河、(寒溪水)、东引运河 | 深圳、惠州、东莞 |
| | 深圳排水通道 | 深圳河(独立入海)、茅洲河(独立入海) | 深圳、东莞 |
| 西北江片 | 广佛北部排水通道 | 佛山水道及其分支、平洲水道、前航道、后航道、三枝香水道、沥滘水道、黄埔水道、狮子洋水道 | 广州、佛山 |
| | 广佛中部排水通道 | 陈村水道、市桥水道、沙湾水道(大刀沙以下河段)、蕉门水道 | 广州、佛山 |
| | 广佛南部排水通道 | 顺德支流、容桂水道下游段、洪奇沥水道 | 广州、佛山、中山 |
| | 石岐河排水通道 | 石岐河、横门水道 | 中山 |
| | 前山河排水通道 | 前山河 | 珠海、中山 |
| | 鸡啼门排水通道 | 鸡啼门水道井岸(斗门区)以下河段 | 珠海 |
| | 江门排水通道 | 江门河、江门水道、礼乐河、潭江干流新会河口以下河段、银州湖 | 江门 |

(1) 深莞惠(港)都市区：以东江水源为主，实行江库联网。深圳依托东深供水工程、东部供水工程以及境内主要调蓄水库。东莞在东江三大水库联合优化调度的基础上，重点建设东江下游及三角洲河段供水水源保证工程、境内蓄水水库挖潜及九库联网供水工程、与惠州合作建设观洞水库水源工程。惠州主要水源为东江干流和西枝江，惠城区供水水源为东江干流河道，惠阳区、惠东县水源采用西枝江干流河道。

(2) 广佛肇都市区：广州新增北江清远梯级水源，形成东江、北江、西江、流溪河四大水源相互补充的"东南西北分片供水、互为补充"的供水格局。佛山逐步关闭规模小或水质污染严重的取水口，实施以西江供水为主、北江供水为辅的双水源战略。肇庆拓展西江干流水源和北江水源。

(3) 珠中江(澳)都市区：珠海主要水源系统可划分为磨刀门水道、黄杨河水道、虎跳门水道三大系统，形成"甘江水为主、库水为辅、江库联动、江水补库、库水调咸"的原水供水模式。中山集中式饮用水源河道主要有磨刀门水道、东海水道、小榄水道、鸡鸦水道、西海水道。江门在保持原有水源的基础上，逐步调整大中型水库由农业供水向城市供水转变，实现河、库多水源供水。

#### 10.2.1.4　促进水资源的优化利用

**1. 节水优先**

加强农业节水、工业节水及生活节水措施的实施力度。

**2. 非常规水资源利用**

再生水利用：在有条件的城市开始再生水利用试点，取得经验后逐步推广。
雨水利用：在城市和农村建立雨水蓄积利用工程。
海水利用：继续加大沿海地区海水直接利用量，大力发展海水淡化技术。

### 10.2.2　建设全方位一体化的防洪排涝减灾体系

规划逐步将防洪潮减灾的重点由工程建设转向工程维护、管理和高效运行，大力推进建设自然积存、自然渗透、自然净化的"海绵城市",构建"低影响开发雨水系统",建立新型的防洪排涝体系,为世界级城镇群的建设目标提供保障。

**1. 防洪工程一体化**

防洪工程一体化依靠西江龙滩、大藤峡水库,北江飞来峡水利枢纽的调洪和潖江滞洪区的运用,东江上游新丰江、枫树坝、白盆珠三大水库,与西、北江控导枢纽思贤滘、天河南华,以及三角洲的堤防、河道、出海口门整治共同实现。

(1)西江中下游片区:重点防护肇庆市,依赖上游规划中的大藤峡水利枢纽以及在建的龙滩水库进行调洪,削减洪峰流量,以景丰联围为主,联合江口堤、德城大堤和禄步围等重要堤围以及肇庆市内蓄水工程进行防护。

(2)西北江三角洲片区:重点防护佛山市、中山市、珠海市,重点防护工程有佛山大堤、樵桑联围、中顺大围、中珠联围、白蕉联围、赤坎联围、乾务联围等重要堤围,重要蓄水工程有竹银水库、长江水库、乾务水库等。

(3)广州片区:重点防护广州市,依靠北江飞来峡水库进行调洪,以北江大堤和潖江滞洪区作为重要防洪工程,联合广州市内堤围及水库防护工程,可使广州防御300年一遇洪水,广州市城区防洪标准为200年一遇。

(4)江门片区:重点防护江门市,由江新联围、潭江大堤以及四堡水库、那咀水库、龙门水库等蓄水工程组成,工程加固达标建成后,在堤库结合的条件下,防洪(潮)标准达到100年一遇。

(5)东江中下游片区:东江中下游片区防洪一体化体系由惠州大堤、江北大堤、东莞大堤、苏礼龙围、增博大围、挂影洲围等堤防及干流枫树坝水库、支流新丰江上的新丰江水库和支流西枝江上的白盆珠水库组成,堤库结合,可使惠州、东莞等城市的防洪标准达到100年一遇。

**2. 排涝工程一体化**

在中上游地区建水库蓄水,开截洪渠,以自排为主;中下游地区重点巩固堤围,防止洪水倒灌,同时疏浚河道,畅通排水,自排、电排并举;下游围田地区自然排水困难的,以电排为主,结合疏浚和自排(或预排)。

**3. 强化防洪排涝非工程措施**

建立和健全防洪防灾减灾组织体制,做好防洪工程措施日常管理,建设流域性洪水预警预报系统,建立珠江三角洲防洪地理信息系统。

**4. 推广海绵城市建设理念**

规划建议在全省新型城镇化建设过程中,推广和应用低影响开发建设模式,加大城市径流雨水源头减排的刚性约束,优先利用自然排水系统,建设生态排水设施,充分发挥城市绿地、道路、水系等对雨水的吸纳、蓄渗和缓释作用,使城市开发建设后的水文特征接近开发前,有效缓解城市内涝、削减城市径流污染负荷、节约水资源、保护和改善城市生态环境,为建设具有自然积存、自然渗透、自然净化功能的海绵城市提供重要保障。

## 10.3 矿产资源优化配置对策研究

以珠江三角洲经济区主体功能区和区域经济布局为依托,结合矿产资源禀赋条件和开发利用水平,按照矿产资源开发与环境保护并重的原则,统筹全区矿产资源勘查开发区域布局。

区内主要矿产有金、银、铌、钽、水泥用灰岩、建筑用石料、石膏、盐矿、矿泉水、地下热水等。

珠江三角洲地区作为优化开发区域,按照"提升层次,做优做强,品牌输出,产业转移,拓宽空间,高新引进,再上台阶"的产业发展和加强生态环境保护和生态建设的要求,重点是提高资源利用效率,发展矿产品精细加工和高端产品,加强基础地质、农业地质、城市地质调查,加大生态环境保护和矿山地质环境恢复治理力度。

全区规划为矿产资源限制勘查区和限制开采区,严格限制污染环境和影响生态建设的矿产资源开发活动,减少直至关闭矿山企业。随着部分地区的水泥、陶瓷等企业向北部山区转移,严格控制水泥用灰岩和高岭土等矿山数。对区内经济价值高、资源条件较好、具大中型矿床规模的短缺矿种如金、银、石膏、盐矿等矿产以及对环境影响小的地下热水、矿泉水等,经环境适宜性评估和相关论证后,可适度开发。除了作为重要战略性矿产资源储备外,原则上不在区内进行金属矿产资源的商业性勘查。

## 10.4 土壤环境保护对策研究

### 10.4.1 严格准入,防止新增土壤污染

(1)严格环境准入,防止新建工业项目对土壤造成新的污染。将金属表面处理及热处理加工、皮革鞣制加工、基础化学原料制造、电池制造、废铅酸电池铅回收、有色金属矿采选、有色金属冶炼及压延加工、涉重金属危险废物处理处置、火电九大行业作为重点防控行业,加强规划和建设项目环境影响评价,强化土壤环境调查、评价与重金属污染防治等,并作为环保"三同时"验收的内容。严格审批排放铅、汞、镉、铬、砷、铜、锌、镍8种重金属和多环芳烃类持久性有机污染物等重点防控污染物(以下统称"重点防控污染物")的建设项目,对排放铅、汞、镉、铬、砷5种重金属(以下统称"5种重金属")的新增产能和淘汰产能实行"等量置换"或"减量置换",严格控制向土壤排放5种重金属污染物。

(2)加大淘汰落后产能力度,严格执行国家和省已颁布的产业政策、产业结构调整指导目录、相关行业调整振兴规划和行业准入条件等相关规定,加大力度淘汰重点防控行业落后生产能力、工艺、技术、设备和产品,依法关停不符合产业政策和环保要求、排放重点防控污染物的落后产能企业,并防止向粤东西北地区转移。加强对淘汰落后产能工作的监督考核,定期向社会公告限期淘汰的企业名单和执行情况。

(3)严格矿产资源开发利用准入管理,进一步加强矿产资源总体规划和建设项目环境影响评价工作,优化矿产资源特别是有色金属矿开发利用布局,加快整合优化规模小而散、布局不够合理的有色金属矿产资源开发利用项目。禁止审批向河流排放5种重金属的矿产资源开发利用项目,基本农田保护区、集中式饮用水水源地、居民集中区等环境敏感地区及其周边、主要重金属污染物排放超标的地区不予审批新增有重金属排放的矿产资源开发利用项目。矿产资源开发利用项目向河流排放矿坑涌水应达到相应河流的地表水环境质量标准要求。新建项目环境影响评价文件要重点对加强周边耕地、饮用水水源地保护和环境风险防范等内容进行论证,并严格落实环境影响评价文件提出的污染防治措施;改建、扩建和整合项目环境影响评价文件应提出"以新带老"等治理措施要求,妥善解决现有的土壤环境污染问题。

(4)加强畜禽养殖业环境管理,加快实施畜禽养殖业发展规划,优化畜禽养殖业发展布局,各地要按规定抓紧完成本地区畜禽禁养区、限养区和适养区的划定工作,完成禁养区内畜禽养殖场(区)和专业户的清理工作。强化规模化畜禽养殖排污申报登记,规范设置排污口,严格执行广东省《畜禽养殖业污染物排放标准》(DB 44/613—2009),确保稳定达标排放。推广高效安全配方饲料,严格执行饲料国家行业标准,切实控制畜禽养殖饲料中铜、砷等重金属元素添加量;大力推进畜禽生态健康养殖、农村沼气工程建设,减少有毒有害废弃物排放,不断提高畜禽养殖废弃物的综合利用水平,防止水体和土壤重金属污染。

## 10.4.2 严格执法,加强重点污染源监管

(1)强化重点工业污染源环境监管加快推进电镀等重污染行业的污染整治,对列入《广东省重金属污染综合防治"十二五"规划》的600家重金属污染防治重点企业及工业园区推行循环经济和清洁生产,每2年开展1次强制性清洁生产审核,严格落实清洁生产审核评估、验收工作。加强重金属污染防治重点企业内部环境管理,完善污染物产排详细台账,建立和完善环境管理档案和风险应急管理制度。规范各类危险废物的环境管理,加快危险废物集中处理处置设施建设,确保安全处理处置。深入开展环保执法专项行动,对重点污染源加大现场巡查力度和监测频次,从严从重查处未批先建、违反环保"三同时"制度、故意偷排等违法行为,对超标、超总量排放重金属污染物的排污单位责令限期治理,逾期未完成限期治理任务的依法予以强制关停。

(2)加强矿产资源开发利用监管,严格落实矿产资源开发利用项目环境保护、安全生产、水土保持设施与主体工程同时设计、同时施工、同时投产使用的"三同时"制度。实行施工期环境监理制度,建立健全污染事故和环境应急监控管理体系。严格实施矿山自然生态环境治理恢复保证金制度,督促和监管采矿权人按相关规定缴存保证金,履行矿山自然生态环境治理恢复义务。各地应将涉重金属排放矿产资源开发利用项目列为重点监管对象,严格落实生态环境监察和日常巡查制度,强化日常监测,确保污染物排放达标;加强尾矿库的安全监管,防止发生安全事故造成土壤污染。严厉打击土法采、选、冶金矿及土法炼汞、砷、铅等矿产资源开发利用违法行为,严肃查处"未批先建""未验先投"等行为,对存在重大环境安全隐患且不落实整改措施的地区和企业,实行区域限批或挂牌督办;对发生重大环境事件造成生态环境破坏的企业,依法查处并追究法律责任。

(3)严格农业污染源综合控制,建立和完善科学种植制度和生态农业体系,重点加强农药、化肥、污水灌溉使用管理和农业废弃物处理处置,强化监管和执法检查,防止重金属和持久性有机污染物对土壤造成污染。严格执行国家和省有关高毒农药、禁限用农药使用管理规定,开展高效低毒农药及生物农药试验和示范推广,大力推广绿色防控技术和专业化统防统治,加强有机氯农药替代技术和替代药物的研发推广。科学施用化肥,提高肥效,减少施用量,禁止使用重金属等有毒有害物质超标的肥料,畜禽养殖粪污经无害化处理、检测达到相关标准后方可还田利用。制订污水灌溉管理办法,严格控制污水灌溉,禁止在农业生产中使用含重金属、难降解有机污染物污水以及未经检验和安全处理的污水处理厂污泥、清淤底泥、尾矿等。鼓励废弃农膜回收和综合利用,建立农药包装容器、农膜等废弃物回收制度,防止农业废弃物污染土壤。

(4)规范污水处理厂污泥和垃圾处理场渗滤液监管,加强对城镇集中生活污水处理厂污泥和垃圾处理场渗滤液排放监管,防止含重金属、持久性有机污染物的污泥和渗滤液对土壤造成污染。严格按照严控废物管理的有关要求,强化对污泥处理处置设施建设、运营监管及转移过程监管,落实污泥稳定化、资源化、无害化、减量化各项措施,禁止污泥就地堆放和原生污泥简易填埋等不符合环保要求的处置方式,避免污泥处置过程造成土壤污染,到2015年底,广东省城镇污水处理厂污泥基本实现无害化处理处置。加快生活垃圾无害化处理设施建设,到2015年底,所有县(市)建成垃圾无害化处理场,垃圾渗滤液中重金属应达标排放。组织开展简易填埋和无渗滤液处理的垃圾处理场排查工作,加强综合整治,逐步取缔简易填埋等不规范的垃圾处置方式。

## 10.4.3 保护优先,确保耕地和集中式饮用水水源地土壤环境安全

(1)划定土壤环境保护优先区域各地级以上市、顺德区政府要按照"集中连片、动态调整、总量不减"的原则,以县(市、区)为基础单元,将该地区连片耕地和县级以上集中式饮用水水源地划定为土壤环境保护优先区域,2015年底前,明确该地区土壤环境保护优先区域的范围、面积和边界,建立土壤环境保护优先区域地块名册,并报省政府备案。相关技术规范及划定指引由省环境保护厅、农业厅、国土资源

厅另行印发。在进一步完成土壤环境保护优先区域土壤环境质量调查后,开展土壤环境质量等级划分,建立相关数据库。

(2)加强土壤环境保护优先区域污染源排查和整治,各地要组织开展土壤环境保护优先区域及其周边影响土壤环境质量的重点污染源排查,以涉及重点防控污染物排放的国控、省控、市控重点污染源为对象,对污染物种类、产排量以及日常监管措施落实情况等进行排查,编制污染源整治方案。对严重影响土壤环境保护优先区域土壤环境质量的企业责令限期治理,未达到治理要求的依法责令关停,并责令其对造成的土壤污染进行治理修复;在饮用水源保护区内,已建成的排放污染物的建设项目,由县级以上人民政府责令拆除或者关闭。督促企业采取措施削减、控制废水废气中重金属和持久性有机污染物的排放,引导企业或专业工业园区集中建设污水深度处理设施,鼓励企业在稳定达标排放的基础上进行含重金属和持久性有机污染物废水的深度处理。

(3)建立土壤环境保护优先区域环境管理制度,制订全省土壤环境保护优先区域管理办法,严格土壤环境保护优先区域划定与调整,加强保护设施建设。禁止在土壤环境保护优先区域内新建有色金属采选、冶炼、皮革、石化、药品制造、电镀、印染、铅蓄电池制造等项目,严格控制在土壤环境保护优先区域周边新建严重影响土壤环境质量的项目,防止周边区域大气污染物沉降影响土壤环境质量。加强土壤环境保护优先区域农药、化肥、农膜等农用投入品使用的环境监管,严格控制污水灌溉,建立和完善重点农田灌溉水水源调查、评估、监测及预警制度。设置土壤环境保护优先区域环境质量监控点位,开展定期监测。2015年底前,建立土壤环境保护优先区域档案和环境质量管理信息系统。

## 10.4.4 分类管理,强化受污染土壤环境风险控制

(1)加强受污染耕地环境风险管控,加快实施《广东省农产品产地土壤重金属污染防治实施方案》,开展全省农产品产地土壤重金属污染状况调查,建立农产品产地土壤环境质量档案和土壤污染分级管理制度。在此基础上,按照耕地受污染程度实施分类管理,对未受污染耕地土壤,采取有效措施进行保护;对受污染程度较低、仍可作为耕地的,采取种植结构调整、农艺调控、土壤污染治理与修复等措施,确保耕地安全利用;对于受污染严重且难以修复的耕地,及时调整种植结构,对不适宜种植的土地,依法调整土地用途,划分农产品禁止生产区。各地要在2015年底前,建立农产品产地土壤污染分级管理地块名册;2016年底前,健全土壤环境质量与农产品质量例行监测制度,建立农产品产地污染监测预警机制;在广东省不同区域开展具有代表性的禁止生产区试点示范;2017年底前,完成本地区内农产品禁止生产区域的划定,并按规定补充相应的农用地。

(2)加强受污染场地环境风险管控,按照《关于保障工业企业场地再开发利用环境安全的通知》(环发〔2012〕140号)要求,各地要以拟再开发利用的已关停并转、破产、搬迁的化工、金属冶炼、农药、电镀、危险化学品企业原有场地及其他重点监管工业企业场地为对象,组织开展土壤环境调查和风险评估,并对受污染场地开展治理修复。按照"谁污染,谁治理"的原则,造成场地污染的单位是承担土壤环境调查、风险评估和治理修复责任(以下简称"相关责任")的主体。造成场地污染的单位发生变更的,由变更后继承其债权、债务的单位承担相关责任;受污染场地土地使用权依法转让的,由土地使用权受让人承担相关责任;对于无法确定责任主体的,由所在地县级人民政府依法承担相关责任。构建部门间的互联沟通机制,严格控制受污染场地土地流转,对未按规定开展土壤环境质量调查、风险评估或修复后土壤环境质量不能满足用地要求的,国土资源管理部门不得核发建设用地批准书,建设部门不得核发施工许可证。2015年底前,各地要完成受污染场地排查,建立受污染场地名册,并实现动态管理。

## 10.4.5 夯实基础,加强土壤环境监管能力建设

(1)加强土壤环境监测能力建设,在现有土壤污染状况调查的基础上,开展补充调查,进一步摸清广东省重点区域土壤环境质量状况。科学规划和建设广东省土壤环境监测站点和监控网络。各地要加强

环保、农业监测部门土壤环境常规监测能力建设,提升土壤环境监测能力,逐步建立省、市、县三级土壤环境质量监测网。建立耕地和集中式饮用水水源地土壤环境质量监测点位及土壤环境质量定期监测制度,2015年底前,对28个国家产粮(油)大县耕地和27个服务人口50万以上的集中式饮用水水源地,至少完成1次土壤环境质量监测。定期对排放重点防控污染物的工矿企业以及城镇生活污水、垃圾、危险废物等集中处理设施周边土壤开展环境质量监测,逐步扩大农村土壤环境质量监测范围和数量。环保部门会同农业、国土、地质等部门充分整合相关资料,建立和完善土壤环境监测调查信息部门共享机制,2015年底前,基本建成省级土壤环境状况数据库,实现土壤环境质量信息互通共享。

(2)强化土壤环境监管队伍建设,各地要加强土壤环境监管能力建设,将土壤环境纳入环境监察工作范围,逐步加强土壤环境监测、监察人员配置,配备相应的执法装备,并定期开展土壤环境保护和监管技术人员培训。

(3)建立土壤污染应急机制,土壤环境保护内容应纳入各地政府及有关部门突发环境事件应急预案。各地应将突发环境事件对土壤环境的影响程度、范围和应对措施作为突发环境事件信息报告的重要内容。高度重视突发环境事件应急处置过程中的土壤环境问题,积极采取措施,避免土壤污染。对于突发事件造成土壤污染的,要求责任单位及时调查和评估污染的程度和范围,防止污染扩散,并开展土壤污染治理与修复。

## 10.5 水环境保护对策研究

优化水环境功能区,齐防共治跨界水污染。以保护饮用水源为重点,优化水环境功能区划,系统分离取水排水河系,加强水源地环境风险监管,确保区域持续性供水安全。加强上下游协调,落实保护与治理责任,集中力量,综合治理,解决跨界水污染问题。

### 10.5.1 严格保护饮用水源,防范水源地环境风险

按照供排水格局调整方案,适度集中建立饮用水源保护区,依法科学保护饮用水源。制订严格的保护措施,必要时依法征收饮用水源一级保护区内的土地,用于涵养饮用水源;严禁在饮用水源保护区内进行法律法规禁止的各种开发活动和排污行为;依法清理饮用水源保护区内的排污口。加快备用水源和供水应急机制建设,完善应急预案。在东江、西江等地联合共建饮用水源保护区,建立异地取水补偿机制,在资金和技术上支持输出地区的水环境保护。2015年集中饮用水源水质达标率达到100%。开展饮用水源地环境风险排查和环境整治。对威胁饮用水源的重点污染源予以整治、搬迁、关闭,加强重点排污企业和船舶运输的监督管理,严厉打击违法排污行为。水陆统筹,积极防治面源污染。加大入库河流治理和管控力度,积极采取措施削减入河(库)污染负荷,强化侧流入河河涌的污染整治。加强水源地水质全分析,强化饮用水源水库藻类污染防治,加强对重金属、持久性有机污染物等有毒有害物质的监控,全面提高预警能力。

### 10.5.2 加强流域统筹,构建跨界水体综合防治体系

以珠江三角洲一体化为契机,强化跨界河流断面水质目标管理和考核,综合运用行政、经济、法律等多种手段,逐步建立健全信息通报、环境准入、结构调整、企业监管、截流治污、河道整治、生态修复等一体化的跨界河流污染综合防治体系。

完善跨界河流交接断面水质目标管理和考核制度。合理设置跨界河流交接断面,明确水质控制目标,分清落实责任。将跨界河流交接断面水质保护管理纳入环境保护责任考核范围,健全监测、评估、考核、公示、奖惩制度。交接断面水质未达到控制目标的,实施区域限批,停止审批在责任区域内增加超标

水污染物排放的建设项目;责任方与相邻地区协商提出解决方案,明确时限,组织实施,确保水质达标交接。

建立跨界河流水污染综合防治体系。跨界河流相邻地区加强河流水质、项目审批、规划实施等方面的信息通报,联合制定并实施严格的水污染物排放标准、产业准入和结构调整政策,实行水污染物排放的行业标杆管理和企业末位淘汰机制。联合制定跨界河流综合整治和生态修复规划,联合执法,共享污染源监控信息,严控污染物新增量,大力削减污染物存量,联合开展河道综合整治,逐步恢复河流生态系统。

### 10.5.3 突出重点,优先解决重大跨界水污染

以淡水河、观澜河(石马河)、广佛内河涌(西南涌、佛山水道)、独水河等水体污染严重的跨界河流为突破口,齐防共治,集中力量,全力推进跨界河流水污染整治。

#### 10.5.3.1 深惠统筹,治理淡水河跨界污染

综合治理,优先解决城镇生活污染。加快推进城镇污水集中处理设施建设,2015年底前流域内各镇必须建成污水处理厂并投入使用,新增污水处理能力 $100\times10^4$ t/d,并采用高效污水脱氮除磷工艺;完成龙岗河坪地、横岗与坪山河及支流等截污干管工程;清淤疏浚,引水扩容,综合治理面源。2015年前污水处理厂全面提升脱氮除磷水平,2020年前污水截排率达到95%。严格监管,促进产业结构调整。流域内深惠两市禁止新扩建电镀、线路板、鞣革、漂染、养殖建设项目,暂停审批电氧化、化工(现有定点基地除外)、发酵以及含酸洗、磷化、表面处理工艺项目,对于截污管网不完善的区域,暂停审批餐饮、桑拿、洗车等污水排放量大的"三产"项目。污染企业执行从严排放限值,实现全部重点污染源在线监控,重点企业稳定达标排放,关停清退超标排放企业。2015年前,全面清退畜禽养殖企业。

到2020年,淡水河跨界断面水质达Ⅳ类标准,其中重金属指标达到Ⅲ类标准。

#### 10.5.3.2 深莞联动,治理观澜河(石马河)跨界污染

重点提升污水集中处理水平,治理面源。2015年底前,流域内干流与重要支流完成截污,重点推进龙华、华为、观澜、平湖、鹅公岭等污水处理厂升级改造,强化脱氮除磷功能,污水截排率和集中处理达到80%。对于截排范围外的污废水进行分散处理,确保出水达到一级A标准。分阶段清除流域内干流和大小支流河道两岸1000m范围内生活垃圾堆和工业垃圾堆,清除河道污染底泥并妥善处置。对流域内非供水水库进行调度,增加枯水期清洁基流。

优化产业布局,调整产业结构,减少工业污染负荷。根据流域功能区划,生态控制红线内,禁止新增土地开发面积,敏感区域实行退工还林、退农还林,逐步恢复流域的自然下垫面。对未纳入截污范围的区域实行禁批,对重污染行业实行禁批,对耗水型和劳动密集型项目实行限批。清退流域内电镀、漂染、鞣革等重污染型和劳动密集型产业,造纸与化肥企业执行《广东省水污染物排放限值》一级标准,不达标企业搬迁或关停。重点污染源、污水处理厂安装在线监测装置,加强监控,杜绝违法排污。

到2020年,观澜河(石马河)跨界断面水质达Ⅲ类标准。

#### 10.5.3.3 广佛同城,共治内河涌污染

开展河道综合整治。加大巴江河、九曲河、白岭涌、汾江河、花地河、牛肚湾涌、秀水涌、石井河、滘口涌、芦苞涌、西南涌、雅瑶水道、水口水道、白坭河、流溪河、五眼桥涌等整治力度,同步截污,疏浚底泥,防治面源,加大河涌曝气增氧,引水扩容,开展生物原位修复,因地制宜开展生态修复,逐步改善广佛内河涌水质。

加大工业企业和畜禽养殖污染治理力度。区域内工业废水排放执行《广东省水污染物排放限值》一级标准,不达标企业一律关停、搬迁。关停畜禽禁养区内的养殖场。

加大截污管网和污水集中处理设施建设力度。在治理西南涌方面,要提升南海里水镇与官窑截污和污水处理水平,加快石井、三水乐平镇、西南街区、三水农场污水收集与处理设施建设。在佛山水道新建、扩建污水处理厂4座,脱氮除磷深度处理,处理能力达到 $84.5\times10^4 m^3/d$。

到2020年,西南涌水质达Ⅳ类标准,佛山水道水质基本达Ⅳ类标准。

### 10.5.3.4 综合治理,解决独水河污染

严格实施产业结构调整与准入政策。流域内漂染、电镀重点污染行业必须达到清洁生产要求。不能稳定达到广东省地方水污染排放一级标准的企业,一律关停或搬迁至配有集中工业污水处理设施的工业园区。禁止审批鞣革、漂染、电镀、发酵等重污染行业、排放一类污染物以及废水排放量大的项目。搬迁或关闭敏感区域内的畜禽养殖场。加快污水集中处理设施建设,完善截污管网,2015年底前新增污水处理能力 $12\times10^4 t/d$,并进行深度处理。

到2020年,独水河入北江断面总体水质达Ⅳ类标准,其中重金属指标控制在Ⅲ类标准以内(表10-5-1)。

表 10-5-1 跨界河流及内河涌综合治理工程

| 项目名称 | 建设内容 | 起止年限 |
| --- | --- | --- |
| 淡水河综合治理工程 | 城镇污水处理厂和配套管网建设;分散污水处理设施建设;河道清淤;工业企业污染治理、关停、搬迁 | 2009—2020年 |
| 石马河综合治理工程 | 城镇污水处理厂和配套管网建设;分散污水处理设施建设;河道清淤;工业企业污染治理、关停、搬迁 | 2009—2020年 |
| 独水河综合治理工程 | 城镇污水处理厂和配套管网建设;河道清淤;工业企业污染治理、关停、搬迁 | 2009—2020年 |
| 广佛跨界水污染综合治理工程 | 城镇污水处理厂和配套管网建设;河涌截污和生态修复;河道清淤;工业企业污染治理、关停、搬迁 | 2009—2020年 |
| 城市河涌整治工程 | 珠江三角洲各城市内污染严重的河涌、支流进行综合整治,改善水环境质量 | 2009—2020年 |

## 10.6 地质灾害防治对策研究

根据地质灾害易发区分布、受灾人口、人类工程活动,结合珠江三角洲经济区国民经济和社会发展计划及行政单元相对完整性,将全区划分为重点、次重点和一般三大防治区。再根据各区中主要地质灾害种类部署地质灾害的防治工作和划分为不同的防治亚区。

### 10.6.1 广州市地质灾害防治

根据地质灾害防治分区原则,全市地质灾害按重点防治区、次重点防治区及一般防治区进行总体部署。重点防治区中细分为以崩塌、滑坡为主,以岩溶塌陷为主,以采空塌陷为主,以软土地基沉降为主4个防治亚区。

重点防治区面积共 $1647 km^2$,占全市总面积的22.2%。

**1. 以滑坡、崩塌为主的地质灾害重点防治区($A_1$)**

本区分布于花都北部的梯面镇，从化市西部鳌头镇的北西边、东北部良口镇至吕田镇的国道G105沿线，增城市北部派潭镇的省道S355沿线。

本区共发现已发与潜在地质灾害点53处，面积为494.0km²，占重点防治区面积的30%。针对该区地质灾害发育特点，地质灾害防治首先建立群专结合监测网络，同时与地质灾害预警预报相结合，形成地质灾害应急反应机制，并制订汛期巡回检查制度；有选择性地对45处灾害点进行治理。

**2. 以岩溶塌陷为主的重点防治区($A_2$)**

本区位于白云区北部的江高镇、人和镇、钟落潭镇及花都区南部的花山镇、花东镇、芙蓉镇、花桥镇、雅瑶镇等地。面积为813.4km²，占重点防治区面积的49.3%。该区的主要问题是人类工程活动强烈，开发利用和抽排地下水是诱发岩溶地面塌陷的主要因素。地质灾害防治主要措施采取以预防为主，严格地下水的开发利用，加强地下水及地质环境监测，加强地质灾害危险性评估与岩溶塌陷预警、预报。

**3. 以采空塌陷为主的重点防治区($A_3$)**

本区分布于白云区中部嘉禾一带的城乡结合部，面积约5.8km²，占重点防治区面积的0.4%。该区主要问题是因矿区采空及老隆坑的存在引起地面变形或塌陷。防治工作主要是开展煤矿采空区专项地质环境调查与采空塌陷的地质环境监测。

**4. 以软土地基沉降为主的地质灾害重点防治区($A_4$)**

本区主要分布于南沙区西南部的万顷沙镇、横沥镇、黄阁镇北部、番禺区西部钟村街、荔湾区中西部海龙至石围塘街、白云区西南角金沙街至棠景街及萝岗区南部的夏港街，面积333.8km²，占重点防治区面积的20.3%。该区主要表现为软土地基不均匀沉降，防治措施首先是加强地质灾害危险性评估和工程建设过程中地质灾害防治工作，其次对本区软土开展专门的调查研究。

## 10.6.2 佛山市地质灾害防治

佛山市地质灾害防范重点地段是各类不稳定边坡地带和岩溶发育区，以及公路、铁路、大型水利等重要工程两侧的高陡边坡和露天开采矿山影响范围内的高陡边坡失稳；同时，全年都应加强防范地质灾害易发地区由于人类工程活动可能诱发的地质灾害，逐渐开展各类地下工程建设可能导致地面塌陷的监测预报、预警工作，特别要高度重视铁路、轻轨、地铁等工程建设可能引发的地面塌陷和地面沉降防治工作。

在总结分析以往地质灾害发生的时空分布规律和灾害损失程度的基础上，以受地质灾害影响的城镇、人口密集区、厂矿、工业区和重点工程项目建设区为地质灾害防治重点，将全市划分出8个地质灾害重点防治区，重点防治区总面积759.6km²，占全市面积的19.74%。

**1. 南海区里水—官窑—黄岐崩塌、滑坡和岩溶地面塌陷地质灾害重点防治区**

该区分布于佛山市东北部，面积300km²，占全市面积的7.79%。该防治区域属地质灾害高易发区，重点防治崩塌、滑坡和岩溶地面塌陷地质灾害。该区域曾因重大工程建设诱发岩溶地面塌陷、地面沉降等地质灾害，是我市岩溶地面塌陷和地面沉降地质灾害的重点防治区域。

主要防治措施：①禁止区内居民和企事业单位强采超采地下水、随意切坡等行为；②严格控制和限制地质灾害易发区内土地的建设开发利用；③对各类工程建设要加大监控力度，建设单位应严格按地质灾害危险性评估报告的结论做好相关地质灾害防治工作，主动采取工程措施，避免地质灾害的发生；④已发灾害采取避让、监测、工程和生物等治理措施，对可能诱发地质灾害的大型工程建设项目采取必要的监测手段。

**2. 三水区马鞍岗—河口—金本崩塌和岩溶地面塌陷地质灾害重点防治区**

该区分布于佛山市中西部，面积为166.20km²，占全市面积的4.32%。该防治区域属地质灾害高易发区,重点防治崩塌和岩溶地面塌陷地质灾害。

主要防治措施:①禁止区内居民和企事业单位强采超采地下水、随意切坡等行为;②已发灾害采取避让、监测、工程和生物等治理措施。

### 3. 高明区富湾岩溶地面塌陷地质灾害重点防治区

该区分布于佛山市中西部,面积45.5km²,占全市面积的1.18%。该防治区域属地质灾害高易发区,地面塌陷时有发生。该区域重点防治采空地面塌陷和岩溶地面塌陷地质灾害,2015年1月份已发生一起人为诱发的地面塌陷地质灾害。

主要防治措施是:①结合城市地质灾害调查研究,查明区域内隐伏岩溶发育情况及分布范围;②根据区域内地质灾害易发区的分布特征和隐伏岩溶分布范围,进一步严格控制和限制地质灾害易发区内土地的建设开发利用;③研究建立高明区富湾岩溶地面塌陷地质灾害调查与治理示范区;④禁止区内居民和企事业单位强采超采地下水、随意切坡等行为;⑤在富湾一带修建房屋或地下工程活动时,要进行必要的工程地质勘察;⑥已发灾害采取避让、监测、工程和生物等治理措施。

### 4. 南海区西樵山滑坡和崩塌地质灾害重点防治区

该区分布于佛山市南部,面积为37.74km²,占全市面积的0.98%。该防治区域属地质灾害高易发区,重点防治滑坡和崩塌地质灾害。

主要防治措施:①开展西樵山国家地质公园地质灾害专项调查;②严格控制和限制景区内及周边土地的建设开发利用,禁止区内居民和企事业单位随意切坡等行为;③开展西樵山不稳定边坡的勘查治理;④已发灾害采取避让、监测、工程和生物等治理措施。

### 5. 高明区明城—新圩—白石岩溶地面塌陷和崩塌地质灾害重点防治区

该区分布于佛山市西南部,面积为123.83km²,占全市面积的3.22%。该防治区域属地质灾害高易发区,重点防治岩溶地面塌陷和崩塌地质灾害。

主要防治措施:①禁止工矿企业抽排地下水;②开展区域内隐伏岩溶调查,查明岩溶分布范围和发育规律,严格控制和限制地质灾害易发区内土地的建设开发利用;③禁止区内居民和企事业单位强采超采地下水、随意切坡等行为;④已发灾害采取避让、监测、工程和生物等治理措施。

### 6. 禅城区石湾—澜石地面沉降、崩塌和滑坡地质灾害重点防治区

该区分布于佛山市中部,面积29.92km²,占全市面积的3.80%。该防治区域属地质灾害中等易发区,重点防治地面沉降、崩塌和滑坡地质灾害。

主要防治措施:①严格控制和限制山体周边土地的建设开发利用、随意切坡等行为;②已发灾害采取避让、监测、工程和生物等治理措施。

### 7. 南海区桂城虫雷岗山片区岩溶地面塌陷和地面沉降地质灾害重点防治区

该区分布于佛山市中东部,面积25km²,占全市面积的0.65%。该防治区域属地质灾害中等易发区,该区地质环境条件复杂,工程建设频繁,曾因重大工程建设诱发地质灾害。该区域工程建设时潜在发生岩溶地面塌陷、地面沉降等地质灾害的隐患大,危害性大,危险性大。

主要防治措施:①对各类工程建设要加大监控力度,建设单位应严格按地质灾害危险性评估报告的结论做好相关地质灾害防治工作,主动采取工程措施,避免地质灾害的发生;②禁止区内居民和企事业单位强采超采地下水的行为;③已发灾害采取避让、监测措施,或采取必要的治理措施。

### 8. 高明区皂幕山崩塌和滑坡地质灾害重点防治区

该区分布于佛山市西南部,面积31.41km²,占全市面积的0.82%。地质灾害危害程度属一般级。该防治区域为地质灾害中等易发区,重点防治崩塌和滑坡地质灾害。

主要防治措施:①严格控制和限制景区内及周边土地的建设开发利用,禁止区内居民和企事业单位随意切坡等行为;②已发灾害采取工程和生物等治理措施。

## 10.6.3 肇庆市地质灾害防治

在地质灾害易发程度分区的基础上，遵循以人为本的原则，根据调查区地质灾害的分布特点、危害程度（威胁人口数和威胁财产等）、人类工程建设和经济活动强度，分析预测区内地质灾害潜在的危害程度，结合肇庆市城市总体规划，对肇庆市地质灾害进行分区防治规划，将肇庆市地质灾害防治规划区划为 4 个重点防治区、7 个次重点防治亚区和 6 个一般防治亚区。

重点防治区（A）面积 4313.54 km²，占总面积的 29.1%。

**1. 以崩塌、滑坡、泥石流为主的地质灾害重点防治区($A_1$)**

该区包括封开—德庆—高要及肇庆市区西江沿岸崩塌、滑坡高、中易发区，规划区东部怀集—广宁—四会崩塌、滑坡泥石流高、中易发区和封开都平—大玉口崩塌、滑坡高易发区。面积 4028.12 km²，需防治地质灾害类型以崩塌、滑坡、泥石流为主。针对该区地质灾害发育特点，地质灾害防治首先建立群专结合监测网络，同时与地质灾害预警、预报相结合，形成地质灾害应急反应机制，并制订汛期巡回检查制度，建立地质灾害防治示范点，开展城市区及重要经济开发区城市环境地质调查工作；并对区内现有 662 处灾害点进行分期、分批综合防治，其中近期 167 处，中期 191 处，远期 304 处。

**2. 封开县长安-怀集县冷坑地面塌陷重点防治区($A_2$)**

该区分布在封开县长安镇、金装镇、南丰镇和怀集县冷坑镇、大岗镇、梁村镇马宁镇境内，区内地貌类型以河谷平原、丘陵为主，该区地质灾害防治应加强管理，以预防岩溶地面塌陷和岩溶区地下水污染为目的，合理利用地下水资源。

## 10.6.4 东莞市地质灾害防治

东莞市共划分出 5 个重点防治区。

**1. 虎门—长安滑坡、崩塌和潜在不稳定斜坡地质灾害重点防治区**

该区位于东莞西南部，主要包括虎门和长安镇平原区中的残丘，面积 38.47 km²，共发现各类地质灾害点 24 处。灾害威胁人口达 180 人，受威胁资产 266 万元。该区地质灾害防治主要以滑坡、崩塌和潜在不稳定斜坡突发性地质灾害为重点，规划安排近期治理 9 处、中期治理 8 处和远期治理 3 处，群测群防 4 处。同时，要对重要工程建设和居民集中点附近的重要地质灾害点制订汛期巡回检查制度，加强交通沿线地质灾害治理力度，特别是加强对在建的常虎高速公路、九门寨港口大桥周边及威远南北大道等工程的治理、监测和管理，对新发现的公路边坡隐患要求同步治理。

**2. 龙背岭滑坡、潜在不稳定斜坡地质灾害重点防治区**

该区位于东莞东南部塘厦镇龙背岭地区，地貌为丘陵，面积 1.78 km²，是地质灾害高易发区。区内已发现地质灾害点 2 处，分别为滑坡和潜在不稳定斜坡。目前受威胁人口 25 人，受威胁资产 20 万元。该区地质灾害防治主要以滑坡和潜在不稳定斜坡突发性地质灾害为重点，规划安排近期工程治理 2 处。同时，建立群测群防网络，并与地质灾害预警、预报相结合，形成地质灾害应急反应机制。

**3. 凤德岭滑坡地质灾害重点防治区**

该区位于东莞市东南部凤岗镇，面积 9.00 km²。该区地质灾害以滑坡为主，共发现地质灾害点 5 处，其中 4 处为滑坡，1 处为潜在不稳定斜坡。目前受威胁人口 29 人，受威胁资产 81 万元，其中凤岗镇凤德岭村受潜在威胁最大。该区地质灾害防治主要以滑坡突发性地质灾害为重点，规划近期工程治理 2 处、中期工程治理 1 处、远期工程治理 1 处、群测群防 1 处。

**4. 樟洋长山头滑坡、潜在不稳定斜坡地质灾害重点防治区**

该区位于东莞市东南部樟木头镇、清溪镇和塘厦镇，面积 9.14 km²。该区地质灾害主要为滑坡和潜在不稳定斜坡,调查发现地质灾害(隐患)点5处,分别为滑坡3处和潜在不稳定斜坡2处,目前受威胁人口17人,受威胁资产53万元。该区地质灾害防治主要以滑坡和潜在不稳定斜坡突发性地质灾害为重点,规划安排中期治理1处、远期治理2处,群测群防2处,同时,落实重要地质灾害点监测人,特别是在汛期加强监测。

**5. 软土地基沉降地质灾害重点防治区**

该区位于东莞西部水乡,属珠江三角洲海陆交互相软土分布区,面积总共为137.44 km²,可分为7个亚区。区内岩性由第四系淤泥、淤泥质土和砂层等组成,其中淤泥和淤泥质土厚度大于10 m。该区地表水系十分发育,河网纵横交错。人口密度大,人类工程活动强度大,对地质环境影响较强烈,在工程建设过程中如果对软土地基处理不当,将会造成软土地基不均匀沉陷,导致房屋墙面开裂和房屋发生倾斜等现象。该区地质灾害防治主要以软土地基沉降为重点,实行工程建设用地进行地质灾害危险性评估制度,开展软土分布区专项研究,落实软土地区的地质灾害防治对策和措施。中期规划治理软土地基沉降地质灾害点2处。

## 10.6.5 深圳市地质灾害防治

在地质灾害易发程度分区的基础上,遵循"以人为本"的原则,根据深圳市地质灾害的险情、人类工程建设和经济活动强度的分布特征,结合深圳市城市规划和深圳市矿产资源规划,分析预测区内地质灾害潜在的易损程度,对深圳市地质灾害进行防治分区,划分为重点、次重点和一般防治区,并依据地质灾害的发育类型和空间分布划分防治亚区。其共划分为14个重点防治区、9个次重点防治亚区和18个一般防治亚区。

地质灾害重点防治区分布于低山、丘陵周边等适宜开展工程建设的地段、台地地区人类工程建设活跃的地段和未来城市建设可能加剧地质灾害发生的地段。其共分为14个亚区,总面积594.64 km²,占全市总面积的30.45%。地质灾害重点防治区现有斜坡类地质灾害点和地质灾害隐患点共730处,其中崩塌189处,滑坡109处,不稳定斜坡432处。受威胁人口约19 700人,潜在经济损失约104亿元。

**1. 公明—光明—凤凰—白花洞崩塌、滑坡地质灾害重点防治区**

该区位于公明—光明—凤凰—白花洞一带,面积53.77 km²,占重点防治区9.04%。该区在做好已有斜坡类地质灾害防治的同时,应重点加强对工程活动可能引发新的斜坡类地质灾害的防范。该区现有地质灾害点和地质灾害隐患点共39处,其中5处(2处崩塌、3处不稳定斜坡)已经治理,投入治理经费约590万元。

规划治理的地质灾害点和地质灾害隐患点共33处,其中崩塌11处,滑坡3处,不稳定斜坡19处。近期治理17处,投入治理经费约4835万元,中期治理16处,投入治理经费约3905万元。可消除地质灾害对约1716人和4.6亿元财产的威胁。1处滑坡采取群测群防的防范措施。

**2. 福永虎背山—沙井五指耙水库崩塌、滑坡重点防治区**

该区位于宝安区福永东部,南起福永虎头山,北至沙井五指耙水库,面积21.20 km²,占重点防治区的3.57%。该区以防治已有斜坡类地质灾害为重点。该区现有地质灾害点和地质灾害隐患点共15处,其中2处不稳定斜坡已经治理。

规划治理的地质灾害点和地质灾害隐患点共13处,其中崩塌6处,不稳定斜坡7处。近期治理6处,投入治理经费约1950万元,中期治理7处,投入治理经费约850万元。可消除地质灾害对约296人和3.3亿元财产的威胁。

**3. 玉律—石岩—大浪—龙胜崩塌、滑坡重点防治区**

该区位于玉律—石岩—大浪—龙胜一带,沿布龙路、龙岩路、石岩—石岩水库周边地段呈带状分布,面积44.25 km²,占重点防治区的44%。该区以突发性斜坡类地质灾害为防治重点。该区现有地质灾害点和地质灾害隐患点共 67 处,其中 12 处(8 处崩塌、2 处滑坡、2 处不稳定斜坡)已经治理,另有 2 处地质灾害隐患点在工程活动中被清除。

规划治理的地质灾害点和地质灾害隐患点共 40 处,其中崩塌 16 处,滑坡 1 处,不稳定斜坡 23 处。近期治理 12 处,投入治理经费约 235 万元,中期治理 28 处,投入治理经费约 6130 万元。

**4. 西乡桃源居—铁岗—留仙洞—西丽崩塌、滑坡重点防治区**

该区位于西乡桃源居—铁岗—留仙洞—西丽一带,面积 21.40 km$^2$,占重点防治区的 3.60%。该区以突发性斜坡类地质灾害为防治重点,特别应加强对工程活动可能引发新的斜坡类地质灾害的防范。该区现有地质灾害点和地质灾害隐患点共 21 处,其中 4 处不稳定斜坡已经治理。

规划治理的地质灾害点和地质灾害隐患点共 15 处,其中崩塌 4 处,不稳定斜坡 11 处。近期治理 5 处,投入治理经费约 1710 万元,中期治理 10 处,投入治理经费约 3996 万元。可消除地质灾害对约 843 人和 4.2 亿元财产的威胁。另对 1 处崩塌及 1 处不稳定斜坡采取群测群防的防范措施。

**5. 白芒—福光—安托山—梅林关—清水河崩塌、滑坡重点防治区**

该区位于白芒—西丽水库北部—福光村—梅林关及珠光村—安托山—梅林—清水河一带,面积 63.00 km$^2$,占重点防治区的 10.59%。该区以防治已有的斜坡类地质灾害及新引发的崩塌、滑坡等突发性地质灾害为重点。该区现有地质灾害点和地质灾害隐患点共 116 处,其中 36 处(12 处崩塌、8 处滑坡、16 处不稳定斜坡)已经治理,另有 2 处崩塌因工程活动被挖除。

规划治理的地质灾害点和地质灾害隐患点共 64 处,其中崩塌 28 处,滑坡 5 处,不稳定斜坡 31 处。近期治理 31 处,投入治理经费约 10 960 万元,中期治理 33 处,投入治理经费约 7500 万元。可消除地质灾害对约 2696 人和 14.7 亿元财产的威胁。另对 14 处地质灾害点和地质灾害隐患点(9 处崩塌、1 处滑坡、4 处不稳定斜坡)采取群测群防的防范措施。

**6. 大南山崩塌、滑坡重点防治区**

该区位于南山区大南山及小南山区域,面积 16.22 km$^2$,占重点防治区面积的 2.73%。该区以突发性崩塌、滑坡地质灾害为防治重点。该区现有地质灾害点和地质灾害隐患点共 35 处,其中 7 处(1 处滑坡、6 处不稳定斜坡)已经治理,另有 8 处(2 处崩塌、1 处滑坡、5 处不稳定斜坡)因工程活动被挖除。

规划治理的地质灾害点和地质灾害隐患点共 20 处,其中崩塌 5 处,滑坡 1 处,不稳定斜坡 14 处。近期治理 6 处,投入治理经费约 4390 万元,中期治理 14 处,投入治理经费约 6895 万元。可消除地质灾害对约 955 人和 7.5 亿元财产的威胁。

**7. 观澜崩塌、滑坡重点防治区**

该区位于观澜凹背围至新田、新围仔以北地区,面积 47.53 km$^2$,占重点防治区面积的 7.99%。该区以突发性崩塌、滑坡地质灾害为防治重点。该区现有地质灾害点和地质灾害隐患点共 40 处,其中 7 处(3 处崩塌、4 处不稳定斜坡)已经治理。

规划治理的地质灾害点和地质灾害隐患点共 29 处,其中崩塌 10 处,滑坡 1 处,不稳定斜坡 18 处。近期治理 14 处,投入治理经费约 4380 万元,中期治理 15 处,投入治理经费约 3655 万元。可消除地质灾害对约 1427 人和 9.1 亿元财产的威胁。另对 4 处不稳定斜坡采取群测群防的防范措施。

**8. 平湖崩塌、滑坡重点防治区**

该区位于平湖辅城坳至雁田一带,包括平湖街道周边的大片地区,面积 27.20 km$^2$,占重点防治区面积的 4.57%。该区以突发性崩塌、滑坡地质灾害为防治重点。该区现有地质灾害点和地质灾害隐患点共 30 处,其中 4 处(1 处崩塌、1 处滑坡、2 处不稳定斜坡)已经治理。

规划治理的地质灾害点和地质灾害隐患点共 22 处,其中崩塌 3 处,滑坡 1 处,不稳定斜坡 18 处。近期治理 8 处,投入治理经费约 1280 万元,中期治理 14 处,投入治理经费约 1915 万元。可消除地质灾害对约 770 人和 2.4 亿元财产的威胁。另对 4 处地质灾害点和地质灾害隐患点(2 处崩塌、2 处不稳定斜坡)采取群测群防的防范措施。

### 9. 布吉崩塌、滑坡重点防治区

该区位于布吉周边,包括罗湖区东湖、大望、布吉水径、李朗等地,是密集的城市居住区,面积 54.34km²,占重点防治区面积的 9.14%。地质灾害的防治重点是对现有崩塌、滑坡、不稳定斜坡等突发性地质灾害的治理。该区现有地质灾害点和地质灾害隐患点共 96 处,其中 15 处(1 处崩塌、1 处滑坡、13 处不稳定斜坡)已经治理,另有 1 处崩塌因工程活动被挖除。

规划治理的地质灾害点和地质灾害隐患点共 74 处,其中崩塌 13 处,滑坡 8 处,不稳定斜坡 53 处。近期治理 22 处,投入治理经费约 6022 万元,中期治理 52 处,投入治理经费约 15 387 万元。可消除地质灾害对约 3198 人和 22.6 亿元财产的威胁。另对 6 处地质灾害点和地质灾害隐患点(2 处崩塌、2 处滑坡、2 处不稳定斜坡)采取群测群防的防范措施。

### 10. 罗芳—莲塘崩塌、滑坡重点防治区

该区位于罗湖东部的罗芳—莲塘一带,面积 6.98km²,占重点防治区面积的 1.17%。重点是对现有崩塌、滑坡、不稳定斜坡等突发性地质灾害的防治。该区现有的地质灾害隐患点为 17 处不稳定斜坡,其中 5 处已经治理。

规划治理的不稳定斜坡共 12 处。近期治理 8 处,投入治理经费约 4100 万元,中期治理 4 处,投入治理经费约 1465 万元。可消除地质灾害对约 1180 人和 4.7 亿元财产的威胁。

### 11. 横岗荷坳—龙岗中心城—坪地—坑梓崩塌、滑坡、岩溶塌陷重点防治区

该区位于龙岗区,包括龙岗、龙城、横岗、坪地、坑梓等街道的广大地区,面积 158.56km²,占重点防治区面积的 26.67%。该区有规划的大运新城和龙岗中心城,以崩塌、滑坡、岩溶塌陷等突发性地质灾害为防治重点。该区现有斜坡类地质灾害点和地质灾害隐患点共 152 处,其中 27 处(3 处崩塌、7 处滑坡、17 处不稳定斜坡)已经治理,另有 3 处(2 处崩塌、1 处不稳定斜坡)因工程活动被挖除。

规划治理的斜坡类地质灾害点和地质灾害隐患点共 101 处,其中崩塌 13 处,滑坡 43 处,不稳定斜坡 45 处。近期治理 33 处,投入治理经费约 6960 万元,中期治理 68 处,投入治理经费约 9673 万元。

对岩溶塌陷的防治,应在规划选址时尽量避让岩溶强发育带,并在工程建设时采取有效的预防措施。同时,严格实施对地下水开发利用的管理,禁止过量抽取地下水;加强对地下水及地质环境监测,为岩溶塌陷地质灾害的防治提供技术支撑。

### 12. 碧岭—坪山—石井崩塌、滑坡、岩溶塌陷重点防治区

该区位于碧岭—坪山—石井一带,面积 38.58km²,占重点防治区面积的 6.49%。重点防治崩塌、滑坡和岩溶塌陷等突发性地质灾害。该区现有斜坡类地质灾害点和地质灾害隐患点共 27 处,其中 5 处不稳定斜坡已经治理,另有 1 处不稳定斜坡因工程开挖而清除。

规划治理的斜坡类地质灾害点和地质灾害隐患点共 17 处,其中崩塌 3 处,滑坡 1 处,不稳定斜坡 13 处。近期治理 3 处,投入治理经费约 340 万元,中期治理 14 处,投入治理经费约 2020 万元。可消除地质灾害对约 1052 人和 2.7 亿元财产的威胁。另对 4 处滑坡采取对岩溶塌陷的防治,应在规划选址时尽量避让岩溶强发育带,并在工程建设时采取有效的预防措施。同时,严格实施对地下水开发利用的管理,禁止过量抽取地下水;加强对地下水及地质环境监测,为岩溶塌陷地质灾害的防治提供技术支撑。

### 13. 盐田崩塌、滑坡重点防治区

该区位于盐田区沙头角、盐田港、大梅沙、小梅沙沿海一带,面积 25.97km²,占重点防治区面积的 4.37%。该区是规划的深圳市 5 个副中心之一,以防治已有地质灾害及新引发的崩塌、滑坡等突发性斜坡类地质灾害为重点。该区现有地质灾害点和地质灾害隐患点共 47 处,其中 14 处(2 处崩塌、12 处不稳定斜坡)已经治理。

规划治理的地质灾害点和地质灾害隐患点共 31 处,其中崩塌 7 处,滑坡 3 处,不稳定斜坡 21 处。

近期治理 15 处,投入治理经费约 5705 万元,中期治理 16 处,投入治理经费约 2570 万元。可消除地质灾害对约 445 人和 1.7 亿元财产的威胁。另对 1 处滑坡和 1 处不稳定斜坡采取群测群防的防范措施。

### 14. 大鹏下沙—南澳崩塌、滑坡重点防治区

该区位于大鹏西部的下沙—南澳一带,面积 15.64km²,占重点防治区的 2.63%。以防治崩塌、滑坡等突发性地质灾害为重点。该区现有地质灾害点和地质灾害隐患点共 28 处,其中 4 处不稳定斜坡已经治理。

规划治理的地质灾害点和地质灾害隐患点共 22 处,其中崩塌 6 处,滑坡 2 处,不稳定斜坡 14 处。近期治理 3 处,投入治理经费约 550 万元,中期治理 19 处,投入治理经费约 3753 万元。可消除地质灾害对约 770 人和 2 亿元财产的威胁。另对 1 处崩塌及 1 处不稳定斜坡采取群测群防的防范措施。

## 10.6.6 惠州市地质灾害防治

根据地质灾害防治分区原则,全市地质灾害按重点防治区、次重点防治区及一般防治区进行总体部署。按位置又将重点防治区细分为 8 个防治亚区,次重点防治区细分为 7 个防治亚区,一般防治区细分为 9 个防治亚区。

地质灾害重点防治区面积 3482.4km²,占惠州市总面积的 31.2%。

### 1. 地派、龙潭、龙城泥石流、地面塌陷、滑坡、崩塌重点防治区

该区位于龙门县西北部、中部的地派、龙潭、龙城、龙华一带,以低山-丘陵地貌为主,面积 430km²,占重点防治区面积的 12.3%。有地质灾害点 102 处,主要地质灾害为滑坡、崩塌,引发地质灾害的主导因素是人类工程活动等。

### 2. 平陵—龙江—公庄滑坡、崩塌、地面塌陷重点防治区

该区位于龙门县东部和博罗县公庄一带,面积为 697.2km²,占重点防治区面积的 20.0%。地貌以低山丘陵为主,有地质灾害点 91 处,主要地质灾害为地面塌陷、滑坡、崩塌,引发地质灾害的主导因素是人类工程活动和强降水等。

### 3. 罗阳—惠城—淡水泥石流、地面塌陷、滑坡、崩塌重点防治区

该区位于博罗县罗阳、汤泉、龙华,惠城区潼湖、惠环、小金口、河南岸、水口、马安及惠阳区永湖淡水等地,面积 1304.5km²,占重点防治区面积的 37.5%,为丘陵-平原地貌,有地质灾害点 136 处,主要地质灾害为滑坡、崩塌、软土地基沉降,引发地质灾害的主导因素是人类工程活动和强降水等。

### 4. 新墟崩塌、滑坡、地面塌陷重点防治区

该区位于惠阳区西部的新墟—秋长镇一带,面积 165.1km²,占重点防治区面积的 4.7%。属低山-丘陵地貌,有地质灾害点 14 处,主要地质灾害为地面塌陷、滑坡、崩塌,引发地质灾害的主导因素是人类工程活动和强降水等。

### 5. 澳头崩塌滑坡重点防治区

该区位于大亚湾澳头镇,属丘陵和平原地貌,面积 40.3km²,占重点防治区面积的 1.2%,有地质灾害点 6 处,主要地质灾害为滑坡、崩塌、地面塌陷、软土地基沉降,引发地质灾害的主导因素是人类工程活动和强降水等。

### 6. 平山—稔山地面塌陷、滑坡、崩塌重点防治区

该区位于惠东县平山—稔山一带,面积 171.1km²,占重点防治区面积的 4.9%,为低丘陵地貌,有地质灾害点 22 处,主要地质灾害为滑坡、崩塌、地面塌陷,引发地质灾害的主导因素是人类工程活动和强降水等。

**7. 安墩—松坑—新庵地面塌陷、滑坡、崩塌重点防治区**

该区位于惠东县安墩、松坑、新庵一带，面积 411.8km²，占重点防治区面积的 11.8%，为低山丘陵区，有地质灾害点 37 处，主要地质灾害为崩塌、滑坡、地面塌陷，引发地质灾害的主导因素是人类工程活动和强降水等。

**8. 马山—宝口—高潭地面塌陷、滑坡、崩塌重点防治区**

该区位于惠东县马山、宝口、高潭一带，面积 262.5km²，占重点防治区面积的 7.5%。属低山-丘陵地貌，有地质灾害点 35 处，主要地质灾害为崩塌、滑坡、地面塌陷，引发地质灾害的主导因素是人类工程活动和强降水等。

## 10.6.7 珠海市地质灾害防治

珠海市地质灾害防治区划分为 6 个重点防治区、4 个次重点防治区和 5 个一般防治区。珠海市重点防治区面积 449.53km²，占全市陆域总面积的 26.63%；次重点防治区面积 858.05km²，占全市陆域总面积的 50.84%；一般防治区面积 380.22km²，占全市陆域总面积的 22.53%。

**1. 斗门滑坡、崩塌和潜在不稳定斜坡地质灾害重点防治区**

该区位于斗门区井岸镇和白蕉镇城区附近，分为 2 个小区，总面积 26.75km²。该区现有各类地质灾害（隐患）点 17 处，其中滑坡 9 处，潜在不稳定斜坡 8 处，已造成直接经济损失 39.95 万元，受威胁人口 139 人，受威胁资产 305.2 万元。安排治理地质灾害点 9 处，其中近期工程治理 6 处，搬迁避让 1 处；中期工程治理 1 处，搬迁避让 1 处；建立二级监测点（专业监测点）2 个，并与地质灾害预警、预报相结合，形成地质灾害应急反应机制。加强地质灾害科普宣传，通过各种方式普及地质灾害防治和减灾知识，加强政府主管部门的监管和提高居民对地质灾害的防范意识。

**2. 金湾滑坡、崩塌和潜在不稳定斜坡地质灾害重点防治区**

该区位于金湾区南水镇和三灶镇，分为 2 个小区，总面积 20.95km²。区内目前已发地质灾害（隐患）点 7 处，其中 2 处滑坡、1 处崩塌和 4 处潜在不稳定斜坡，已造成直接经济损失 15.1 万元，目前受威胁人口 114 人，受威胁资产 89.5 万元，其中南水镇下金龙村金龙花园潜在威胁最大，预测灾情为较大级。安排治理地质灾害点 4 处，均为近期工程治理。建立二级监测点（专业监测点）1 个，在汛期加强监测。在将来的建设中，严格执行地质灾害危险性评估制度，预防地质灾害的发生。

**3. 香洲滑坡、崩塌和潜在不稳定斜坡地质灾害重点防治区**

该区位于香洲区的东部及南部，分为 5 个小区，总面积 40.90km²。据本次野外调查，该区地质灾害以潜在不稳定斜坡和滑坡为主，共计 19 处，其中 5 处滑坡、1 处崩塌、12 处潜在不稳定斜坡和 1 处泥石流，已造成直接经济损失 98.8 万元，目前受威胁人口 1743 人，受威胁资产 1106.45 万元，其中有 6 处受威胁人口超过 100 人，预测灾情为较大级，分别位于珠海工程勘察院、鸡公山、吉大白莲路 176 号、官村花园、卓雅花园东路 133 号小区和竹苑新村等地。安排治理地质灾害点 12 处，其中近期工程治理 3 处、中期工程治理 5 处、远期工程治理 2 处、搬迁避让 2 处。建立二级监测点（专业监测点）2 个，并与地质灾害预警、预报相结合，形成地质灾害应急反应机制。加强地质灾害科普宣传，通过各种方式普及地质灾害防治和减灾知识，加强政府主管部门的监管和提高居民对地质灾害的防范意识。

**4. 万山海洋开发试验区滑坡、堤岸坍塌和潜在不稳定斜坡地质灾害重点防治区**

该区位于香洲区的东部岛屿，分为 6 个小区，总面积 7.95km²。据本次野外调查，共发现地质灾害（隐患）点 25 处，其中滑坡 11 处，潜在不稳定斜坡 11 处和堤岸坍塌 3 处，目前已造成 27 人死亡，直接经济损失 95.7 万元，受威胁人口 122 人，受威胁资产 181.5 万元。安排治理地质灾害点 21 处，其中近期工程治理 7 处，搬迁避让 1 处，监测预警 2 处；中期工程治理 5 处，搬迁避让 1 处，远期工程治理 4 处，监测预警1处。建立二级监测网点(专业监测点)1处,并与地质灾害预警预报相结合,形成地质灾害应急反应机制。加强地质灾害科普宣传,通过各种方式普及地质灾害防治和减灾知识,加强政府主管部门的监管和提高居民对地质灾害的防范意识。

**5. 软土地基沉降地质灾害重点防治区**

该区位于第四系广泛分布的珠海西部和南部地区,分为7个小区,总面积为344.83km²,据本次野外调查,发现软土地基沉降地质灾害点14处,已造成直接经济损失618.1万元,目前受威胁人口1040人,受威胁资产935万元。安排治理地质灾害点14处,其中近期工程治理软土地基沉降地质灾害点9处,监测预警2处;中期搬迁避让软土地基沉降地质灾害点1处,监测预警1处;远期监测预警软土地基沉降地质灾害点1处。开展软土分布区专项研究,查明珠海软土空间分布现状、特征、工程物理特性、软土性状及与工程建设之间的关系,提出软土地区的地质灾害防治对策和措施。

**6. 砂土液化重点防治区**

该区位于香洲区北部唐家湾镇和金湾区三灶镇东海岸等区域,分为3个小区,总面积为8.15km²。区内第四系浅层分布有可液化砂土,为砂土液化重点防治区。新开工程建设项目时,必须对工程建设用地进行地质灾害危险性评估。开展可液化砂土分布区专项研究,查明可液化砂土空间分布现状、特征及与工程建设之间的关系,提出可液化砂土的地质灾害防治对策和措施。

香洲区(包含万山海洋开发试验区)内重点防治区面积为120.3km²,占香洲区陆域面积的25.14%;金湾区内重点防治区面积为243.96km²,占金湾区陆域面积的59.88%;斗门区内重点防治区面积为85.27km²,占斗门区陆域面积的10.63%。

### 10.6.8 中山市地质灾害防治

中山市划分出地质灾害重点防治亚区4个、次重点防治亚区1个区和一般防治亚区2个,共计7个亚区。中山市重点防治区面积157.77km²,占全市陆域总面积的8.76%;次重点防治区面积1248.06km²,占全市陆域总面积的69.33%;一般防治区面积394.33km²,占全市陆域总面积的21.91%。

**1. 中部五桂山丘陵台地崩塌、滑坡、泥石流地质灾害重点防治区**

该亚区位于中山市中部的大尖峰—五桂山—加林山系列山系之海拔50m以下坡麓至山前50m地带,总面积118.53km²,包含镇区有石岐区、火炬区、东区、南区、五桂山镇、沙溪镇、大涌镇、板芙镇、神湾镇、三乡镇和南朗镇。该亚区现有地质灾害(隐患)点46处,受威胁人口255人,受威胁资产795万元;其中有11处预测灾情为较大级,分布镇区有南朗镇、火炬区、东区、沙溪镇、板芙镇、神湾镇和三乡镇。

该亚区地质灾害防治重点灾种是崩塌、滑坡和泥石流,防治重点地区是大尖峰东麓、城桂公路沿线、105国道沿线、逸仙路沿线以及今后规划建设的广珠快速公路西线和广珠城际轻轨铁路。

**2. 北部零星低丘台地崩塌、滑坡地质灾害重点防治区**

该亚区为零星分布在北部孤立的残丘,分4个小区,总面积约2.96km²,包含镇区主要有黄圃镇、三角镇、小榄镇和阜沙镇。区内目前已发地质灾害(隐患)点16处,受威胁人口106人,受威胁资产611万元;其中有4处预测灾情为较大级,分别位于黄圃镇鳌山村环山东路8号对面的崩塌(ZS1-014)和阜沙镇阜沙村阜港东路30号后山坡崩塌(ZS1-020)、阜港东路添友五金厂后山崩塌(ZS1-021)、阜城加油站后面滑坡(ZS1-022)。

该亚区防治重点为黄圃镇的大岗岭—尖峰山、三角镇的三角山和阜沙镇的阜圩岗坡麓地段。

**3. 南部白水林山低丘台地崩塌、滑坡、泥石流地质灾害重点防治区**

该亚区位于白水林山周边坡麓之海拔50m以下至山前50m地带,分5个小区,总面积约31.41km²,包含镇区主要有神湾镇、三乡镇和坦洲镇。区内目前已发地质灾害(隐患)点17处,受威胁人口79人,受威胁资产248万元;其中有3处预测灾情为较大级,分别位于神湾镇石场新村村口牌坊东北侧山坡潜在崩塌(ZS3-016)、海港村新西街 45 号山坡潜在滑坡(ZS3-024)和三乡镇塘漖村三荣音带厂对面山坡潜在滑坡(ZS3-025)。

该亚区防治重点地区是麻乾公路、西部沿海高速公路沿线、上虾仔、芒涌山以及广珠快速公路西线。

**4. 温泉地面沉降地质灾害重点防治区**

该亚区位于张家边温泉和三乡温泉泉眼周边 1～2km² 范围内,总面积约 4.89km²,受威胁人口 28人,受威胁资产 600 万元。

## 10.6.9 江门市地质灾害防治

江门市地质灾害多发生在每年主汛期(4～9 月),尤其是强降水期极易诱发崩塌、滑坡和泥石流,枯水期过量地下取水或向负面采矿容易发生地面塌陷、地裂缝和地面沉降等。根据江门市的地形地貌、地质环境、岩土类型以及历年地质灾害情况,将全市划分出 13 个地质灾害防治重点区、8 个地质灾害次重点防治区,其中重点区占全市面积的 28.2%,次重点区占全市面积的 37.5%,具体划分如下。

### 10.6.9.1 地质灾害高易发区

该区主要分布在西江大堤沿岸、蓬江区、台山市上、下川岛、广海湾畔、鹤城、水井、云乡至双合沿省道 S281、恩平北西部的中、低山丘陵区和恩平市的平石街道办、横陂镇、沙湖镇、开平市金鸡镇等地河谷平原隐伏岩溶区,面积 2592.3km²,占总面积的 28.2%。地质灾害高易发区内地质灾害发育,从实地调查分析,主要地质灾害有崩塌、滑坡、泥石流、地面塌陷和地面沉降等。其危害大,危险性大,灾发造成的经济损失大,治理难度大,所需经费高,社会影响大;崩塌、滑坡和泥石流对当地人民生命财产安全、重要工程和交通设施等构成巨大威胁。据资料统计,该地质灾害高易发区已发生的地质灾害共导致 38 人死亡,4 人受伤,直接经济损失 5495.1 万元,应引起当地政府和有关部门的高度重视。

**1. 西江大堤沿岸、蓬江区滑坡、崩塌高易发区**

该区位于江门市东部西江大堤沿岸,包括鹤山市古劳镇的东部、蓬江区大部分地区、江海区,面积 298.1km²。造成该区地质灾害的主要原因是:特大暴雨引发江水暴涨,威胁堤岸,其次为人工削坡。

**2. 新会崖门、沙堆、睦州滑坡、崩塌高易发区**

该区位于新会的崖门、沙堆、睦州等地的低山区,包括崖门、沙堆、睦州等镇,面积 223.1km²。造成该区地质灾害的主要原因是:挖山取土、修建公路形成的高陡人工边坡,边坡未及时绿化或支护。

**3. 台山市广海湾畔滑坡、崩塌高易发区**

该区位于台山市广海湾畔、广海镇至国华台山电厂的 S281 公路沿线,面积 75.2km²。造成该区地质灾害的主要原因是平整场地、修建公路形成的高陡人工边坡,边坡未及时支护。

**4. 台山市川岛镇上川岛滑坡、崩塌高易发区**

该区位于台山市川岛镇上川岛,面积 157km²。造成该区地质灾害的主要原因是:低山地貌,斜坡较陡;岩土松散;修建公路后,开挖形成的高陡边坡未支护;特大暴雨。

**5. 台山市川岛镇下川岛滑坡、崩塌高易发区**

该区位于台山市川岛镇下川岛,面积 103km²。低山区,坡度较陡,海拔标高 5.0～529m。造成该区地质灾害的主要原因是:低山地貌,斜坡较陡;岩土松散;修建公路后,开挖形成的高陡边坡未支护;特大暴雨。

**6. 开平市东部,鹤城至双合沿省道 S281 地区滑坡、崩塌高易发区**

该区位于开平市东部低山区,包括长沙、月山、鹤山市鹤城、云乡、宅梧、双合镇沿省道 S281 等地,面积 450km²。造成该区地质灾害的主要原因是:丘陵地貌,坡度较大;岩土松散;修建公路、平整场地、采石场关闭后,形成的陡边坡未支护;大暴雨。

**7. 开平市的蚬冈、百合和台山白沙一带滑坡、崩塌高易发区**

该区位于开平市南部,包括蚬冈、百合、白沙等镇,面积 123.9km²。造成该区地质灾害的主要原因是:修建公路后,形成的陡边坡未支护;大暴雨。

**8. 台山市北陡镇省道 S275 东侧滑坡、崩塌高易发区**

该区位于台山市北陡镇省道 S275 东侧,面积 136.2km²。低山区、坡度较陡,海拔标高 10.0～250m;工程地质岩组主要为残积粉质黏土单层土体(Ⅰ)、块状坚硬侵入岩岩组(Ⅷ);基岩风化强烈,风化残积层厚 3～10m,自然坡角 30°～45°,局部地段水土流失严重。造成该区地质灾害的主要原因是:低山区、坡度较陡;岩土松散;修建公路、平整住房场地后,形成的陡边坡未支护;大暴雨。

**9. 恩平市北西部滑坡、崩塌、泥石流高易发区**

该区位于恩平市北西部,包括大田镇、良西镇、锦江水库、河排林场,面积 328.7km²。造成该区地质灾害的主要原因是特大暴雨。

**10. 恩平市原平石街道办隐伏岩溶地面塌陷高易发区**

该区位于恩平市恩城北部的原平石街道办,面积 120.7km²,地貌上表现为垄状低丘相间的平原,地面标高 10～25m。该区城镇集中,经济发达,人口、大中型企业及工程设施密度大,工程活动强烈,还有 G325 国道、开阳高速等重要的交通设施。因此,该区潜在地质灾害危害严重,影响大。潜在地质灾害危险地段主要有石联、石青、锦岗、平塘等村。

**11. 恩平市横陂镇及开平市金鸡镇岩溶地面塌陷高易发区**

该区位于恩平市横陂镇及开平市金鸡镇石迳,面积 71.3km²。该区城镇集中,经济较发达,人口、大中型企业及工程设施密度较大,工程活动强烈。因此,该区潜在地质灾害危害严重,影响大。潜在地质灾害危险地段主要有恩平市横陂镇的横平、横岚、西联、横东、横西、虾山、白银等村。

**12. 恩平市沙湖镇岩溶地面塌陷高易发区**

该区位于恩平市沙湖镇和宝鸭仔水库副坝等地,面积 112.3km²。该区潜在地质灾害危害严重,影响大。潜在地质灾害危险地段主要有横陂村、乌石村、和平村、上凯村牛坑口、水楼村塘芳、宝鸭仔水库等。

**13. 新会区沿海、江海区礼乐软基沉降高易发区**

该区位于新会区崖门水道沿海一带,面积 293.3km²。该区在新会区政府、双水镇镇政府、崖西镇崖西村,江海区礼乐等地均出现较大范围的软基不均匀沉降。该区潜在地质灾害危害严重,影响大。潜在地质灾害危险地段主要有新会区政府所在地、双水镇镇政府、江海区礼乐等地段。

#### 10.6.9.2 地质灾害中等易发区

地质灾害中等易发区主要分布在低山丘陵区与丘陵、平原过渡区,呈近东西向展布,面积 3470.5km²,占全区总面积的 37.5%。地面标高 20～786m。工程地质岩组以块状坚硬花岗岩和层状较软浅变质岩组为主,上覆坡残积土厚 5～25m。据所发灾种不同分为滑坡、崩塌中等易发区和岩溶地面塌陷中等易发区。

**1. 蓬江区杜阮镇一带滑坡、崩塌中等易发区**

该区位于蓬江区杜阮镇的低丘陵区,面积 139.3km²,占中等易发区总面积的 4.0%。该区地面标高 50～288m,交通便利,经济较发达,人口密度较大,降水量较大,人类工程活动较强烈,采石场较多,水土流失局部较严重。该区已有的地质灾害为极小型的崩塌,尚未造成严重的危害。根据区内地质环境条件、人类工程活动特征、已往地质灾害发育情况分析,该区属小型崩塌、滑坡中等易发区。

### 2. 台山市与新会交界处的古兜山山区滑坡、崩塌中等易发区

该区位于台山市与新会区交界处的古兜山山区,面积 567.8km², 占中等易发区总面积的 16.4%。该区地面标高 50~982m, 人类工程活动主要有国营林场的垦山育林和在建的漂流等旅游项目,采石场较少。该区已有的地质灾害以水土流失为主,局部发现极小型的路堤滑坡现象,尚未造成严重的危害。根据区内地质环境条件、人类工程活动特征、已往地质灾害发育情况分析,该区属小型崩塌、滑坡中等易发区。

### 3. 台山市赤溪山区滑坡、崩塌中等易发区

该区位于台山市赤溪山区,绕大山口、背仔石、鸡笼山等山脉分布,面积 208.2km², 占中等易发区总面积的 6%。该区地面标高 100~786m。交通条件一般,山脉周边经济比较发达,村落密集,人口较大,降水量较大,人类工程活动较强烈,修路人工边坡较发育。该区已有的地质灾害以水土流失为主,局部发现极小型的崩塌现象,尚未造成严重的危害。根据区内地质环境条件、人类工程活动特征、已往地质灾害发育情况分析,该区属小型崩塌、滑坡中等易发区。

### 4. 鹤山市西北部山区滑坡、崩塌中等易发区

该区位于鹤山市西北部山区,绕茶山—皂幕山—云宿山分布,面积 366.7km², 占中等易发区总面积的 10.6%。该区地面标高 40~807m, 交通条件一般,林场较多,降水量较大,人类工程活动一般,水土流失整体轻微,因烧山植树,局部地质灾害较严重。该区已有的地质灾害以水土流失为主。根据区内地质环境条件、人类工程活动特征、已往地质灾害发育情况分析,该区属崩塌、滑坡中等易发区。

### 5. 台山市大江的渡头至开平市区低丘陵区滑坡、崩塌中等易发区

该区位于台山市大江的渡头至开平市区一带低丘陵区,面积 229.6km², 占中等易发区总面积的 6.6%。该区地面标高 40~100m, 交通条件较好,人类工程活动较强,局部地段因削山建房,形成高陡边坡。该区属崩塌、滑坡中等易发区。

### 6. 台山市中部、中南部和开平市东南部滑坡、崩塌中等易发区

该区位于台山市中部、中南部和开平市东南部低山丘陵区,绕灰窑窑顶、磨心尖、牛围山、高掌岭等山脉分布,面积 1232.4km², 占中等易发区总面积的 35.5%。该区地面标高 50~689m, 交通条件较好,有大隆洞水库、大隆洞华侨电站、狮山水库、深井水库、万桂南水库等一批重点水利设施,人类工程活动较强烈,水土流失轻微。该区已有的地质灾害以水土流失为主,局部发现极小型的崩塌、滑坡现象,尚未造成严重的危害。根据区内地质环境条件、人类工程活动特征、已往地质灾害发育情况分析,该区属小型崩塌、滑坡中等易发区。

### 7. 恩平市西南部那吉镇、锦江水库库区滑坡、崩塌中等易发区

该区位于恩平市西南部那吉镇、锦江水库库区、大田镇新东村,绕恩平西部的君子山、白鹤头、尖仔、烂头岭、狗头岭、大人山等山脉分布,面积 571.8km², 占中等易发区总面积的 16.5%。该区地面标高 200~1250m。交通条件一般,那吉镇温泉旅游业比较发达,村落密集,人口较多,降水量较大,人类工程活动较强烈,水土流失整体轻微,局部严重。该亚区已有的地质灾害以水土流失为主,局部发现极小型的滑坡现象,尚未造成严重的危害。根据区内地质环境条件、人类工程活动特征、已往地质灾害发育情况分析,该区属小型崩塌、滑坡中等易发区。

### 8. 台山市北陡镇 S275 道路西侧滑坡、崩塌中等易发区

该区位于北陡镇 S275 道路西侧山区,绕南蛇山、葵田山、白鹤屎顶等山脉分布,面积 103.2km², 占中等易发区总面积的 3%。该区地面标高 40~350m, 交通条件一般,山脉周边经济比较发达,村落密集,人口较多,降水量较大,人类工程活动主要为开采装饰用的花岗岩石料,工程活动较强烈。该区已有的地质灾害以水土流失为主。根据区内地质环境条件、人类工程活动特征分析,该区属小型崩塌、滑坡

中等易发区。

## 10.7 资源环境优化配置建议总结

2009—2015年,中国地质调查局武汉地质调查中心组织协调广东省地质局、中国地质大学(武汉)等单位,紧密围绕《珠江三角洲发展规划纲要》(以下简称《规划》)提出的规划发展目标,充分收集和综合分析珠江三角洲经济区国土资源和环境地质调查资料,主要基于面上1∶25万调查成果和部分地区1∶5万调查成果基础数据,针对淡水、土地、矿产等重要自然资源,以及水、土、岩等地质环境,进行了区域资源环境承载力综合评价,以期为国土资源优化配置和区域社会经济发展提供科学依据。

### 10.7.1 区域土地资源状况及优化配置建议

**1. 建设用地大规模扩张,占用大量农业用地,耕地面积锐减,建议统筹土地资源、优化配置,同时围海造地、开拓地下空间,提高土地资源承载力**

除惠州、江门、肇庆三市土地资源还有较大承载空间外,珠江三角洲其余各行政区土地资源所能承载的经济总量、人口数量均存在不同程度的超载。

2014年珠江三角洲耕地面积5440$km^2$,占土地总面积的12.76%,随着建设占用等耕地面积大幅度减少;与2008年相比,耕地面积减少了13.65%,难以达到《规划》所确定的耕地保有量和基本农田面积指标。建议统筹土地资源、优化配置:①实行最严格的耕地保护制度和节约用地制度;②通过优化区域土地利用结构,落实生活、生产和生态空间协调发展战略;③实施差别化的土地利用配置模式;④加大土地利用相关工作的落实力度。此外,通过围海造地、地下空间开拓,提高土地资源承载力。

**2. 沿珠江口周边重金属污染面积达5500$km^2$,建议严格环境准入,防治新增土壤污染;保护优先,确保耕地和集中饮用水源地土壤环境安全;分类管理,强化受污染土壤风险控制;夯实基础,加强土壤环境监管能力建设**

珠江三角洲地区土壤环境承载力总体较高,但对于不同区域、不同重金属有所差异,各行政区域主城区土壤环境承载力明显低于周边地区。沿珠江口周边约10 000$km^2$范围内,Hg、Cd、Pb、As、Cr、Cu、Ni共7种元素污染面积达5500$km^2$,高Cd异常区逾6000$km^2$,Cd含量超标严重。主城区城市化水平高,人口稠密,生活垃圾、污水排放量大,工业"三废"排放强度高,成分复杂,对土壤环境承载力造成很大压力,致使城市土壤污染趋势明显,土壤修复难度大。

### 10.7.2 区域水资源状况及优化配置建议

**1. 区域年水资源总量669.80×$10^8 m^3$,人均年用水量418$m^3$,属资源型缺水区域,广州、佛山、深圳、江门、东莞五市水资源量严重不足**

珠江三角洲区域年地表水资源总量为628.63×$10^8 m^3$,地下水资源量为147.77×$10^8 m^3$,扣除地表水、地下水重复计算量37.07×$10^8 m^3$,年水资源总量为669.80×$10^8 m^3$。珠江三角洲区域人均年用水量418$m^3$,低于国际公认的人均水资源1000$m^3$的紧缺标准,属资源型缺水区域。总体而言,珠江三角洲区域降水充沛,河网密布,水资源量丰富,但是降水、径流时空分布极不均匀,各地区可利用水资源量差别显著,由于各地区经济发展程度差异,水资源承载力差别较大(表10-7-1)。城市化发展导致用水量剧增,水体污染日趋严重,水质恶化,越来越多的城镇出现供水紧张,清洁淡水资源不足使得水资源问题十分突出,广州、佛山、深圳、江门、东莞五市缺水严重。珠江三角洲地区水资源经过优化配置后,基本可满足各地区经济发展需要。

表 10-7-1　珠江三角洲经济区水资源承载力等级表

| 行政分区 | | 本地可利用水资源总量 ($10^8 m^3$) | 可利用水资源总量 ($10^8 m^3$) | 用水量 ($10^8 m^3$) | 本地水资源承载力指数 | 本地水资源承载力等级 | 可利用水资源承载力指数 | 可利用水资源承载力等级 |
|---|---|---|---|---|---|---|---|---|
| 市 | 区 | | | | | | | |
| 广州市 | 中心区 | 7.08 | 18.95 | 21.43 | 3.03 | 严重超载 | 1.13 | 严重超载 |
| | 番禺区 | 2.78 | 36.71 | 4.86 | 1.75 | 严重超载 | 0.13 | 承载适宜 |
| | 花都区 | 6.89 | 12.33 | 5.19 | 0.75 | 轻度超载 | 0.42 | 承载紧张 |
| | 南沙区 | 3.13 | 347.38 | 12.32 | 3.94 | 严重超载 | 0.04 | 承载盈余 |
| | 萝岗区 | 2.77 | 17.02 | 10.85 | 3.92 | 严重超载 | 0.64 | 承载紧张 |
| | 增城市 | 13.36 | 58.24 | 11.18 | 0.84 | 轻度超载 | 0.19 | 承载适宜 |
| | 从化市 | 16.47 | 26.91 | 2.61 | 0.16 | 承载适宜 | 0.10 | 承载盈余 |
| 佛山市 | 禅城区 | 0.90 | 151.77 | 2.82 | 3.14 | 严重超载 | 0.02 | 承载盈余 |
| | 南海区 | 6.21 | 533.46 | 11.47 | 1.85 | 严重超载 | 0.02 | 承载盈余 |
| | 顺德区 | 4.80 | 664.25 | 10.02 | 2.09 | 严重超载 | 0.02 | 承载盈余 |
| | 高明区 | 5.34 | 512.92 | 3.66 | 0.69 | 承载紧张 | 0.01 | 承载盈余 |
| | 三水区 | 4.92 | 607.97 | 4.10 | 0.83 | 轻度超载 | 0.01 | 承载盈余 |
| 惠州市 | 惠城区 | 8.52 | 67.02 | 3.87 | 0.45 | 承载紧张 | 0.06 | 承载盈余 |
| | 惠阳区 | 9.47 | 18.14 | 1.89 | 0.20 | 承载适宜 | 0.10 | 承载盈余 |
| | 惠东县 | 28.83 | 37.84 | 4.44 | 0.15 | 承载适宜 | 0.12 | 承载适宜 |
| | 博罗县 | 22.98 | 93.98 | 6.42 | 0.28 | 承载适宜 | 0.07 | 承载盈余 |
| 珠海市 | 香洲区 | 3.65 | 211.85 | 2.05 | 0.56 | 承载紧张 | 0.01 | 承载盈余 |
| | 斗门区 | 6.10 | 198.35 | 2.05 | 0.34 | 承载适宜 | 0.01 | 承载盈余 |
| | 金湾区 | 5.02 | 258.09 | 1.48 | 0.29 | 承载适宜 | 0.01 | 承载盈余 |
| 中山市 | 中山市 | 14.27 | 680.01 | 1.23 | 0.09 | 承载盈余 | 0.002 | 承载盈余 |
| 深圳市 | 福田区 | 0.65 | 0.65 | 18.46 | 28.19 | 严重超载 | 28.19 | 严重超载 |
| | 罗湖区 | 0.67 | 0.67 | 2.42 | 3.60 | 严重超载 | 3.60 | 严重超载 |
| | 盐田区 | 1.98 | 1.98 | 1.44 | 0.73 | 轻度超载 | 0.73 | 轻度超载 |
| | 南山区 | 0.57 | 0.57 | 0.37 | 0.65 | 承载紧张 | 0.65 | 承载紧张 |
| | 宝安区 | 2.72 | 2.72 | 1.90 | 0.70 | 轻度超载 | 0.70 | 轻度超载 |
| | 龙岗区 | 3.69 | 3.69 | 8.14 | 2.21 | 严重超载 | 2.21 | 严重超载 |
| 江门市 | 蓬江区 | 2.72 | 2.72 | 4.79 | 1.76 | 严重超载 | 1.76 | 严重超载 |
| | 江海区 | 0.86 | 0.86 | 2.45 | 2.84 | 严重超载 | 2.84 | 严重超载 |
| | 新会区 | 13.52 | 261.77 | 0.98 | 0.07 | 严重超载 | 0.004 | 承载盈余 |
| | 开平市 | 16.47 | 16.47 | 6.77 | 0.41 | 承载紧张 | 0.41 | 承载紧张 |
| | 鹤山市 | 7.42 | 9.96 | 5.16 | 0.70 | 轻度超载 | 0.52 | 承载紧张 |
| | 台山市 | 36.04 | 36.04 | 3.11 | 0.09 | 严重超载 | 0.09 | 承载盈余 |
| | 恩平市 | 20.74 | 20.74 | 7.15 | 0.34 | 承载适宜 | 0.34 | 承载适宜 |
| 肇庆市 | 肇庆市 | 88.53 | 741.78 | 3.48 | 0.04 | 严重超载 | 0.005 | 承载盈余 |
| 东莞市 | 东莞市 | 16.47 | 16.47 | 19.46 | 1.18 | 严重超载 | 1.18 | 严重超载 |

表中部分数据来源于 2013 年各市水资源公报。

**2. 实现水资源保护开发利用一体化既是水资源自身发展需要,也是珠江三角洲社会发展一体化的重要体现和保障**

水资源是保障珠江三角洲经济社会发展的基础保障资源,水资源保护开发利用一体化是实现水资源优化配置的关键。在水资源开发层面,要建立以流域为单元的水资源调节机制,统筹规划水资源工程建设、水源地布局、供排水通道设计和管网一体化建设;建立全方位、一体化的防洪排涝减灾体系,逐步将防洪潮减灾的重点由工程建设转向工程维护、管理和高效运行,大力推进建设"海绵城市",构建"低影响开发雨水系统",建立新型防洪排涝体系。在水资源保护层面,严格保护饮用水源,防范水源地环境风险;加强流域统筹,构建跨界水体综合防治体系;突出重点,优先解决重大跨界水源地。

## 10.7.3 其他资源状况及优化配置建议

**1. 煤、石油、天然气等能源矿产较缺乏,本地区能源供给能力差,建议提高能源利用效率,加快石化基地和油气输送管道等基础设施建设**

2014年,广东省天然原油产量 $1245.39\times10^4$ t,原油加工量 $4742.99\times10^4$ t,成品油消耗量约为 $2379\times10^4$ t,不足部分由进口原油及成品油 $2069.99\times10^4$ t 及成品油输送管道外省调入解决。进口煤及褐煤 $4498\times10^4$ t,缺口约为 $1\times10^8$ t,不足部分由外省调入。2015年广东省再建四大 LNG 接收站,天然气供气能力再提高 $1000\times10^4$ t/a。未来经济发展使得能源消耗量进一步增加,供需矛盾将进一步突出。

**2. 地热资源极具开发潜力,建议加强地热资源高效利用,能大大缓解珠江三角洲能源短缺、环境污染等问题**

广东省地热资源分布密度、温泉点数量居全国第三位。目前,全省已发现温度不小于30℃的天然温泉点约319处,占全国的10%,隐伏地热区5处,天然排泄总量每天近 $20\times10^4$ m³,但目前只有1/3地热资源得到不同程度的开发利用,且大部分仅用于温泉洗浴,热能浪费严重。据统计,若用地热发电代替燃煤发电,到2050年将每年减少 $CO_2$ 排放 $10\times10^8$ t,若代替天然气发电则可每年减少 $CO_2$ 排放 $5\times10^8$ t。

## 10.7.4 区域重大地质问题及防治建议

**1. 岩溶塌陷易发区面积达 2261.30km²,建议加强灾害预警工作和预防措施**

区内碳酸盐分布面积广,主要分布在广花盆地和佛山、肇庆等地,以覆盖型岩溶为主,面积约 2640.34km²。

珠江三角洲地区岩溶塌陷灾害点总数为385处,灾害规模以小型塌陷为主,发生中—大型岩溶塌陷共8处。其中,人为塌陷占塌陷总数的90%以上。岩溶塌陷易发区面积达 2261.30km²。高易发区面积 1231.96km²,主要分布在广州市都会区、花都区,佛山市南海区、三水区,肇庆市都会区;中易发区面积 340.13km²,主要分布在广州市都会区,佛山市南海区、三水区,肇庆市四会区;低易发区面积 689.21km²,主要分布在肇庆市怀集县,广州市都会区、花都区,佛山市三水区、南海区。

**2. 软土地面沉降受灾面积达 5969km²,建议重大工程建设布局应做好软土地面沉降的防治工作**

珠江三角洲地区软土分布广泛,面积近 8000km²,软土地面沉降受灾面积 5969km²,主要分布于广州市以南、珠江口各大出海口门的广大平原区、河口沉积区。

截至2014年,珠江三角洲累计沉降量大于10cm的灾害点共76处。存在软土地面沉降风险的面积达 12 095km²,主要分布于北江、西江、东江、潭江下游的广(州)佛(山)肇(庆)、江(门)鹤(山)高(明)、东莞、开平、新会等沿岸和珠江三角洲八大口门地区。

### 3. 区内发生地质灾害 297 次，建议加强灾害预警，并做好地质灾害防治工作

2001—2015 年，珠江三角洲地区共发生地质灾害 297 次，包括崩塌、滑坡、泥石流、地面沉降、地面塌陷等。其中地面沉降 76 次，主要分布于南沙—中山—新会—珠海一带；地面塌陷 129 次，主要分布于广花盆地、肇庆市区、高明富湾、深圳龙岗一带；崩塌、滑坡、泥石流 92 次，主要分布于西部边缘、西北部边缘、近岸岛屿及五桂山、珠海断隆等地带。地质灾害危险性评价结果表明：地质灾害高危险区主要位于岩溶发育强烈地区、厚层软土分布区、活动断裂分布区等；中等危险区主要分布于丘陵山区及软土分布区；低危险区主要分布于台地、残丘等地区。

珠江三角洲范围内地质灾害高危险区主要分布于广州（白云区、花都区、从化市一带）、深圳（龙岗区、盐田区一带）、佛山（南海区一带）、东莞（虎门镇一带）、江门（新会、恩平、开平、鹤山等地）、惠州（惠城区、惠阳区、惠东县、博罗县）、肇庆（鼎湖区、高要市、四会市）；地质灾害中危险区主要分布于广州（中部、增城区、从化区一带）、深圳（龙华、平湖、盐田区一带）、佛山（主城区、顺德城区及北部山区一带）、东莞（主城区，以及大岭山—常平—谢岗一带）、珠海（城区、斗门区等）、中山（城区、横门一带）、江门（新会、恩平、开平、鹤山、台山等均有分布）、惠州（城区、博罗县北部、惠东东部及南部等）、肇庆（端州区、鼎湖区、高要市、四会市）；地质灾害低危险区主要为珠江三角洲平原区及山区丘陵地区。

## 10.7.5　地质环境保护建议

### 1. 逐步建立水环境管理体制，控制污染物排放总量，加强污染源整治

建立有利于运用法律、行政、经济手段强化流域环境的管理体制，充分运用市场机制和经济手段有效配置水资源；逐步建立以流域为单元并与区域相结合的水环境管理制度；规范市、县、镇级重点饮用水源保护区，严禁在饮用水源地保护区内进行开发和排污，确保饮用水源安全合格。

全区实施污染物排放总量控制和排污许可证制度。已超出总量控制指标的地区，必须制订污染物削减计划，限期削减；新建项目和技改项目污染物排放量要达到国家和地方排放标准，所增加污染物排放总量不得超过污染物总量控制指标；已超过的地区，必须在本企业和本地区内削减。

加强污染源整治：①工业污染防治要依靠科技进步，与产业和产品结构调整相结合，认真贯彻实施"清洁生产促进法"，有效利用水资源，实行污染物总量控制，提高工业污染治理水平；②加快城市生活污水处理厂和配套污水管网建设，推动县、镇生活污水处理工程的建设。各地根据水污染控制实际，逐步提升污水处理厂去除污染物能力，因地制宜采用实用、先进处理工艺；③规范畜禽养殖业的环境管理，逐步削减畜禽养殖业的污染负荷；大力发展生态农业，减少农药和化肥使用量，控制农业面源污染；④大力整治河流沿岸露天垃圾堆放场。在各级河流两岸集雨范围以内应严禁设置垃圾堆放场，已经设置的应限期关闭。建设无害化垃圾处理场，规范垃圾的资源回收和处理办法。

### 2. 优化建设用地、农业用地、生态用地资源配置，提高土地资源承载力

坚持"严控总量、用好增量、盘活存量、优化结构、合理布局、集约高效"的建设用地利用原则；合理配置不同区域新增建设用地和城镇发展用地，优先安排高新产业和产业转移园区建设用地；开展集约高效利用建设用地的试验、示范工作。以耕地红线、新增建设用地配额为抓手，控制建设用地过快增长，促进土地的集约利用，提升土地的产出效益。挖潜调整生产空间，提高土地经济产出效益。

严格保护耕地，加强基本农田建设力度。实现耕地保有量和基本农田保护面积目标要从落实耕地保护责任、严格控制新增建设占用耕地、加强基本农田建设投入和加大补充耕地力度 4 个方面着手，通过创新耕地和基本农田保护机制、加大耕地保护的经济补偿力度、提高农民保护耕地的主动性和强化耕地总量动态平衡政策，遏制耕地快速减少的势头。

优化生态安全格局，构筑区域生态安全体系。基于珠江三角洲的自然生态本地特征，以山、水、林、田、城、海为空间元素，以自然山水脉络和自然地形地貌为框架，以满足区域可持续发展的生态需求及引导城镇进入良性的有序开发为目的，着力构建"一屏、一带、两廊、多核"的珠江三角洲生态安全格局。

**3. 海岸带开发利用和环境保护并行，实现海岸带资源开发利用的良性循环**

全面规划，加强海涂土地资源保护。建议成立专门海岸管理部门，依法对海岸进行全面规划和管理，采取有效的措施对海岸带的土地资源实施保护；严格执法，加强渔业资源保护。必须加强渔政管理，严格执行水产资源保护条例，认真落实近海和海湾的禁渔期、禁渔区、自然繁殖保护区、捕捞量的统一管理。同时严格执行"三废"的排放标准，以保护水体适宜鱼类资源的繁殖生长。

全面协调，建设和保护港口、航道资源。全面协调航运与工、农、渔业的矛盾，在沿海地区建设水利或围垦开发工程，绝不盲目施工，阻碍航道或造成港口、航道淤积。为解决港口、码头不足的问题，应加快港口的改造扩建和修建新港口；推进生态旅游，保护海岸带旅游资源。建设生态旅游景区，加强生态旅游开发监管，加强环境保护教育，提高游客的生态环境意识，实现生态旅游的快速健康发展；加快海岸带自然保护区建设。规划建设各类自然保护区是保护海岸自然环境和海岸自然资源最根本、最有效的措施，应该建设更好的自然保护区，将候鸟迁徙地、珍稀生物繁殖区、鱼类产卵场、幼鱼保护区、地质遗迹、珊瑚礁、红树林、天然风景、海滨浴场、海洋娱乐场等划定为自然保护区。

## 10.7.6 下一步工作建议

**1. 本次评价工作从宏观尺度初步掌握了珠江三角洲地区资源环境承载力状况，而经济区经济社会可持续发展、国土资源优化配置急需开展大比例尺综合地质调查工作**

本次评价工作主要基于区域1∶25万比例尺的面上调查和少量1∶5万调查资料。因此，根据区域土地资源、水资源、矿产资源、土壤环境、水环境、地质灾害风险性、岩溶塌陷灾害风险性评价等方面现有的评价精度，仅能对珠江三角洲经济区资源环境承载力现状形成初步的宏观认识和初步判断。尽管如此，各级政府对本项工作进一步的成果需求非常迫切，珠江三角洲经济区发展规划的实施、区域的可持续发展，要求地质工作必须与时俱进，急需开展更大比例尺的综合地质调查工作，服务于区内基础设施建设、重要产业布局、现代农业发展、生态文明建设等，为国土资源优化配置提供精度更高、更加详实的数据支撑。

在下一步工作中，在1∶25万比例尺面上调查工作的基础上，系统开展重点地区大比例尺调查，建立重大地质问题监测网络和预警体系，持续更新地质环境信息系统数据库，使地质调查成果更加有力地支撑国家管理、土地利用规划、优势资源开发利用、水土资源保护、污染土地和水体的修复等工作。

**2. 本次工作为政府决策提供了参考，建议进一步加强成果的转化和应用**

本次评价工作涉及面广，涵盖了土地资源、水资源、矿产资源、土壤环境、水环境、地质灾害风险性、岩溶塌陷灾害风险性评价，获得大量系统、详实的数据，为科学开展珠江三角洲地区国土资源优化配置研究提供了重要的基础数据。

建议充分利用珠江三角洲区域调查成果信息，加大成果的转化作用，充分发挥调查评价成果在科学划定"三条红线"、城镇化建设、现代工业、农业基地建设、生态文明建设等方面的基础支撑作用。

# 主要参考文献

安宝晟,程国栋.西藏生态足迹与承载力动态分析[J].生态学报,2014,34:1002-1009.

毕明.京津冀城市群资源环境承载力评价研究[D].北京:中国地质大学,2011.

陈明曦,杨玖贤,孙大东.矿产资源总体规划对四川省甘孜州资源-环境承载力影响分析研究[J].四川环境,2011,30:128-132.

符国基,徐恒力,陈文婷.海南省自然生态承载力研究[J].自然资源学报,2008,23:412-421.

黄亚,莫崇勋.基于可变模糊集法的北海市水资源承载能力评价[J].广西水利水电,2014:64-66.

贾立斌.贵州省资源环境承载力评价研究[D].北京:中国地质大学,2015.

蒋辉,罗国云,资源环境承载力研究的缘起与发展[J].资源开发与市场,2011:453-456.

李磊,贾磊,赵晓雪,等.层次分析-熵值定权法在城市水环境承载力评价中的应用[J].长江流域资源与环境,2014,23:456.

李岩.资源与环境综合承载力的实证研究[J].产业与科技论坛,2010,9:89-91.

宋艳春,余敦.鄱阳湖生态经济区资源环境综合承载力评价[J].应用生态学报,2014,25:2975-2984.

王志伟,耿春香,赵朝成.开发区资源环境承载力评价方法初探[J].价值工程,2010:127-129.

张彦英,樊笑英,生态文明建设与资源环境承载力[J].中国国土资源经济,2011,24:9-11.

Park R E,Burgess E W. Introduction to the Science of Sociology[M]. Chicago:University of Chicago Press,1921.

Vogt W. Road to survival[J]. Soil Science,1949,67:75.

Bishop A B. Carrying capacity in regional environmental management[J]. For sale by the Supt. of Docs., US Govt. Print. Off.,1974.

Schneider D M,Godschalk D R,Axler N. The carrying capacity concept as a planning tool[J]. American Planning Association,1978.

Arrow K,Bolin B,Costanza R,et al. Economic growth, carrying capacity, and the environment[J]. Science,1995,268:520.

Slesser M. ECCO:User's Manual[M]. Edinburgh, Scotland:Resource Use Institute,1992.

Stahmer C. System for Integrated Environmental and Economic Accounting (SEEA) of the United Nations[J]. Contribution to Economics,1993:511-540.